信号分析与处理

主　编　罗　山　石海霞
副主编　刘　洪　王玥坤

北京理工大学出版社
BEIJING INSTITUTE OF TECHNOLOGY PRESS

内 容 简 介

本书系统地讨论了信号分析与处理的基本理论和基本方法，构建了信号分析和基于系统的信号处理的结构框架，该框架包括连续和离散两个方面，并分别采用时域法、频域法和复频域法进行讨论。全书的内容包括信号分析与处理概述、连续信号分析、离散信号分析、连续信号处理、离散信号处理、滤波器设计与结构。

本书结构体系清晰，叙述简明扼要，例题丰富多样，习题突出重点，并针对非电子信息类专业对信号分析与处理的需求，在内容上做了精简，难度上有所降低，更加突出理论方法的实际应用。本书还增加了有针对性的例题和习题，通过列举实例说明基本理论和基本方法在应用中需要注意的问题，体现了教材对应用型人才培养的支撑作用。

本书既可作为电气工程及其自动化、自动化、测控技术与仪器等非电子信息类专业的应用型本科教材，也可作为信息技术相关领域的科研和工程技术人员的参考书。

图书在版编目(CIP)数据

信号分析与处理 / 罗山，石海霞主编. -- 北京 ：北京理工大学出版社，2023.12

ISBN 978-7-5763-3305-3

Ⅰ. ①信…　Ⅱ. ①罗… ②石…　Ⅲ. ①信号分析②信号处理　Ⅳ. ①TN911

中国国家版本馆 CIP 数据核字(2024)第 017270 号

责任编辑：陆世立　　**文案编辑**：李　硕
责任校对：刘亚男　　**责任印制**：李志强

出版发行 / 北京理工大学出版社有限责任公司
社　　址 / 北京市丰台区四合庄路 6 号
邮　　编 / 100070
电　　话 / (010) 68914026（教材售后服务热线）
(010) 68944437（课件资源服务热线）
网　　址 / http://www.bitpress.com.cn

版 印 次 / 2023 年 12 月第 1 版第 1 次印刷
印　　刷 / 涿州市新华印刷有限公司
开　　本 / 787 mm×1092 mm　1/16
印　　张 / 14
字　　数 / 329 千字
定　　价 / 89.00 元

前言

随着信息技术的高速发展，信号分析与处理技术在科研、工程、教学中的应用日益广泛，对信息技术的发展起着重要的支撑作用。为适应和满足信息技术的发展和需求，形成了“信号分析与处理”这门课程，目前该课程迫切需要一本面向应用型本科的教材，这也是编写本书的初衷。本书是为满足非电子信息类专业对信号分析与处理的需求而编写的，将适用于电子信息类专业的信号与系统和数字信号处理相关内容进行整合，在结构和内容上以信号分析为基础，以系统分析为信号处理的平台，以原理和方法为手段，以面向应用为目标。信号分析与处理的基本理论和基本方法在非电子信息类专业中具有通用性，因此，本书适用于开设“信号分析与处理”课程的非电子信息类相关专业。

本书立足于应用型人才培养的需求，在简要阐述基本理论和基本方法的基础上安排了针对性强的例题以体现应用性，并阐释应用中需要注意的问题。本书的主要特色体现在以下几个方面。

（1）按照“先信号分析后信号处理、融入连续与离散、重点突出离散信号的分析与处理”的思路来编排结构，结构体系清晰，易于开展教学。

（2）将经典的 3 种分析方法融入其中，并体现出不同分析方法的差异性和共性。例如，对比阐述 3 种分析方法对连续信号与离散信号分析的区别，并通过举例与计算进行说明。

（3）列举大量例题，一个理论至少配置一个例题，每章适当配置一个工程应用题目，每章末安排适量的习题，题目有针对性，通过题目的训练提高理解与应用能力。

（4）每章正文内容前面给出了教学要求与目标，使读者在阅读每章内容之前清楚目标和重难点，熟悉知识体系。参考文献为读者扩展知识面，弥补教材的不足，为解决教材中的疑难问题提供支持。

（5）每章末给出了本章要点，便于读者把握本章的重点内容和线索，也有利于读者对本章内容的梳理和巩固。

本书由罗山、石海霞、刘洪和王玥坤编写。其中，第 1 章、第 2 章、第 3 章由罗山编写，图和习题由刘洪编写；第 5 章、第 6 章由石海霞编写；第 4 章由王玥坤编写。全书的架构和统稿由罗山完成。

特别感谢攀枝花学院 2020 年自编教材建设项目对本书编写给予的大力资助。本书的出版得到了北京理工大学出版社的大力支持，参编人员认真负责地做了大量专业性的工作，编写过程中参阅了大量著作、文献和资料，在此对他们的工作深表感谢。

由于编者水平有限，经验不足，书中难免存在不足和疏漏之处，恳请广大读者提出宝贵意见。

编　者

2023 年 8 月

目录

第1章　信号分析与处理概述……………………………………………… 1

1.1　信号的概念和分类 ……………………………………………… 1

1.1.1　信号的概念 ……………………………………………… 1

1.1.2　信号的分类 ……………………………………………… 2

1.2　信号处理系统 ……………………………………………… 4

1.2.1　系统的描述 ……………………………………………… 4

1.2.2　系统的特性与分类 ……………………………………… 5

本章要点……………………………………………………………… 9

习题1 ……………………………………………………………… 9

第2章　连续信号分析……………………………………………………… 11

2.1　连续信号的时域分析………………………………………………… 11

2.1.1　连续信号的时域表示………………………………………… 11

2.1.2　连续信号的时域运算………………………………………… 17

2.1.3　连续信号的卷积积分………………………………………… 20

2.2　连续信号的频域分析………………………………………………… 25

2.2.1　连续周期信号的频域分析…………………………………… 26

2.2.2　连续非周期信号的傅里叶变换……………………………… 35

2.2.3　典型非周期信号的频谱分析………………………………… 37

2.2.4　连续傅里叶变换的性质……………………………………… 43

2.2.5　连续周期信号的傅里叶变换………………………………… 59

2.3　连续信号的复频域分析……………………………………………… 62

2.3.1　连续信号的拉普拉斯变换…………………………………… 62

2.3.2　拉普拉斯变换的性质………………………………………… 67

2.3.3 拉普拉斯反变换…………76
本章要点…………81
习题2…………81

第3章 离散信号分析…………85

3.1 连续信号的离散化…………85
3.1.1 信号的采样…………85
3.1.2 采样定理…………87
3.2 离散信号的时域分析…………89
3.2.1 离散信号的时域表示…………89
3.2.2 离散信号的时域运算…………92
3.2.3 离散信号的卷积和…………94
3.3 离散信号的频域分析…………95
3.3.1 离散周期信号的频域分析…………95
3.3.2 离散非周期信号的频域分析…………97
3.3.3 离散傅里叶变换…………102
3.3.4 离散傅里叶变换的快速算法…………108
3.4 离散信号的Z域分析…………114
3.4.1 离散信号的Z变换…………114
3.4.2 Z变换的性质…………118
3.4.3 Z反变换…………124
本章要点…………131
习题3…………132

第4章 连续信号处理…………135

4.1 连续系统的时域零输入响应…………135
4.1.1 系统描述…………135
4.1.2 系统初始条件…………136
4.1.3 系统的零输入响应…………137
4.2 连续系统的时域零状态响应…………138
4.2.1 单位冲激信号激励下的零状态响应…………138
4.2.2 一般信号激励下的零状态响应…………140
4.2.3 系统的全响应…………142
4.3 连续系统的频域响应…………143
4.3.1 基本信号激励下的零状态响应…………144
4.3.2 一般信号激励下的零状态响应…………144
4.4 连续系统的复频域响应…………145

4.4.1　连续信号的复频域表述 …… 146
4.4.2　基本信号 e^{st}激励下的零状态响应 …… 146
4.4.3　一般信号激励下的零状态响应 …… 146
4.4.4　系统响应的复频域求解方法 …… 147
本章要点 …… 151
习题 4 …… 151

第 5 章　离散信号处理 …… 153

5.1　离散系统的分类及描述 …… 153
5.1.1　离散系统的分类 …… 153
5.1.2　线性时不变离散系统的描述 …… 155
5.2　时域分析法 …… 156
5.2.1　迭代法 …… 156
5.2.2　卷积法 …… 157
5.3　频域分析法 …… 159
5.3.1　线性时不变离散系统的频率响应 …… 159
5.3.2　线性时不变离散系统零状态响应的频域求解 …… 160
5.4　Z 域分析法 …… 162
5.4.1　Z 变换求解差分方程 …… 162
5.4.2　线性时不变离散系统的系统函数 …… 163
5.4.3　线性时不变离散系统的因果性和稳定性 …… 164
本章要点 …… 165
习题 5 …… 166

第 6 章　滤波器设计与结构 …… 168

6.1　概述 …… 168
6.2　模拟滤波器设计 …… 171
6.2.1　模拟低通滤波器设计 …… 171
6.2.2　利用原型模拟低通滤波器设计模拟高通、带通滤波器 …… 176
6.3　IIR 数字滤波器设计 …… 181
6.3.1　冲激响应不变法 …… 181
6.3.2　双线性变换法 …… 184
6.3.3　IIR 数字滤波器设计步骤 …… 187
6.4　FIR 数字滤波器设计 …… 192
6.4.1　线性相位 FIR 数字滤波器的条件和特点 …… 192
6.4.2　窗函数法 FIR 数字滤波器设计 …… 196
6.5　数字滤波器的基本结构 …… 204

6.5.1 数字滤波器结构的表示方法 …… 204
6.5.2 IIR 数字滤波器基本网络结构 …… 205
6.5.3 FIR 数字滤波器基本网络结构 …… 209
本章要点 …… 213
习题 6 …… 213
参考文献 …… 216

第1章 信号分析与处理概述

教学要求与目标

- 了解信号的概念与分类，会判别信号的类型。
- 理解系统的特性与分类。
- 掌握线性时不变系统的定义和性质，会判别系统的线性、时不变性、因果性和稳定性。
- 了解信号分析与信号处理系统的相互关系。
- 了解本课程的应用领域、发展趋势，以及新的信号处理方法。

当今时代是一个信息时代，信息是以信号为载体来实现传输的，因此研究信号的特性及处理对于实现信息高效、可靠的传输具有重要的现实意义。本章简述信号的概念、类型，信号处理系统的描述方式、特性及分类。

1.1 信号的概念和分类

1.1.1 信号的概念

虽然人们在日常生活中常常提到“信号”一词，但信号是一个抽象的概念，人们对它的定义和认识并不确切。因此，要给信号一个严格确切的定义，必须搞清楚它和信息、消息之间的关系。为此，先举一个人们通电话的例子。甲打电话告诉乙一个消息，假设乙事先不知道这个消息的内容，则认为乙从中得到了信息，而电话线上传输的是包含有甲的语言内容的电物理量。这里，语言是甲传递给乙的消息，该消息中蕴含有一定量的信息，即语言的内容，电话线上变化的电物理量是运载消息、传输信息的信号。

可见，信息是指人类社会和自然界中需要传输、交换、存储和提取的内容。事物的一切变化和运动都伴随着信息的交换和传输。同时，信息具有抽象性，需要通过某种物理方式来表达，信息是消息包含的内容。消息是指能够表达信息的语言、文字、图像、数据等载体，消息是信息的载体。

信号是指声、光、电、力等运载信息并随时间变化的物理量。信息不便于直接传输和交换，它需要以信号作为载体才能传输和处理。因此，信号是信息的载体，是信息的一种表现形式。电信号容易产生、处理和控制，也容易与其他物理量相互转换，因此本书所说的信号指的是电信号，本书讨论的电信号通常是指随时间变化的电压或电流。

信号可以看作是随时间 t 而变化的函数，因此它的数学表达式可写为 $s(t)$。若是多维信号，则对应多维函数。信号有了数学表达，则方便了人们通过数学工具进行信号的分析。

1.1.2 信号的分类

根据表达信号的不同函数关系及特性，将常用信号分为以下几种。

1. 一维信号与多维信号

根据表达信号的函数的维数，信号可以分为一维信号和多维信号。若是一维函数，则为一维信号；若是多维函数，则为多维信号。例如，语音信号、心电图信号都是一维信号，静止图像是二维信号，视频信号和电视图像信号是三维信号。本书的研究对象是一维信号，其中独立变量可以是时间，也可以是其他物理量。

2. 确知信号与随机信号

把按确定性规律变化的信号称为确知信号。确知信号可以用确定的时间函数或确定性曲线准确地描述，在相同的条件下能准确地重现，因此，只要掌握了它的变化规律，就能准确地预测它的未来。例如正弦信号，它可以用正弦函数描述，对给定的任意时刻都有确定的函数值相对应。

把不按确定性规律变化的信号称为随机信号。随机信号不能用确定的时间函数或确定性曲线描述，无法预测它的变化规律，在相同的条件下，它也不能准确地重现。例如，随机噪声、电压的波动量、生物电信号、地震波等都是随机信号。本书研究确知信号，它广泛应用于信号与系统的分析设计中，也是研究随机信号的基础，研究随机信号还要用到概率统计的方法。

3. 连续信号与离散信号

对于任意时刻，信号的描述函数都有定义，称这样的信号为连续信号。连续信号的描述函数的定义域是连续的，其波形是连续的曲线。信号的描述函数在给定的某些离散时刻才有定义，称这样的信号为离散信号。离散信号的描述函数的定义域是离散的，其波形不是连续的曲线。离散时刻在时间轴上可以等间隔分布，也可以不等间隔分布，把等间隔分布的离散信号称为序列。例如，电力信号是连续信号，描述天气温度与某时刻关系情况的信号是离散信号。

另外，从连续信号的定义可知，它在时间上是连续的，并不要求信号的幅度是连续的，因此，一个时间连续、幅度离散的信号仍然是连续信号。对应地，把那些时间和幅度均为连续取值的信号称为模拟信号。可见模拟信号是连续信号，而连续信号不一定是模拟信号。同理，把时间和幅度均为离散取值的信号称为数字信号。数字信号是离散信号，而离散信号不一定是数字信号。

4. 周期信号与非周期信号

周期信号是随时间周而复始的信号。对于连续信号，存在 $T>0$，使

$$s(t) = s(t + kT) \tag{1-1}$$

对于离散信号，存在 $N>0$，使

$$s(n)=s(n+kN) \tag{1-2}$$

若上式都成立，则称 $s(t)$、$s(n)$ 为周期信号。式中，k 为整数，T、N 分别为 $s(t)$、$s(n)$ 的最小正周期，简称为周期。显然，根据周期信号的一个周期内的波形，就可以确定信号在整个定义域内的取值。因此，对于周期信号，只需要研究它的一个周期内的信号，即可得知整个信号的特性。

不满足上式的信号则是非周期信号，它不具有周期性。周期为无穷大的周期信号可近似为非周期信号，即在有限时间范围内其波形不再重复出现。使用这种近似为非周期信号的方法，可以为分析周期信号提供便利。非周期信号有两种表现形式：一是仅在某些时间区间内存在；二是拟周期信号或概周期信号，这种信号是若干个周期信号之和，但不是周期信号。

例 1.1　判断下列连续信号是否为周期信号，若是，确定其周期。

（1）$s_1(t)=\sin(5t)+\cos(2t)$。

（2）$s_2(t)=\sin(\pi t)+\cos(4t)$。

解：（1）因为 $\sin(5t)$ 的周期 $T=2\pi/5$，$\cos(2t)$ 的周期 $T=\pi$，它们的最小公倍数为 2π，所以 $s_1(t)$ 是周期信号，其周期为 2π。

（2）因为 $\sin(\pi t)$ 的周期 $T=2$，$\cos(4t)$ 的周期 $T=\pi/2$，它们之间不存在公倍数，所以 $s_2(t)$ 是非周期信号。称这种信号为拟周期信号或概周期信号。

例 1.2　判断离散余弦信号 $s(n)=\cos(4n)$ 是否为周期信号。

解：根据离散信号周期性的条件，即 $s(n)=s(n+kN)$，$k=1$，得

$$\cos(4n)=\cos[4(n+N)]$$

即

$$4N=2m\pi,\quad m\text{ 为整数}$$

则 $N=\dfrac{m\pi}{2}$ 是一个无理数，由周期信号的定义可知，N 须为正整数，因此该信号是非周期信号。

值得注意的是，离散正弦信号的周期与连续正弦信号的周期求法不一样，不能直接根据连续正弦函数的周期公式求解，关于离散正弦信号的周期将在第 3 章中详细讨论。

5. 能量信号与功率信号

若把连续信号 $s(t)$ 看作是加在单位电阻上的电压或电流，T 为对信号截取的宽度上限，则信号的能量定义为在时间区间（$-\infty$，$+\infty$）内信号在单位电阻上消耗的能量，其表达式为

$$E=\lim_{T\to\infty}\int_{-T}^{T}|s(t)|^2\mathrm{d}t \tag{1-3}$$

而信号的功率定义为在时间区间（$-\infty$，$+\infty$）内信号在单位电阻上消耗的平均功率，其表达式为

$$P=\lim_{T\to\infty}\frac{1}{2T}\int_{-T}^{T}|s(t)|^2\mathrm{d}t \tag{1-4}$$

若一个信号的能量 E 有界，则称其为能量有限信号，简称为能量信号。能量信号的平均功率为零。仅在有限时间区间内幅度不为零的信号是能量信号，如单个矩形脉冲信号等。客观存在的信号大多是持续时间有限的能量信号。

若一个信号的能量 E 无限，而平均功率 P 为不等于零的有限值，则称其为功率有限信号，简称为功率信号。幅度有限的周期信号、随机信号等属于功率信号。

一个信号可以既不是能量信号也不是功率信号，但不可能既是能量信号又是功率信号。

对于离散信号，可以得出与连续信号类似的定义和结论。离散信号 $s(n)$ 的能量和平均功率分别为

$$E=\lim_{N\to\infty}\sum_{n=-N}^{N}|s(n)|^2 \tag{1-5}$$

$$P=\lim_{N\to\infty}\frac{1}{2N+1}\sum_{n=-N}^{N}|s(n)|^2 \tag{1-6}$$

例 1.3 判断下列信号哪些是能量信号，哪些是功率信号。

(1) $s_1(t)=\begin{cases}A, & -1<t<1\\ 0, & t\geqslant 1 \text{ 或 } t\leqslant -1\end{cases}$。

(2) $s_2(t)=A\cos(\omega t+\varphi)$。

(3) $s_3(t)=\begin{cases}2t, & t\geqslant 0\\ 0, & t<0\end{cases}$。

解：(1) 根据信号的能量和平均功率计算公式，得信号 $s_1(t)$ 的 E、P 分别为

$$E=\lim_{T\to\infty}\int_{-1}^{1}A^2\mathrm{d}t=2A^2,\quad P=0$$

因此，$s_1(t)$ 是能量信号。

(2) $s_2(t)$ 的 E、P 分别为

$$E=\lim_{T\to\infty}\int_{-T}^{T}A^2\cos^2(\omega t+\varphi)\mathrm{d}t=\infty,\quad P=\lim_{T\to\infty}\frac{A^2}{2T}\int_{-T}^{T}\cos^2(\omega t+\varphi)\mathrm{d}t=\frac{A^2}{2}$$

因此，$s_2(t)$ 是功率信号。

(3) $s_3(t)$ 的 E、P 分别为

$$E=\lim_{T\to\infty}\int_{0}^{T}(2t)^2\mathrm{d}t=\frac{4}{3}\lim_{T\to\infty}T^3=\infty,\quad P=\lim_{T\to\infty}\frac{1}{2T}\int_{0}^{T}(2t)^2\mathrm{d}t=\frac{2}{3}\lim_{T\to\infty}T^2=\infty$$

因此，$s_3(t)$ 既不是能量信号也不是功率信号。

6. 因果信号与反因果信号

在信号与系统分析中，常以 $t=0$ 作为初始时刻，因此常把定义域为 $t\geqslant 0$ 区间内的信号称为因果信号；把定义域为 $t<0$ 区间内的信号称为反因果信号。因果信号在 $t=0$ 时刻以前的值为零，在 $t=0$ 时刻之后才出现非零值。因果信号在物理系统中是存在的，而反因果信号在物理系统中是不存在的。

1.2 信号处理系统

1.2.1 系统的描述

信号处理是指对信号进行加工，改变信号的特性，以从信号中获取需要的信息或特征。

信号的处理是建立在系统为平台之上的，是通过系统实现的，即系统是信号处理的工具。系统是指由若干相互联系、相互作用的事物组合而成的具有特定功能的整体。系统的功能是接收输入信号，对其进行处理，产生需要的输出信号。按照信号处理方法的不同，可分为模拟信号处理系统和数字信号处理系统两大类。

系统的描述方式有数学模型、框图（结构图）、信号流图等，数学模型包括微分方程或差分方程、系统函数、频率特性、单位冲激响应等。结构图和信号流图是根据微分方程或系统函数，按照信号流向绘制的图形，它表达了系统的输入输出关系。一个系统用时域表示的基本框图如图 1-1 所示。在图 1-1 中，$x(t)$为系统的输入（激励），$y(t)$为系统的输出（响应）。若系统的输入输出关系用$T[\ ]$表示，则系统的输入输出关系表达式为

$x(t)$ → 系统 → $y(t)$

图 1-1　系统的基本框图

$$y(t)=T[x(t)] \tag{1-7}$$

式（1-7）反映了将 $x(t)$输入系统中，通过一种运算 $T[\ ]$ 得到输出 $y(t)$。在这里，时域中用单位冲激响应表示系统，运算 $T[\ ]$ 是卷积积分。

系统的输入输出关系也可以表示为

$$x(t)\rightarrow y(t) \tag{1-8}$$

图 1-1 表示的是系统的基本框图，它可以代表一个子系统，也可以代表由若干个子系统组成的系统。一个系统通常由若干个子系统组成，子系统具有独立的功能，各子系统共同完成一个整体功能。子系统之间的基本连接方式有：串联（级联）、并联和反馈，由这 3 种连接方式可组成任意复杂的系统。

系统的数学模型与框图都是描述系统的一种方式，它们之间可以相互转换。例如，系统的微分方程（或系统函数）与框图之间具有对应关系，由微分方程可以画出对应的框图，反之，由框图也可以写出对应的微分方程。

1.2.2　系统的特性与分类

系统在信号分析与处理中具有一些重要的特性，这些特性具有重要的物理意义，而且为系统分析和设计提供理论依据，为解决系统分析问题提供便利。根据这些特性，可对系统进行相应的分类。下面介绍连续系统的主要特性，离散系统的特性与之类似。

1. 线性特性

若系统的激励为原激励的 k 倍时，其响应也为原响应的 k 倍（k 为任意常数），则称该系统具有齐次性，数学表示为

若

$$x(t)\rightarrow y(t)$$

则

$$kx(t)\rightarrow ky(t) \tag{1-9}$$

若两个激励同时作用于系统时，其响应等于各个激励单独作用时的响应之和，则称该系统具有可加性，数学表示为

若

$$x_1(t) \to y_1(t), \quad x_2(t) \to y_2(t)$$

则

$$x_1(t) + x_2(t) \to y_1(t) + y_2(t) \tag{1-10}$$

若系统同时具有齐次性和可加性，则称该系统具有线性特性，数学表示为

$$k_1x_1(t) + k_2x_2(t) \to k_1y_1(t) + k_2y_2(t) \tag{1-11}$$

式中，k_1 和 k_2 为任意常数，该系统具有线性特性，系统响应与激励之间满足线性关系。

把满足线性特性的系统称为线性系统，否则称为非线性系统。

例 1.4　判断下列系统是否为线性系统，其中 $x(t)$ 为激励，$y(t)$ 为响应，$x(0^-)$ 为初始状态。

（1）$y(t)=tx(t)$。

（2）$y(t)=x^2(0^-)+x(t)$。

（3）$y(t)=3x(t)+5$。

（4）$y(t)=x(t)x(t-2)$。

解：（1）$y_1(t)=tx_1(t)$，$y_2(t)=tx_2(t)$，令 $x_3(t)=k_1x_1(t)+k_2x_2(t)$，因为

$$y_3(t) = tx_3(t) = t[k_1x_1(t) + k_2x_2(t)] = k_1tx_1(t) + k_2tx_2(t) = k_1y_1(t) + k_2y_2(t)$$

可见满足线性特性，所以该系统是线性系统。

（2）$ky(t)=k[x^2(0^-)+x(t)]=kx^2(0^-)+kx(t)$，因为

$$y_1(t) = [kx(0^-)]^2 + kx(t) = k^2x^2(0^-) + kx(t) \neq ky(t)$$

可见不满足齐次性，所以该系统是非线性系统。

（3）$y_1(t)=3x_1(t)+5$，$y_2(t)=3x_2(t)+5$，则

$$k_1y_1(t) + k_2y_2(t) = k_1[3x_1(t) + 5] + k_2[3x_2(t) + 5] = 3k_1x_1(t) + 3k_2x_2(t) + 5k_1 + 5k_2$$

又因为

$$y_3(t) = 3[k_1x_1(t) + k_2x_2(t)] + 5 = 3k_1x_1(t) + 3k_2x_2(t) + 5 \neq k_1y_1(t) + k_2y_2(t)$$

可见不满足线性特性，所以该系统是非线性系统。

值得注意的是，线性系统由线性方程描述，但由线性方程描述的系统不一定是线性系统，而由非线性方程描述的系统一定是非线性系统。

（4）$y_1(t)=x_1(t)x_1(t-2)$，$y_2(t)=x_2(t)x_2(t-2)$，则

$$k_1y_1(t) + k_2y_2(t) = k_1x_1(t)x_1(t-2) + k_2x_2(t)x_2(t-2)$$

又因为

$$\begin{aligned} y_3(t) &= [k_1x_1(t) + k_2x_2(t)][k_1x_1(t-2) + k_2x_2(t-2)] \\ &= k_1^2x_1(t)x_1(t-2) + k_2^2x_2(t)x_2(t-2) + k_1k_2x_1(t)x_2(t-2) + k_1k_2x_2(t)x_1(t-2) \\ &\neq k_1y_1(t) + k_2y_2(t) \end{aligned}$$

可见不满足线性特性，所以该系统是非线性系统。

2. 时不变性

若在相同的初始条件下，系统的激励在时间轴上平移 t_0 时，它的零状态响应 $y_{zs}(t)$ 也在时间轴上平移相同的 t_0，则称该系统具有时不变性（也称非时变性），数学表示为

若

$$x(t) \to y_{zs}(t)$$

则

$$x(t-t_0) \to y_{zs}(t-t_0) \tag{1-12}$$

把具有时不变性的系统称为时不变系统，否则称为时变系统。时不变系统的物理特性是确定的，它的结构组成和元件参数是不随时间变化的。时不变性是人们希望系统具有的性质，能够给系统分析带来方便。

若一个系统既具有线性特性又具有时不变性，则称该系统是线性时不变（Linear Time Invariant，LTI）系统，也称非时变系统。线性时不变系统理论体系完善，本书只讨论线性时不变系统，它也是研究非线性系统的基础。

一般而言，只要形式不是 $y(t)=T[x(t)]$ 的系统都是线性时变系统，$T[x(t)]$ 是对 $x(t)$ 进行线性变换。

例 1.5　判断下列系统是否为时不变系统，其中 $x(t)$ 为激励，$y_{zs}(t)$ 为零状态响应。

（1）$y_{zs}(t)=3\sin[x(t)]$。

（2）$y_{zs}(t)=x(3t)$。

（3）$y_{zs}(t)=x(-t)$。

（4）$y_{zs}(t)=x(t)\cos(\omega t)$。

解：（1）设平移量为 t_0，则 $y_{zs}(t-t_0)=3\sin[x(t-t_0)]$，对于 $x_1(t)=x(t-t_0)$，有

$$y_{zs1}(t)=3\sin[x_1(t)]=3\sin[x(t-t_0)]$$

可见，$y_{zs1}(t)=y_{zs}(t-t_0)$，具有时不变性，因此该系统是时不变系统。

（2）$y_{zs}(t-t_0)=x[3(t-t_0)]=x(3t-3t_0)$，对于 $x_1(t)=x(t-t_0)$，有

$$y_{zs1}(t)=x_1(3t)=x(3t-t_0)$$

可见，$y_{zs1}(t)\neq y_{zs}(t-t_0)$，不具有时不变性，因此该系统是时变系统。

（3）$y_{zs}(t-t_0)=x(-t+t_0)$，对于 $x_1(t)=x(t-t_0)$，有

$$y_{zs1}(t)=x_1(-t)=x(-t-t_0)$$

可见，$y_{zs1}(t)\neq y_{zs}(t-t_0)$，因此该系统是时变系统。

（4）$y_{zs}(t-t_0)=x(t-t_0)\cos[\omega(t-t_0)]$，对于 $x_1(t)=x(t-t_0)$，有

$$y_{zs1}(t)=x_1(t)\cos(\omega t)=x(t-t_0)\cos(\omega t)$$

可见，$y_{zs1}(t)\neq y_{zs}(t-t_0)$，因此该系统是时变系统。

3. 因果性

对于任意的输入信号，如果系统在任何时刻的响应只取决于该时刻及该时刻以前的输入，而与将来时刻的输入无关，就称该系统具有因果性。若某个时刻的响应还与将来时刻的输入有关，则该系统具有非因果性。称具有因果性的系统为因果系统，称具有非因果性的系统为非因果系统。因果系统的数学表示为

$$y(t)=f\{x(t-\tau),\ \tau\geqslant 0\} \tag{1-13}$$

因果系统体现了原因决定结果的原则，结果不会出现在原因之前，它不能预测未来输入的影响，具有不可预测性。

例 1.6　讨论下列系统的因果性。

（1）$y(t)=2x(t)-4x'(t)$。

（2）$y(t)=\int_{-\infty}^{t}x(\tau)\mathrm{d}\tau$。

（3）$y(t)=x(t)+x(t+4)$。

（4）$y(t)=x(-t)$。

（5）$y(t)=x(3t)$。

解：（1）令 $t=t_0$ 为任意时刻，则有

$$y(t_0)=2x(t_0)-4x'(t_0)$$

可见，在 t_0 时刻系统的响应只取决于 t_0 时刻的输入，而与将来时刻的输入无关，因此该系统具有因果性。

（2）对于任意时刻 t_0，有

$$y(t_0)=\int_{-\infty}^{t_0}x(\tau)\,\mathrm{d}\tau$$

可见，在 t_0 时刻系统的响应只取决于 t_0 时刻的输入，而与将来时刻的输入无关，因此该系统具有因果性。

（3）对于任意时刻 t_0，有

$$y(t_0)=x(t_0)+x(t_0+4)$$

可见，在 t_0 时刻系统的响应不仅与 t_0 时刻的输入有关，还与将来时刻（t_0+4）的输入有关，因此该系统是非因果的。

（4）对于任意时刻 t_0，有

$$y(t_0)=x(-t_0)$$

当 $t_0=-2$ 时，$y(-2)=x(2)$，可见，在当前时刻-2 的响应取决于将来时刻 2 的输入，因此该系统是非因果的。

（5）对于任意时刻 t_0，有

$$y(t_0)=x(3t_0)$$

可见，在 t_0 时刻系统的响应取决于将来时刻 $3t_0$ 的输入，因此该系统是非因果的。

4. 稳定性

若一个系统的输入有界，其响应也是有界的，则该系统具有稳定性，或者称该系统是稳定的。若对有界输入产生的响应不是有界的，则该系统是不稳定的，数学表示为

若

$$|x(t)|<\infty$$

则

$$|y(t)|<\infty \tag{1-14}$$

系统的稳定性具有重要的实际意义，系统的稳定是系统能正常工作的前提，不稳定的系统不能实际应用。关于系统稳定性的判定可参考相关资料，这里不再介绍。

5. 记忆性

对于任意的输入信号，若系统在任意时刻的响应不仅取决于该时刻的输入，还与它过去的状态有关，则称该系统具有记忆性，否则称该系统无记忆性。称有记忆性的系统为记忆系统或动态系统，称无记忆性的系统为无记忆系统或瞬时系统。

含有记忆元件（储能元件）的系统是一种记忆系统，在去掉输入信号后，这种系统仍有信号输出，因为记忆元件存储着输入信号之前的状态。例如，由电容、电感、寄存器、存储器等元器件组成的系统都是记忆系统。记忆系统通常用微分方程或差分方程来描述。例如，电感 L 两端电压 $y(t)$ 与流过它的电流 $x(t)$ 之间的微分方程 $y(t)=Lx'(t)$ 表示的系统就是

一个记忆系统。

不含记忆元件（储能元件）的系统是一种无记忆系统，在去掉输入信号后，这种系统就没有信号输出。例如，电阻电路、低频放大电路、加法运算电路等都是无记忆系统。无记忆系统通常用代数方程来描述，如 $y(t)=4x(t)$ 表示的系统就是一个无记忆系统。

6. 系统的分类

综上所述，可以从不同角度对系统进行分类。

按信号变量的特性，可将系统分为连续系统和离散系统。若系统的输入激励与输出响应都是连续信号，则该系统是连续系统；若系统的输入激励与输出响应都是离散信号，则该系统是离散系统。

按输入、输出的数目，可将系统分为单输入单输出系统和多输入多输出系统。若一个系统只有一个输入信号、一个输出信号，则称该系统为单输入单输出系统；若一个系统有多个输入信号和（或）多个输出信号，则称该系统为多输入多输出系统。

按工作时信号呈现的规律，可将系统分为确知系统和随机系统。若系统工作时的信号是确知信号，则该系统是确知系统；若系统工作时的信号是随机信号，则该系统是随机系统。

按系统的不同特性，可将系统分为线性系统与非线性系统、时不变系统与时变系统、因果系统与非因果系统、稳定系统与不稳定系统、记忆系统与无记忆系统、可逆系统与不可逆系统。

本书着重讨论线性、时不变、因果、稳定、单输入单输出、确知的连续系统和离散系统。

本章要点

（1）信号、消息、信息的概念及关系。

（2）信号的分类。一维与多维信号、确定与随机信号、连续与离散信号、周期与非周期信号、能量与功率信号、因果与反因果信号。

（3）系统的概念与描述。

（4）系统的特性与分类。线性、时不变性、因果性、稳定性、记忆性。连续系统与离散系统、单输入单输出系统与多输入多输出系统、确知系统与随机系统、线性系统与非线性系统、时不变系统与时变系统、因果系统与非因果系统、稳定系统与不稳定系统、记忆系统与无记忆系统、可逆系统与不可逆系统。

习题 1

1.1 判断下列信号是周期信号还是非周期信号。如果是周期信号，求出它的周期。

（1）$s(t)=4e^{j(\pi t-1)}$。　　（2）$s(t)=3\cos(4t+\pi/4)$。

（3）$s(t)=\sin(\sqrt{3}t)+2\cos(4t)$。　　（4）$s(n)=e^{j(n/8-\pi)}$。

(5) $s(n)=\sin(7\pi n/5+4)$。

(6) $s(n)=2\sin(\pi n/8)+3\cos(\pi n/4)$。

1.2 判断下列信号是功率信号还是能量信号。

(1) $s(t)=4e^{-2t}$，$t\geqslant 0$。

(2) $s(t)=\sin(3t)+\sin(2\pi t)$。

(3) $s(t)=e^{-2t}\sin t$。

(4) $s(n)=e^{j(\pi/2n+\pi/8)}$。

(5) $s(n)=2\sin(\pi n/4)$。

(6) $s(n)=(1/2)^n$，$n\geqslant 0$。

1.3 判断下列系统是否为线性、时不变、因果、稳定的系统，其中 $x(t)$ 为激励，$y(t)$ 为响应，$x(0^-)$ 为初始状态。

(1) $y(t)=4x'(t)$。

(2) $y(t)=\sin[2x(t)]$，$t\geqslant 0$。

(3) $y(t)=2x^2(t)$。

(4) $y(t)=\int_{-\infty}^{2t}x(\tau)d\tau$。

(5) $y(t)=x(0^-)+\sin[x(t)]+x(t-2)$。

(6) $y(n)=x^2(n-2)$。

(7) $y(n)=x(n+2)-x(n-2)$。

(8) $y(n)=(1/2)^n x(0^-)+(n-1)x(n+2)$。

1.4 已知系统的方程如下，试判断各系统是否为记忆系统，其中 $x(t)$ 为激励，$y(t)$ 为响应。

(1) $y''(t)+2y'(t)+3y(t)=4x(t)$。

(2) $y(t)=x(t/2)+x(t)$。

(3) $y(n)=x(n-2)$。

(4) $y(n)+3y(n-1)=x(n-1)$。

第2章 连续信号分析

教学要求与目标

- 了解常用信号的时域表达式、波形和性质。
- 理解信号的基本运算表达式及波形表示，掌握基本运算的方法。
- 掌握利用傅里叶级数求周期信号频谱的方法，会绘制周期信号的频谱图，理解周期信号频谱的特点。
- 理解非周期信号的傅里叶变换的含义。
- 掌握利用傅里叶变换的定义、性质和常见信号的傅里叶变换求非周期信号的频谱及分析的方法。
- 理解周期信号的傅里叶变换及周期信号和非周期信号傅里叶变换之间的关系。
- 理解信号的拉普拉斯变换的定义及收敛域的含义。
- 掌握利用拉普拉斯的定义、性质求常见信号的单边拉普拉斯变换的方法。
- 掌握利用部分分式展开法求拉普拉斯反变换的方法。

连续信号是一类在表示、分析及处理上最简单的信号，同时也是其他信号分析与处理的基础。实际应用中的电力信号、语音信号、心电图、脑电图等均是连续信号，其应用非常广泛。本章从时域、频域和复频域3个方面讨论连续信号的分析方法，并分析它们之间的内在联系。

2.1 连续信号的时域分析

2.1.1 连续信号的时域表示

在信号处理领域，常常用一个连续的时间函数来表示信号随时间变化的特性，即在时域中，连续信号可用一个连续的时间函数来表示，为利用数学手段进行信号的分析与处理奠定基础。正弦信号、指数信号、阶跃信号、冲激信号等简单信号可以组成复杂的信号，因此研究简单信号具有重要意义。简单信号通常可以分为常规信号和奇异信号两类。

1. 常规信号的时域表示

1）正弦信号

正弦信号的表达式为

$$s(t)=A\sin(\omega t+\varphi),\qquad -\infty<t<\infty \tag{2-1}$$

式中，A 为振幅，ω 为角频率，φ 为初相。

正弦信号的波形如图 2-1 所示。

正弦信号具有周期性，其周期为

$$T=\frac{2\pi}{\omega}=\frac{1}{f} \tag{2-2}$$

式中，f 为频率。

正弦信号的应用非常广泛，电力信号、机械信号均可表示为正弦信号，它具有一些有用的性质。

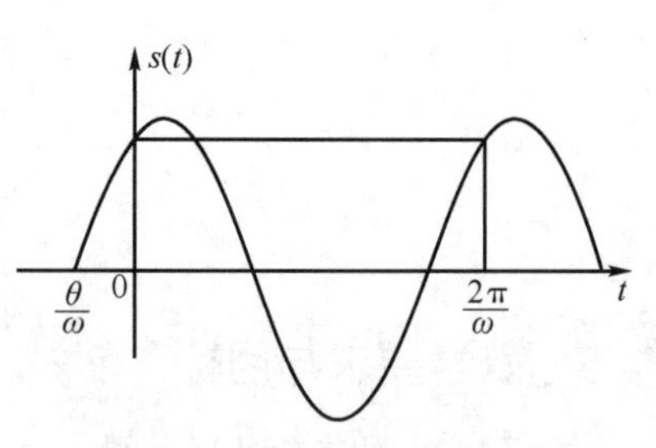

图 2-1　正弦信号的波形

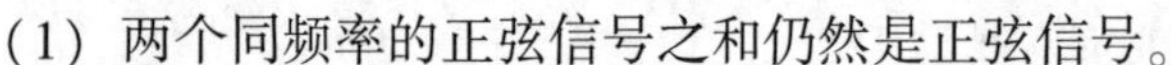
（1）两个同频率的正弦信号之和仍然是正弦信号。

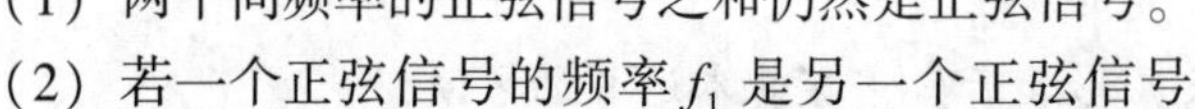
（2）若一个正弦信号的频率 f_1 是另一个正弦信号频率 f_0 的整数倍，则其合成信号是频率为 f_0 的非正弦周期信号。

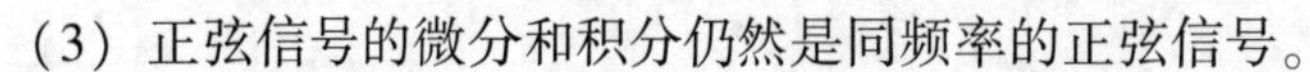
（3）正弦信号的微分和积分仍然是同频率的正弦信号。

（4）正弦信号通过线性时不变系统输出的信号仍然是同频率的正弦信号。

（5）正弦信号可用复指数信号来表示，即欧拉公式

$$\cos(\omega t)=\frac{e^{j\omega t}+e^{-j\omega t}}{2} \tag{2-3}$$

$$\sin(\omega t)=\frac{e^{j\omega t}-e^{-j\omega t}}{2j} \tag{2-4}$$

余弦信号与正弦信号仅在相位上相差$\frac{\pi}{2}$，因此通常把它视为正弦信号。

2）指数信号

指数信号的表达式为

$$s(t)=Ae^{at},\qquad -\infty<t<\infty \tag{2-5}$$

式中，A、a 为实数。

当 $A>0$ 时：$a>0$，$s(t)$随时间 t 的增加而按指数增加；$a<0$，$s(t)$随时间 t 的增加而按指数减少。当 $A<0$ 时，$s(t)$随时间 t 的变化情况与 $A>0$ 时相反。

3）复指数信号

复指数信号表达式为

$$s(t)=Ae^{st},\qquad -\infty<t<\infty \tag{2-6}$$

式中，A 为实数；$s=\sigma+j\omega_0$ 为复数，表示复频率；σ 为实部；ω_0 为虚部，表示角频率。

利用欧拉公式将式（2-6）展开，得

$$s(t)=Ae^{\sigma t}\cos(\omega_0 t)+jAe^{\sigma t}\sin(\omega_0 t)$$

上式表明，复指数信号可以转化为三角函数形式，包含实部与虚部两部分。实部、虚部分别是幅度按指数规律变化的余弦、正弦信号，幅度 $Ae^{\sigma t}$ 反映了它们振荡幅度的变化情况，即信号的包络。当 $\sigma>0$ 时，实部、虚部是增幅振荡的正弦信号，波形分别如图 2-2（a）、图 2-2（b）所

示；当 $\sigma<0$ 时，实部、虚部是衰减振荡的正弦信号，波形分别如图 2-2（c）、图 2-2（d）所示。

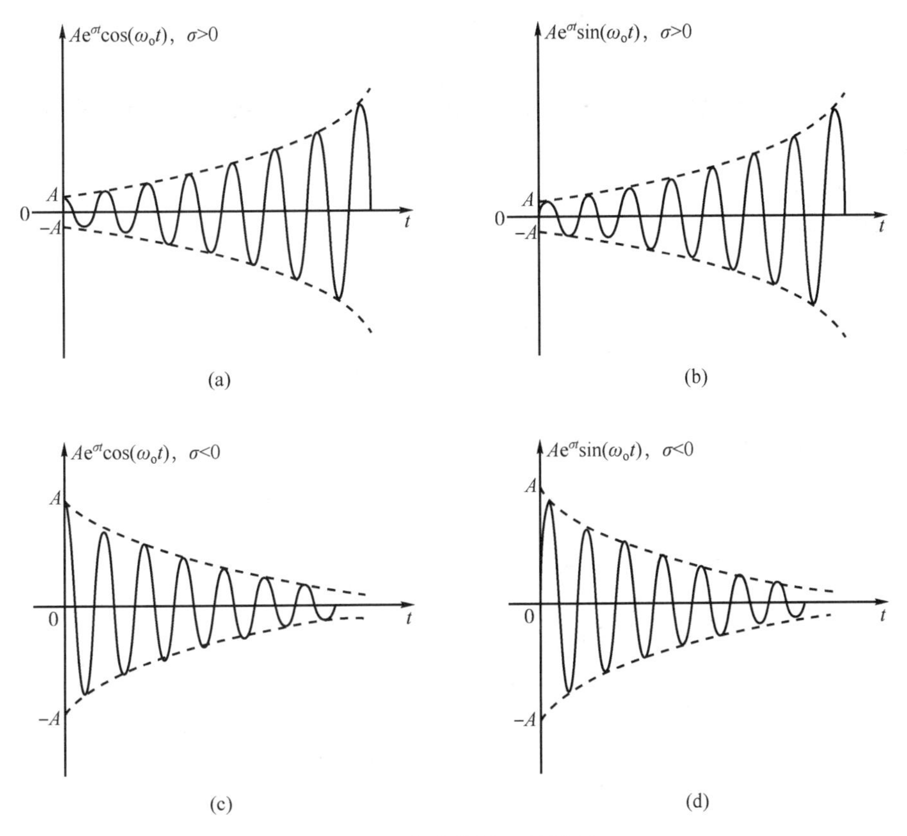

图 2-2　复指数信号的波形

（a）$\sigma>0$ 的实部波形；（b）$\sigma>0$ 的虚部波形；（c）$\sigma<0$ 的实部波形；（d）$\sigma<0$ 的虚部波形

工程实际中的信号是实函数，而复指数信号是复函数，因此它在物理上是不能实现的。但如上所述，它的实部和虚部是幅度变化的正弦信号，具有一定的实际意义，如在系统分析中可表示系统响应的一部分或整个响应。另外，直流信号、指数信号、正弦信号以及正弦振荡信号可统一表示为复指数信号，使信号的数学运算简练、方便。因此，复指数信号在信号分析与处理中具有重要意义，是非常具有代表性的重要信号。

4）抽样信号

抽样信号的表达式为

$$Sa(t)=\frac{\sin t}{t},\qquad t\neq 0 \tag{2-7}$$

其波形如图 2-3 所示。

其重要性质有

$$Sa(t)=Sa(-t)$$

$$\int_{-\infty}^{\infty} Sa(t)\,\mathrm{d}t=\pi$$

$$Sa(k\pi)=0,\quad k=\pm 1,\quad \pm 2,\ \cdots$$

$$Sa(0)=1$$

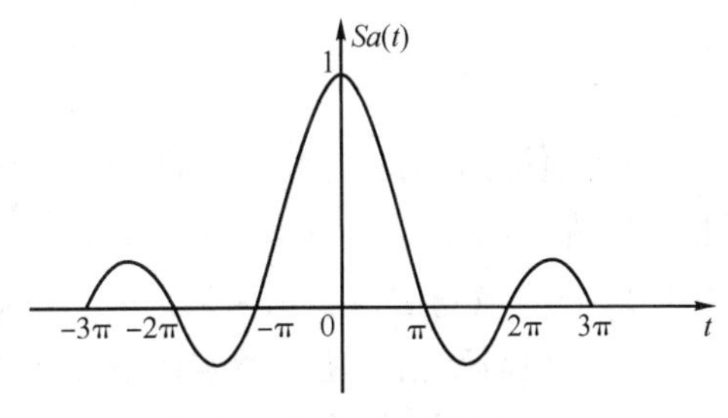

图 2-3　抽样信号的波形

$$\lim_{t \to \infty} Sa(t) = 0$$

上述性质在信号分析、通信系统分析中有广泛的应用。

2. 奇异信号的时域表示

奇异信号是用奇异函数表示的一类特殊信号，其函数本身或函数的导数存在不连续点。它们在系统分析中作为典型测试信号，为系统分析及实际信号的分析提供了便利。

1）符号函数信号

符号函数信号的表达式为

$$\operatorname{sgn}(t)=\begin{cases}1, & t>0\\ 0, & t=0\\ -1, & t<0\end{cases} \tag{2-8}$$

符号函数信号的波形如图 2-4 所示。

2）单位斜坡信号

单位斜坡信号的表达式为

$$r(t)=\begin{cases}t, & t \geqslant 0\\ 0, & t<0\end{cases} \tag{2-9}$$

单位斜坡信号的波形如图 2-5 所示。

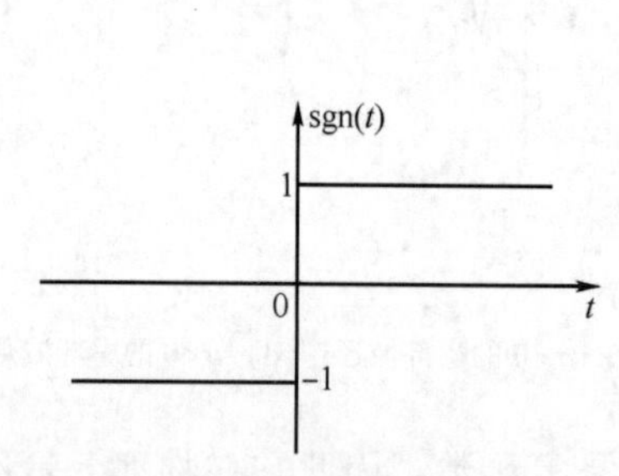

图 2-4　符号函数信号的波形

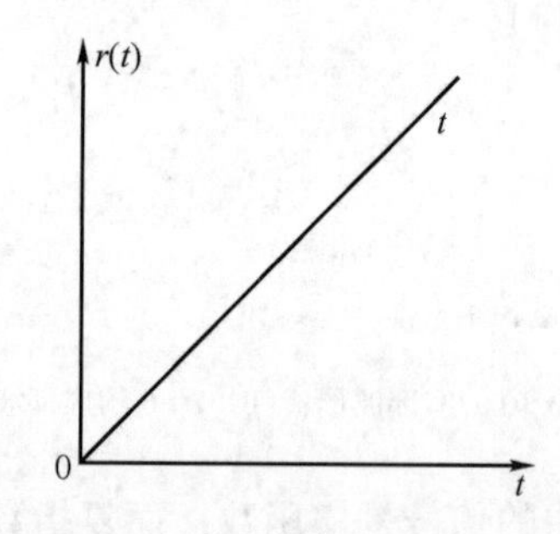

图 2-5　单位斜坡信号的波形

3）单位阶跃信号

单位阶跃信号的表达式为

$$u(t)=\begin{cases}1, & t>0\\ 0, & t<0\end{cases} \tag{2-10}$$

其波形如图 2-6 所示。

可见，$t=0$ 时信号波形从 0 跳变到 1，函数在 $t=0$ 时没有定义。若需要 $t=0$ 的值，则可以取左右极限的平均值，则 $u(0)=\frac{1}{2}$。

阶跃信号具有单边特性，即信号在接入时刻 t_0 以前的值为 0，因此可以用来描述信号的接入特性。例如，$s(t)=f(t)u(t-t_0)$ 表示在 t_0 时刻以前的值为 0，t_0 以后的值为 $f(t)$。当 $t_0=0$ 时，$s(t)=f(t)u(t)$ 表示因果信号，因此用单位阶跃信号能够表达因果信号。

用单位阶跃信号还能够表达矩形脉冲信号，将单位阶跃信号分别向左边、右边平移，两者再相减，即可得矩形脉冲信号，标准的矩形脉冲信号表达式为

$$s(t)=A\left[u\left(t+\frac{\tau}{2}\right)-u\left(t-\frac{\tau}{2}\right)\right]$$

式中，A 为脉冲高度，τ 为脉冲宽度。

矩形脉冲信号在数字系统中应用广泛，常常用来表示数字信号的波形。

典型的矩形脉冲信号的波形如图 2-7 所示，表示宽度为 τ、幅度为 A、关于纵轴对称的矩形脉冲信号。

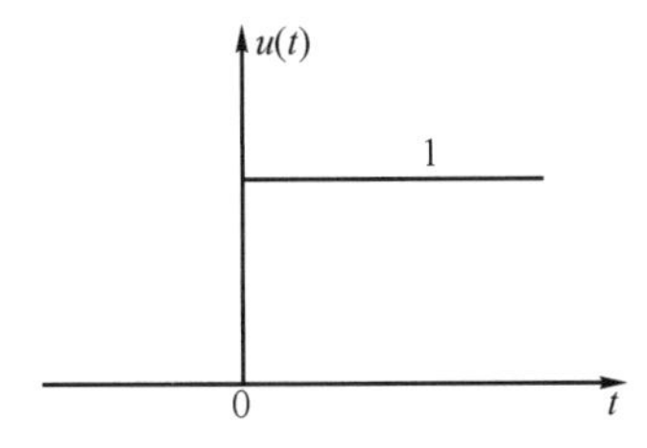

图 2-6　单位阶跃信号的波形

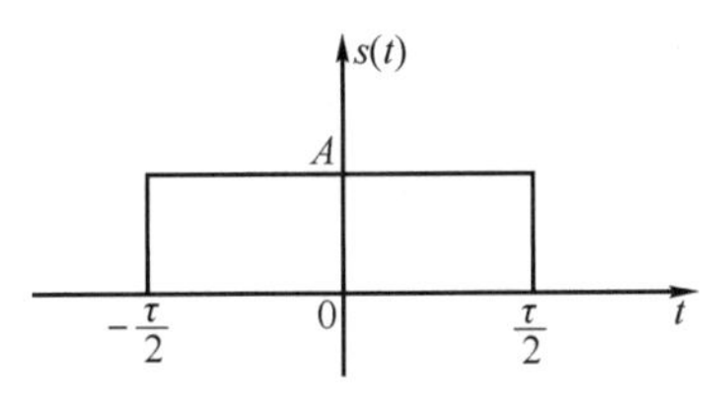

图 2-7　典型的矩形脉冲信号的波形

用单位阶跃信号也能够表达一般的分段函数信号，下面给出一个例子。

例 2.1　信号的表达式为

$$s(t)=\begin{cases}0, & t\leqslant -1\\ 2t+2, & -1<t\leqslant 1\\ -2, & 1<t\leqslant 3\\ 0, & t>3\end{cases}$$

试用单位阶跃信号表达该信号，写出表达式，并画出 $s(t)$ 的波形。

解：令 $s_1(t)=2t+2$，$s_2(t)=-2$，利用单位阶跃信号的波形特征，信号 $s(t)$ 可用单位阶跃信号表示为

$$s(t)=s_1(t)[u(t+1)-u(t-1)]+s_2(t)[u(t-1)-u(t-3)]$$

将 $s_1(t)$、$s_2(t)$ 代入上式得

$$\begin{aligned}s(t)&=(2t+2)[u(t+1)-u(t-1)]-2[u(t-1)-u(t-3)]\\&=(2t+2)u(t+1)-(2t+4)u(t-1)+2u(t-3)\end{aligned}$$

画出 $s(t)$ 的波形，如图 2-8 所示。

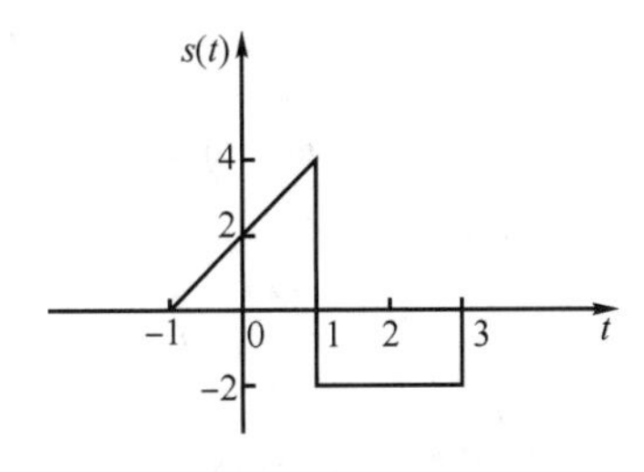

图 2-8　$s(t)$ 的波形

4）单位冲激信号

单位冲激信号的宽度趋于零，幅度趋于无穷大，强度和面积均为 1。其定义方式有几种，狄拉克给出的定义体现了其特征，定义为

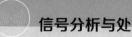

$$
\begin{cases}
\delta(t)=0, & t\neq 0\\
\delta(t)=\infty, & t=0\\
\int_{-\infty}^{+\infty}\delta(t)\,\mathrm{d}t=1
\end{cases}
\tag{2-11}
$$

从定义可知，$t=0$ 时，$\delta(t)$ 的幅值为无穷大，体现了“冲激”的含义。$\int_{-\infty}^{+\infty}\delta(t)\,\mathrm{d}t=1$ 表示冲激强度为 1，体现了“单位”的含义。如果一个冲激信号与时间轴包围的面积为 A，表示其强度是单位冲激信号的 A 倍。

单位冲激信号的波形如图 2-9 所示。

单位冲激信号的主要性质如下。

（1）取样特性。

若 $s(t)$ 在 $t=t_0$ 处连续，则有

$$\int_{-\infty}^{+\infty}s(t)\delta(t-t_0)\,\mathrm{d}t=s(t_0) \tag{2-12}$$

当 $t_0=0$ 时，有

$$\int_{-\infty}^{+\infty}s(t)\delta(t)\,\mathrm{d}t=s(0) \tag{2-13}$$

图 2-9　单位冲激信号的波形

取样特性说明信号 $s(t)$ 与 $\delta(t-t_0)$ 相乘，并在整个时间域上取积分，结果为 $s(t)$ 在 $t=t_0$ 处的值。

（2）筛选特性。

若 $s(t)$ 在 $t=t_0$ 处连续，则有

$$s(t)\delta(t-t_0)=s(t_0)\delta(t-t_0) \tag{2-14}$$

$$s(t)\delta(t)=s(0)\delta(t) \tag{2-15}$$

筛选特性表明，用 $\delta(t)$ 可以筛选出信号 $s(t)$ 在 $t=t_0$ 处的值。

（3）伸缩特性，有

$$\delta(at)=\frac{1}{|a|}\delta(t),\quad a\neq 0 \tag{2-16}$$

$$\delta(at+b)=\frac{1}{|a|}\delta\left(t+\frac{b}{a}\right),\quad a\neq 0,\ b\neq 0 \tag{2-17}$$

（4）偶函数特性，有

$$\delta(t)=\delta(-t) \tag{2-18}$$

（5）冲激信号与阶跃信号互为积分与微分的关系，有

$$\int_{-\infty}^{t}\delta(\tau)\,\mathrm{d}\tau=u(t) \tag{2-19}$$

$$\frac{\mathrm{d}u(t)}{\mathrm{d}t}=\delta(t) \tag{2-20}$$

（6）称单位冲激信号的导数为单位冲激偶，记为 $\delta'(t)$，有

$$s(t)\delta'(t-t_0)=s(t_0)\delta'(t-t_0)-s'(t_0)\delta(t-t_0) \tag{2-21}$$

$$\int_{-\infty}^{+\infty}s(t)\delta'(t-t_0)\,\mathrm{d}t=-s'(t_0) \tag{2-22}$$

$$\int_{-\infty}^{+\infty} \delta'(t)\,\mathrm{d}t = 0 \tag{2-23}$$

例 2.2 分别计算信号 t、$\mathrm{e}^{-\alpha t}$(α 为常数)与 $\delta(t)$、$\delta'(t)$ 的乘积。

解：根据式（2-15）和式（2-21），可得

$$t\delta(t) = 0$$

$$\mathrm{e}^{-\alpha t}\delta(t) = \delta(t)$$

$$t\delta'(t) = -\delta(t)$$

$$\mathrm{e}^{-\alpha t}\delta'(t) = \delta'(t) + \alpha\delta(t)$$

2.1.2 连续信号的时域运算

1. 相加

信号的相加即信号的加法运算，n 个信号相加的表达式为

$$y(t) = s_1(t) + s_2(t) + \cdots + s_n(t) \tag{2-24}$$

信号相加时，时间轴的值不变，仅仅是与时间轴的值对应的纵坐标值（信号幅值）相加。图 2-10 所示是一个信号相加的例子。

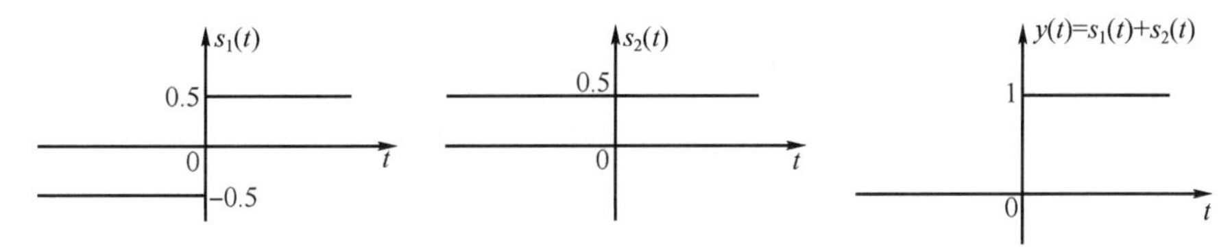

图 2-10 信号的相加

2. 相乘

信号的相乘是指信号的乘法运算，n 个信号相乘的表达式为

$$y(t) = s_1(t) \cdot s_2(t) \cdot \cdots \cdot s_n(t) \tag{2-25}$$

与信号相加一样，信号相乘时，时间轴的值不变，仅仅是与时间轴的值对应的纵坐标值（信号幅值）相乘。信号的乘法运算应用广泛，如抽样、调制、解调。乘法运算的一个示例如图 2-11 所示。

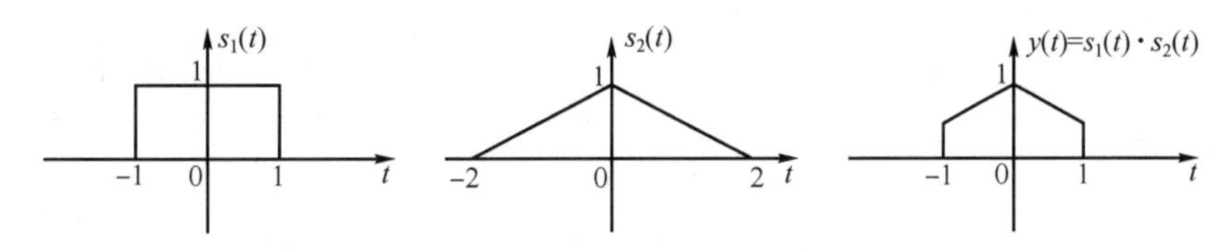

图 2-11 乘法运算的一个示例

3. 数乘

信号的数乘运算是指实数与信号相乘，即

$$y(t) = a \cdot s(t) \tag{2-26}$$

数乘相当于比例变换，通过数乘将信号的幅度放大或缩小，因此也称数乘为幅度尺度变换。

4. 尺度变换

信号的尺度变换是指将信号 $s(t)$ 变换为 $s(at)(a>0)$，而信号幅值保持不变的运算。其含义是信号 $s(at)$ 的波形的横坐标尺度展宽或压缩为原来信号的 $1/a$，坐标原点的位置保持不变。当 $a>1$ 时，$s(at)$ 的波形的横坐标压缩为原来信号的 $1/a$；当 $0<a<1$ 时，$s(at)$ 的波形的横坐标展宽为原来信号的 $1/a$。图 2-12 给出了信号的原波形和 $a=3$、$a=1/3$ 两种情况下的尺度变换波形。

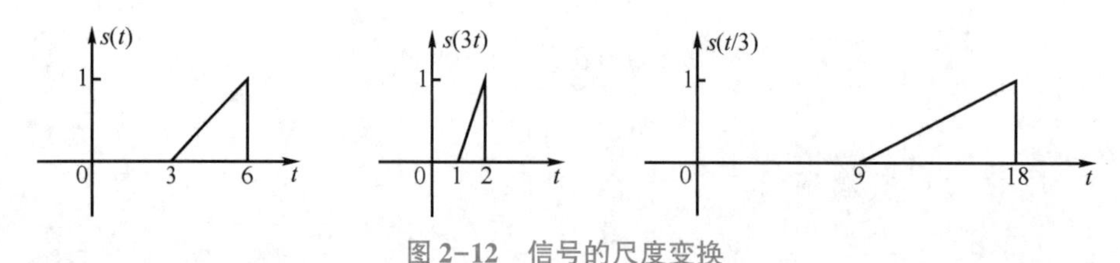

图 2-12　信号的尺度变换

5. 翻转

信号的翻转是指将信号 $s(t)$ 变换为 $s(-t)$，其幅度保持不变的运算。将 $s(t)$ 的波形以纵轴为对称中心翻转 180°得到 $s(-t)$，两者的波形关于纵轴对称，如图 2-13 所示。

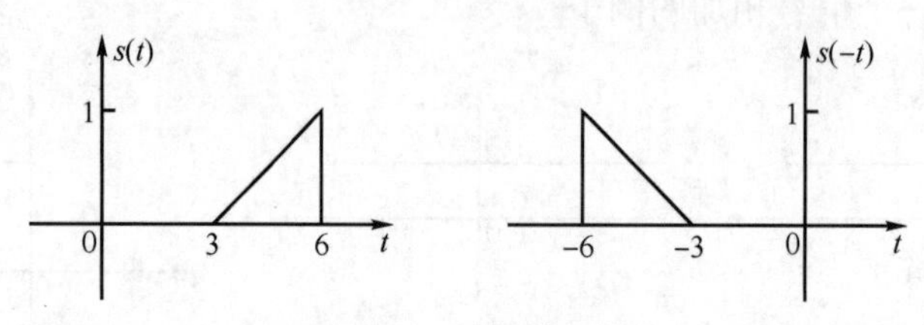

图 2-13　信号的翻转

6. 时移

时移即信号沿时间轴平移。将信号 $s(t)$ 平移 t_0 得到 $s(t-t_0)$，平移信号 $s(t-t_0)$ 表示 $t=t_0$ 时刻的值等于原信号 $s(t)$ 在 $t=0$ 时的值。平移分为左移和右移两种：若 $t_0>0$，则表示 $s(t)$ 沿时间轴右移 t_0，相当于原信号延时了 t_0；若 $t_0<0$，则表示 $s(t)$ 沿时间轴左移 t_0，相当于原信号超前了 t_0。图 2-14 给出了信号的原波形和在 $t-3$、$t+3$ 两种情况下的时移波形。

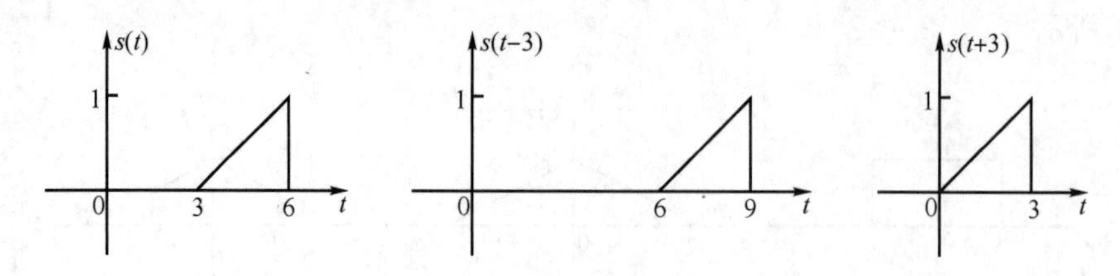

图 2-14　连续时间信号的时移

信号的时移反映了信号的超前或延时，在通信系统、信息处理系统中有广泛的应用。

7. 微分与积分

信号的微分是指信号对时间的一阶导数，可表示为 $y(t)=\frac{\mathrm{d}}{\mathrm{d}t}s(t)$，要求信号满足可微分的条件。信号的微分反映了信号的变化率。

信号的积分是指信号在区间 $(-\infty, t)$ 上的积分，即 $y(t)=\int_{-\infty}^{t}s(\tau)\mathrm{d}\tau$，信号的积分本质上是一个变上限函数。信号的积分反映了信号在有限时长内的累加。

例 2.3 已知连续信号

$$s_1(t)=\begin{cases}2^t, & t<0\\ t+1, & t\geqslant 0\end{cases},\quad s_2(t)=\begin{cases}0, & t<-2\\ 2^{-t}, & t\geqslant -2\end{cases}$$

求 $s_1(t)$ 与 $s_2(t)$ 之和，$s_1(t)$ 与 $s_2(t)$ 之积。

解：当 $t<-2$ 时，$s_1(t)+s_2(t)=2^t$，$s_1(t)\cdot s_2(t)=2^t\cdot 0=0$。

当 $-2\leqslant t<0$ 时，$s_1(t)+s_2(t)=2^t+2^{-t}$，$s_1(t)\cdot s_2(t)=2^t\cdot 2^{-t}=1$。

当 $t\geqslant 0$ 时，$s_1(t)+s_2(t)=t+1+2^{-t}$，$s_1(t)\cdot s_2(t)=(t+1)\cdot 2^{-t}=(t+1)2^{-t}$。

因此，$s_1(t)$ 与 $s_2(t)$ 之和为

$$s_1(t)+s_2(t)=\begin{cases}2^t, & t<-2\\ 2^t+2^{-t}, & -2\leqslant t<0\\ t+1+2^{-t}, & t\geqslant 0\end{cases}$$

$s_1(t)$ 与 $s_2(t)$ 之积为

$$s_1(t)\cdot s_2(t)=\begin{cases}0, & t<-2\\ 1, & -2\leqslant t<0\\ (t+1)2^{-t}, & t\geqslant 0\end{cases}$$

例 2.4 连续信号 $s(t)$ 的波形如图 2-15 所示，试画出信号 $s(-2t+6)$ 的波形。

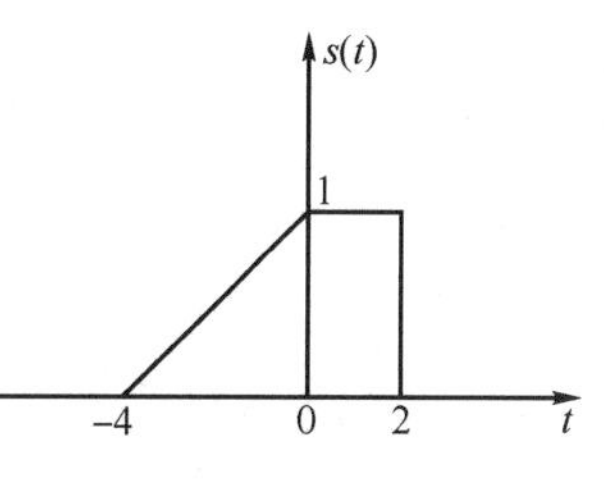

图 2-15 例 2.4 图

解：分析 $s(-2t+6)$ 的形式可知，可由翻转、时移、尺度变换运算求解，因为翻转、时移、尺度变换运算的先后顺序对结果没有影响，所以本题有多种解法。

解法一：翻转→尺度变换→时移，运算过程及结果如图 2-16 所示。

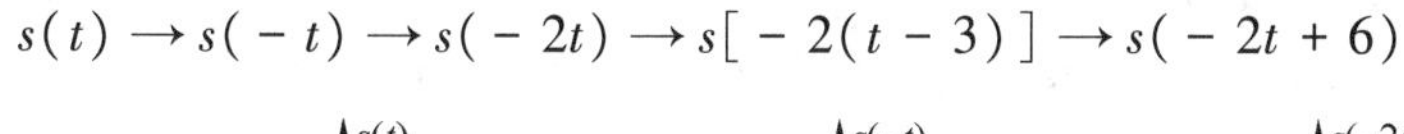

$$s(t)\rightarrow s(-t)\rightarrow s(-2t)\rightarrow s[-2(t-3)]\rightarrow s(-2t+6)$$

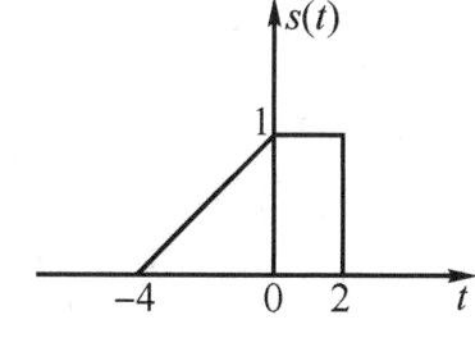

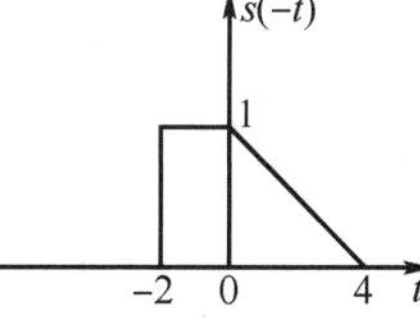

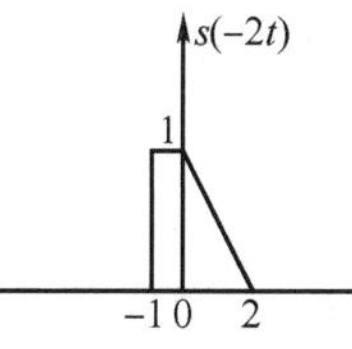

图 2-16 解法一的运算过程及结果

解法二：时移→翻转→尺度变换，运算过程及结果如图 2-17 所示。

$$s(t)\rightarrow s(t+6)\rightarrow s(-t+6)\rightarrow s(-2t+6)$$

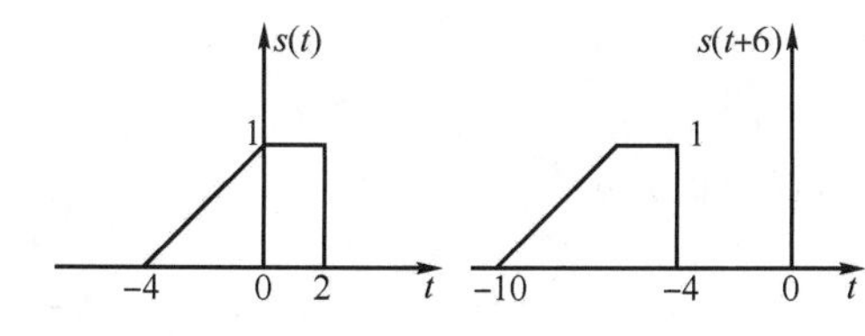

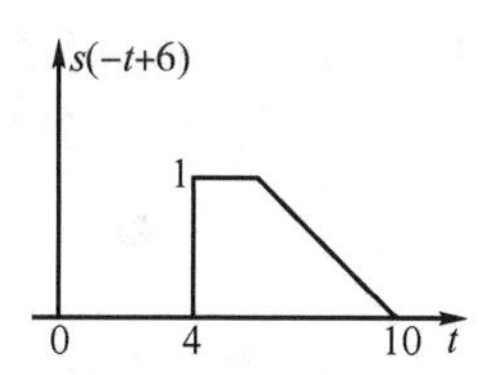

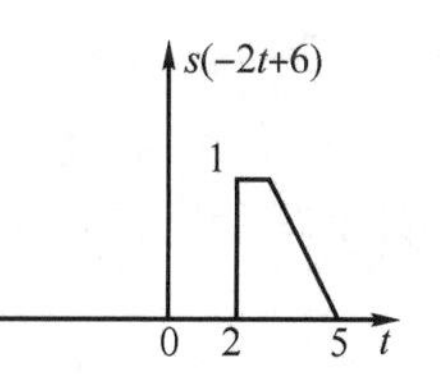

图 2-17 解法二的运算过程及结果

解法三：翻转→时移→尺度变换，运算过程及结果如图 2-18 所示。

$$s(t) \to s(-t) \to s[-(t-6)] \to s(-2t+6)$$

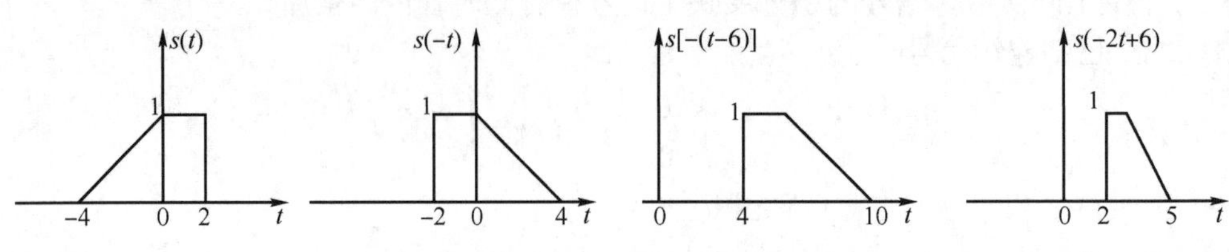

图 2-18　解法三的运算过程及结果

除上面的直接对波形进行运算外，还可以根据 $s(t)$ 的波形求出 $s(-2t+6)$ 的表达式，然后画出其波形。

由 $s(t)$ 的波形得到

$$s(t)=\begin{cases}(t+4)/4, & -4 \leqslant t < 0\\ 1, & 0 \leqslant t < 2\\ 0, & t < -4,\ t \geqslant 2\end{cases}$$

用变量 $-2t+6$ 代替 $s(t)$ 中的变量 t，得

$$s(-2t+6)=\begin{cases}(-2t+6+4)/4, & -4 \leqslant -2t+6 < 0\\ 1, & 0 \leqslant -2t+6 < 2\\ 0, & -2t+6 < -4,\ -2t+6 \geqslant 2\end{cases}$$

整理得

$$s(-2t+6)=\begin{cases}(-2t+10)/4, & 3 < t \leqslant 5\\ 1, & 2 < t \leqslant 3\\ 0, & t \leqslant 2,\ t > 5\end{cases}$$

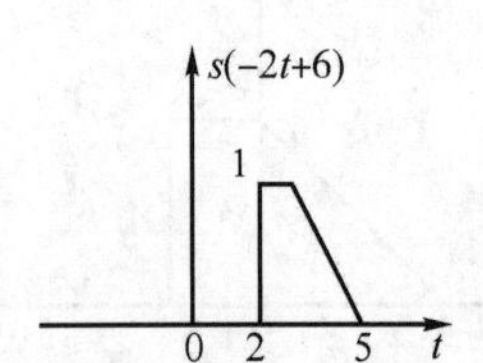

图 2-19　根据 $s(-2t+6)$ 的表达式画出的波形

画出上式的波形，如图 2-19 所示，可见 $s(-2t+6)$ 的波形与前述解法所得的波形一样。

利用信号的运算方法直接对波形变换与利用函数的表达式画出波形相比，前者体现了信号的运算本质，后者体现的是函数的运算，数学运算特性更突出。

2.1.3　连续信号的卷积积分

卷积是信号与系统时域分析的一个重要的数学工具，在其他许多科学领域中也具有重要的意义。借助系统的冲激响应，利用卷积法可求解线性时不变系统对任意激励信号的零状态响应。卷积也是时域与变换域分析法之间的桥梁。

1. 定义

对于两个连续时间信号 $s_1(t)$ 和 $s_2(t)$，它们的卷积积分定义为

$$s_1(t) * s_2(t)=\int_{-\infty}^{\infty} s_1(\tau)s_2(t-\tau)\mathrm{d}\tau=\int_{-\infty}^{\infty} s_2(\tau)s_1(t-\tau)\mathrm{d}\tau \tag{2-27}$$

式中，“ * ”为卷积运算符，τ 为积分变量，积分结果是 t 的函数。

2. 信号的卷积运算分析

根据卷积积分定义式计算卷积时，涉及积分限的确定。不同的信号形式，对应取不同的积分限，可得到不同的卷积运算表达式。下面给出常见的信号形式下的卷积运算表达式，利用这些表达式可简化卷积的计算。

（1）若 $s_1(t)$ 是因果信号，$s_2(t)$ 是任意信号，则积分限为（0，+∞）。卷积运算表达式为

$$s_1(t) * s_2(t) = \int_0^{+\infty} s_1(\tau)s_2(t-\tau)\mathrm{d}\tau = \int_{-\infty}^{t} s_2(\tau)s_1(t-\tau)\mathrm{d}\tau \tag{2-28}$$

（2）若 $s_1(t)$ 是任意信号，$s_2(t)$ 是因果信号，则积分限为（−∞，t）。卷积运算表达式为

$$s_1(t) * s_2(t) = \int_{-\infty}^{t} s_1(\tau)s_2(t-\tau)\mathrm{d}\tau = \int_0^{+\infty} s_2(\tau)s_1(t-\tau)\mathrm{d}\tau \tag{2-29}$$

（3）若 $s_1(t)$、$s_2(t)$ 均是因果信号，则积分限为（0，t）。卷积运算表达式为

$$s_1(t) * s_2(t) = \int_0^{t} s_1(\tau)s_2(t-\tau)\mathrm{d}\tau = \int_0^{t} s_2(\tau)s_1(t-\tau)\mathrm{d}\tau \tag{2-30}$$

另外还应注意，卷积运算取积分限时，适用于积分上限大于下限，因此运算结果要满足积分上限大于下限。可采用积分结果与 $u(t-t_0)$ 相乘的形式表示卷积积分运算结果，可通过积分上限大于下限的不等式求得 t_0。

例 2.5　计算下列信号的卷积积分。

（1）$s_1(t)=tu(t)$，$s_2(t)=\mathrm{e}^{-2t}u(t)$。

（2）$s_1(t)=tu(t-1)$，$s_2(t)=u(t+3)$。

解：（1）由卷积积分的定义，得

$$\begin{aligned} s_1(t) * s_2(t) &= \int_{-\infty}^{+\infty} \tau u(\tau)\mathrm{e}^{-2(t-\tau)}u(t-\tau)\mathrm{d}\tau \\ &= \int_0^{t} \tau \mathrm{e}^{-2(t-\tau)}\mathrm{d}\tau \\ &= \mathrm{e}^{-2t}\int_0^{t} \tau \mathrm{e}^{2\tau}\mathrm{d}\tau \\ &= \frac{1}{2}t + \frac{1}{4}\mathrm{e}^{-2t} - \frac{1}{4} \end{aligned}$$

由于取积分限时，满足 $0<\tau<t$，所以 $t>0$，有

$$s_1(t) * s_2(t) = \left(\frac{1}{2}t + \frac{1}{4}\mathrm{e}^{-2t} - \frac{1}{4}\right)u(t)$$

（2）由卷积积分的定义，得

$$\begin{aligned} s_1(t) * s_2(t) &= \int_{-\infty}^{+\infty} \tau u(\tau-1)u(t+3-\tau)\mathrm{d}\tau \\ &= \int_1^{t+3} \tau \mathrm{d}\tau \\ &= \frac{1}{2}t^2 + 3t + 4 \end{aligned}$$

由于取积分限时，满足 $1<\tau<t+3$，所以 $t>-2$，有

$$s_1(t) * s_2(t) = \left(\frac{1}{2}t^2 + 3t + 4\right)u(t+2)$$

3. 性质

利用卷积积分运算的性质，可以简化其运算过程，为信号分析与处理带来方便。

1）代数性质

（1）交换律，有

$$s_1(t) * s_2(t) = s_2(t) * s_1(t) \tag{2-31}$$

（2）分配律，有

$$s(t) * [s_1(t) + s_2(t)] = s(t) * s_1(t) + s(t) * s_2(t) \tag{2-32}$$

（3）结合律，有

$$s_1(t) * [s_2(t) * s_3(t)] = [s_1(t) * s_2(t)] * s_3(t) \tag{2-33}$$

代数性质在系统分析中有重要应用。

2）卷积的微分

设 $s(t)=s_1(t) * s_2(t)$，则有

$$s'(t) = s_1'(t) * s_2(t) = s_1(t) * s_2'(t) \tag{2-34}$$

证明：利用卷积的定义，有

$$\begin{aligned} s'(t) &= \frac{\mathrm{d}}{\mathrm{d}t}[s_1(t) * s_2(t)] \\ &= \frac{\mathrm{d}}{\mathrm{d}t}\int_{-\infty}^{+\infty} s_2(\tau)s_1(t-\tau)\mathrm{d}\tau \\ &= \int_{-\infty}^{+\infty} s_2(\tau)\ \frac{\mathrm{d}}{\mathrm{d}t}s_1(t-\tau)\mathrm{d}\tau \\ &= s_2(t) * s_1'(t) \end{aligned}$$

$$\begin{aligned} s'(t) &= \frac{\mathrm{d}}{\mathrm{d}t}[s_1(t) * s_2(t)] \\ &= \frac{\mathrm{d}}{\mathrm{d}t}\int_{-\infty}^{+\infty} s_1(\tau)s_2(t-\tau)\mathrm{d}\tau \\ &= \int_{-\infty}^{+\infty} s_1(\tau)\ \frac{\mathrm{d}}{\mathrm{d}t}s_2(t-\tau)\mathrm{d}\tau \\ &= s_1(t) * s_2'(t) \end{aligned}$$

因此，$s'(t)=s_1'(t) * s_2(t)=s_1(t) * s_2'(t)$ 得证。

3）卷积的积分

设 $s(t)=s_1(t) * s_2(t)$，则有

$$s^{(-1)}(t) = s_1^{(-1)}(t) * s_2(t) = s_1(t) * s_2^{(-1)}(t) \tag{2-35}$$

证明：利用卷积的定义，有

$$\begin{aligned} s^{(-1)}(t) &= \int_{-\infty}^{t} [s_1(t) * s_2(t)]\mathrm{d}t \\ &= \int_{-\infty}^{t}\int_{-\infty}^{+\infty} s_2(\tau)s_1(t-\tau)\mathrm{d}\tau\mathrm{d}t \\ &= \int_{-\infty}^{+\infty} s_2(\tau)\int_{-\infty}^{t} s_1(t-\tau)\mathrm{d}t\mathrm{d}\tau \\ &= s_2(t) * s_1^{(-1)}(t) \end{aligned}$$

$$
\begin{aligned}
s^{(-1)}(t) &= \int_{-\infty}^{t} [s_1(t) * s_2(t)]\mathrm{d}t \\
&= \int_{-\infty}^{t}\int_{-\infty}^{+\infty} s_1(\tau)s_2(t-\tau)\mathrm{d}\tau\mathrm{d}t \\
&= \int_{-\infty}^{+\infty} s_1(\tau)\int_{-\infty}^{t} s_2(t-\tau)\mathrm{d}t\mathrm{d}\tau \\
&= s_1(t) * s_2^{(-1)}(t)
\end{aligned}
$$

因此，$s^{(-1)}(t)=s_1^{(-1)}(t) * s_2(t)=s_1(t) * s_2^{(-1)}(t)$得证。

4）卷积的微积分

设$s(t)=s_1(t) * s_2(t)$，当满足下列条件之一时：被积分的函数在（$-\infty$，$+\infty$）上的积分为零；被微分的函数在$t\to-\infty$时为零，则有

$$
s(t) = s_1^{(-1)}(t) * s_2'(t) = s_1'(t) * s_2^{(-1)}(t) \tag{2-36}
$$

5）卷积的时移

设$s(t)=s_1(t) * s_2(t)$，则有

$$
s(t-t_0) = s_1(t-t_0) * s_2(t) = s_1(t) * s_2(t-t_0) \tag{2-37}
$$

证明：利用卷积的定义，有

$$
s(t) = s_1(t) * s_2(t) = \int_{-\infty}^{+\infty} s_1(\tau)s_2(t-\tau)\mathrm{d}\tau
$$

因此

$$
\begin{aligned}
s(t-t_0) &= \int_{-\infty}^{+\infty} s_1(\tau)s_2(t-t_0-\tau)\mathrm{d}\tau \\
&= s_1(t) * s_2(t-t_0)
\end{aligned}
$$

又因为

$$
s(t) = s_1(t) * s_2(t) = \int_{-\infty}^{+\infty} s_2(\tau)s_1(t-\tau)\mathrm{d}\tau
$$

所以

$$
\begin{aligned}
s(t-t_0) &= \int_{-\infty}^{+\infty} s_2(\tau)s_1(t-t_0-\tau)\mathrm{d}\tau \\
&= s_2(t) * s_1(t-t_0)
\end{aligned}
$$

综上，得

$$
s(t-t_0) = s_1(t-t_0) * s_2(t) = s_1(t) * s_2(t-t_0)
$$

时移性质的推广：

$$
s(t-t_1-t_2) = s_1(t-t_1) * s_2(t-t_2) \tag{2-38}
$$

6）与单位冲激信号的卷积

对于任意信号$s(t)$，利用卷积的定义及$\delta(t)$的性质，可推得下列性质：

$$
s(t) * \delta(t) = s(t) \tag{2-39}
$$

$$
s(t) * \delta(t-t_0) = s(t-t_0) \tag{2-40}
$$

$$
s(t-t_1) * \delta(t-t_2) = s(t-t_1-t_2) \tag{2-41}
$$

式中，t_0、t_1、t_2为常数。

式（2-39）表明任意信号与单位冲激信号$\delta(t)$的卷积等于原信号。式（2-40）表明任意信号与单位冲激信号的延迟或超前$\delta(t-t_0)$的卷积，相当于原信号延迟或超前t_0。该性质

为设计延迟或超前系统提供理论依据，因此 $\delta(t-t_0)$ 可作为延迟或超前系统的单位冲激响应，任意信号通过该延迟或超前系统，输出延迟或超前信号 $s(t-t_0)$。

7）与单位冲激偶的卷积

对于任意信号 $s(t)$，利用卷积的定义及 $\delta'(t)$ 的性质，可推得下列性质：

$$s(t) * \delta'(t) = s'(t) \tag{2-42}$$

$$s(t) * \delta'(t - t_0) = s'(t - t_0) \tag{2-43}$$

$$s(t - t_1) * \delta'(t - t_2) = s'(t - t_1 - t_2) \tag{2-44}$$

式中，t_0、t_1、t_2 为常数。

8）与单位阶跃信号的卷积

对于任意信号 $s(t)$，利用卷积的定义及 $u(t)$ 的性质，可推得下列性质：

$$s(t) * u(t) = \int_{-\infty}^{t} s(\tau)\mathrm{d}\tau \tag{2-45}$$

式（2-45）表明任意信号与单位阶跃信号 $u(t)$ 的卷积相当于对该信号积分。

利用式（2-45）可推得如下常用的两等式

$$u(t) * u(t) = tu(t) \tag{2-46}$$

$$u(t) * tu(t) = \frac{1}{2}t^2u(t) \tag{2-47}$$

还可推得如下等式

$$u(t - t_1) * u(t - t_2) = (t - t_1 - t_2)u(t - t_1 - t_2) \tag{2-48}$$

式中，t_1、t_2 为常数。

例 2.6　求下列信号的卷积积分。

（1）$tu(t) * \delta''(t-4)$。

（2）$u(t) * \mathrm{e}^{-5t}u(t)$。

（3）$u(t-5) * \mathrm{e}^{-2t}u(t+3)$。

（4）$u(t-6) * u(t+2)$。

解：（1）利用卷积的性质，得

$$\begin{aligned}
tu(t) * \delta''(t - 4) &= [tu(t)]' * \delta'(t - 4) \\
&= [u(t) + t\delta(t)] * \delta'(t - 4) \\
&= u'(t - 4) + [(t - 4)\delta(t - 4)]' \\
&= \delta(t - 4) + \delta(t - 4) + (t - 4)\delta'(t - 4) \\
&= 2\delta(t - 4) - \delta(t - 4) \\
&= \delta(t - 4)
\end{aligned}$$

（2）根据卷积积分的定义，得

$$\begin{aligned}
u(t) * \mathrm{e}^{-5t}u(t) &= \int_{-\infty}^{+\infty} u(\tau)\mathrm{e}^{-5(t-\tau)}u(t - \tau)\mathrm{d}\tau \\
&= \left[\int_0^t \mathrm{e}^{-5(t-\tau)}\mathrm{d}\tau\right]u(t) \\
&= \frac{1}{5}(1 - \mathrm{e}^{-5t})u(t)
\end{aligned}$$

（3）利用卷积的性质，得

$$
\begin{aligned}
u(t-5)*\mathrm{e}^{-2t}u(t+3) &= u(t-5)*\mathrm{e}^{6}\mathrm{e}^{-2(t+3)}u(t+3)\\
&= \mathrm{e}^{6}[u(t)*\delta(t-5)]*[\mathrm{e}^{-2t}u(t)*\delta(t+3)]\\
&= \mathrm{e}^{6}[u(t)*\mathrm{e}^{-2t}u(t)*\delta(t-2)]\\
&= \mathrm{e}^{6}\times 0.5(1-\mathrm{e}^{-2t})u(t)*\delta(t-2)\\
&= \frac{1}{2}\mathrm{e}^{6}[1-\mathrm{e}^{-2(t-2)}]u(t-2)
\end{aligned}
$$

（4）利用卷积的性质，得

$$
\begin{aligned}
u(t-6)*u(t+2) &= u(t)*\delta(t-6)*u(t)*\delta(t+2)\\
&= u(t)*u(t)*\delta(t-4)\\
&= tu(t)*\delta(t-4)\\
&= (t-4)u(t-4)
\end{aligned}
$$

该题也可按卷积积分的定义求解：

$$
\begin{aligned}
u(t-6)*u(t+2) &= \int_{-\infty}^{+\infty}u(\tau-6)u(t+2-\tau)\mathrm{d}\tau\\
&= \int_{6}^{t+2}\mathrm{d}\tau\\
&= t-4
\end{aligned}
$$

由于取积分限时，满足 $6<\tau<t+2$，所以 $t>4$，有

$$u(t-6)*u(t+2)=(t-4)u(t-4)$$

4. 卷积的图解法

卷积积分的图解法能直观地反映卷积的物理含义及展示计算过程，有助于对卷积积分概念的理解。由于图解法计算过程烦琐，确定积分限时易错，在系统分析及实际应用中较少采用，所以这里只给出图解法的步骤，具体计算实例请参考相关资料。对于分段函数信号，采用图解法计算卷积较方便。图解法的计算步骤如下。

（1）用变量 τ 替换 $s_1(t)$ 和 $s_2(t)$ 中的 t，并画出 $s_1(\tau)$ 和 $s_2(\tau)$ 的波形。

（2）将 $s_2(\tau)$ 的波形以纵轴为对称中心进行翻转，得到 $s_2(-\tau)$ 的波形。

（3）将 $s_2(-\tau)$ 的波形时移 t，得到 $s_2(t-\tau)$。

（4）将 $s_1(\tau)$ 和 $s_2(t-\tau)$ 相乘，得到被积函数 $s_1(\tau)s_2(t-\tau)$。

（5）确定 t 的取值区间和积分限，计算被积函数 $s_1(\tau)s_2(t-\tau)$ 的积分，即所求的卷积积分。

在计算过程中必须注意，参变量 t 取值不同时，被积函数 $s_1(\tau)s_2(t-\tau)$ 的波形以及积分限也不同，因此在计算时要根据 t 的取值范围讨论确定积分限。

2.2 连续信号的频域分析

信号的时域分析仅从时间域反映信号的特性，在实际应用中作用有限。而在频域中进行信号分析，可以获得信号的更多突出特征，并且分析更加简便。本节将阐述连续信号的频域

分析方法及特性。

2.2.1 连续周期信号的频域分析

连续周期信号的定义为

$$s(t) = s(t + nT_0) \tag{2-49}$$

式中，n 为整数；T_0 为最小正周期，即 $n=1$ 时的周期。周期信号的含义是每隔时间 T_0 信号的波形相同，这一特征为周期信号的分析带来便利，因此只需要分析一个周期内的信号即可。

1. 连续周期信号的傅里叶级数

一个连续周期信号，在满足狄利赫里条件下，均可展开成傅里叶级数。傅里叶级数有三角函数形式和复指数函数形式。一般实际的工程信号能满足此条件，因此没有特别说明，均是在此条件下进行傅里叶级数展开。

1）三角函数形式的傅里叶级数

三角函数形式的傅里叶级数表达式为

$$s(t) = \frac{a_0}{2} + \sum_{n=1}^{\infty}[a_n\cos(n\Omega_0 t) + b_n\sin(n\Omega_0 t)] \tag{2-50}$$

式中，$\Omega_0 = \dfrac{2\pi}{T_0}$为基波角频率，$a_0$、$a_n$、$b_n$ 为傅里叶系数，由它们可以获得信号的频谱。傅里叶系数的计算公式为

$$a_0 = \frac{2}{T_0}\int_{t_0}^{t_0+T_0} s(t)\,\mathrm{d}t \tag{2-51}$$

$$a_n = \frac{2}{T_0}\int_{t_0}^{t_0+T_0} s(t)\cos(n\Omega_0 t)\,\mathrm{d}t \tag{2-52}$$

$$b_n = \frac{2}{T_0}\int_{t_0}^{t_0+T_0} s(t)\sin(n\Omega_0 t)\,\mathrm{d}t \tag{2-53}$$

式中，t_0 为任意常数，依据计算方便需要，可取 $t_0=0$ 或 $t_0=-T_0/2$。

利用三角函数的性质，将式（2-50）中的同频率项合并，得

$$s(t) = \frac{A_0}{2} + \sum_{n=1}^{\infty} A_n\cos(n\Omega_0 t + \varphi_n) \tag{2-54}$$

式中，A_n 是 n 次谐波的幅值，φ_n 是 n 次谐波的相位，A_0 表示直流分量。A_n、φ_n 与 a_n、b_n 的关系可由式（2-50）与式（2-54）利用三角函数的性质对比分析得出，即

$$\begin{cases} A_0 = a_0 \\ A_n = \sqrt{a_n^2 + {}^2b_n} \\ \varphi_n = -\arctan\dfrac{b_n}{a_n} \end{cases} \tag{2-55}$$

$$\begin{cases} a_n = A_n\cos\varphi_n \\ b_n = -A_n\sin\varphi_n \end{cases} \tag{2-56}$$

以上分析表明，任意周期信号可以分解为直流分量与若干个不同频率、不同相位、不同幅值的正弦分量的叠加，即这些不同的正弦分量与直流分量组成了该周期信号。正弦分量由不同的谐波分量构成，表示信号的交流分量，各谐波分量的频率 $n\Omega_0$ 是基波频率的正整数倍。因此，一个周期信号的时域分析就可以转换为对该周期信号的各个频率分量的频域分析。

求傅里叶级数展开式的关键是求系数 a_0、a_n、b_n。考虑被积函数的奇偶性及积分区间的对称性对计算结果的影响，这里取 $t_0=-T_0/2$，下面针对 $s(t)$ 的奇偶性讨论 a_0、a_n、b_n 的计算公式。

(1) $s(t)$ 为偶函数时。

由式（2-51）、式（2-52）、式（2-53）推导得

$$a_0=\frac{4}{T_0}\int_0^{T_0/2}s(t)\,\mathrm{d}t \tag{2-57}$$

$$a_n=\frac{4}{T_0}\int_0^{T_0/2}s(t)\cos(n\Omega_0 t)\,\mathrm{d}t \tag{2-58}$$

$$b_n=0$$

此时展开式为

$$s(t)=\frac{a_0}{2}+\sum_{n=1}^{\infty}a_n\cos(n\Omega_0 t) \tag{2-59}$$

可见，偶周期信号 $s(t)$ 的傅里叶级数中只含有直流分量和余弦分量。

(2) $s(t)$ 为奇函数时。

同理可得

$$a_0=0 \tag{2-60}$$

$$a_n=0 \tag{2-61}$$

$$b_n=\frac{4}{T_0}\int_0^{T_0/2}s(t)\sin(n\Omega_0 t)\,\mathrm{d}t \tag{2-62}$$

此时展开式为

$$s(t)=\sum_{n=1}^{\infty}b_n\sin(n\Omega_0 t) \tag{2-63}$$

可见，奇周期信号 $s(t)$ 的傅里叶级数中只含有正弦分量。

例 2.7 将图 2-20 所示的矩形脉冲信号展开成傅里叶级数。

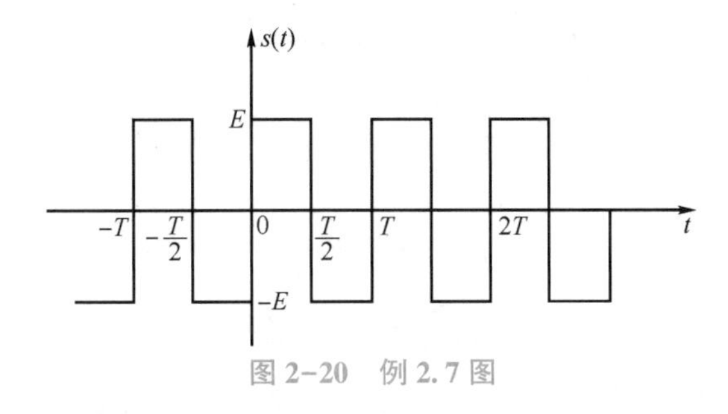

图 2-20 例 2.7 图

解：分析图 2-20 的波形可知，该矩形脉冲信号 $s(t)$ 是奇函数，因此 $a_0=0$，$a_n=0$。考虑到 $\Omega_0=\dfrac{2\pi}{T}$，得

$$
\begin{aligned}
b_n &= \frac{4}{T}\int_0^{T/2} E \cdot \sin(n\Omega_0 t)\,\mathrm{d}t = -\frac{4E}{Tn\Omega_0} \cdot \cos(n\Omega_0 t)\Big|_0^{T/2} \\
&= \frac{2E}{n\pi}[1 - \cos(n\pi)] \\
&= \begin{cases} 0, & n = 2,\ 4,\ 6,\ \cdots \\ \dfrac{4E}{n\pi}, & n = 1,\ 3,\ 5,\ \cdots \end{cases}
\end{aligned}
$$

代入式（2-63）中，得到该信号的傅里叶级数展开式为

$$
\begin{aligned}
s(t) &= \sum_{n=1}^{\infty} b_n \sin(n\Omega_0 t) \\
&= \frac{4E}{\pi}\left[\sin(\Omega_0 t) + \frac{1}{3}\sin(3\Omega_0 t) + \frac{1}{5}\sin(5\Omega_0 t) + \cdots\right]
\end{aligned}
$$

例 2.8　正弦交流信号 $E\sin(\omega_0 t)$ 经全波整流后的波形如图 2-21 所示，求它的傅里叶级数展开式。

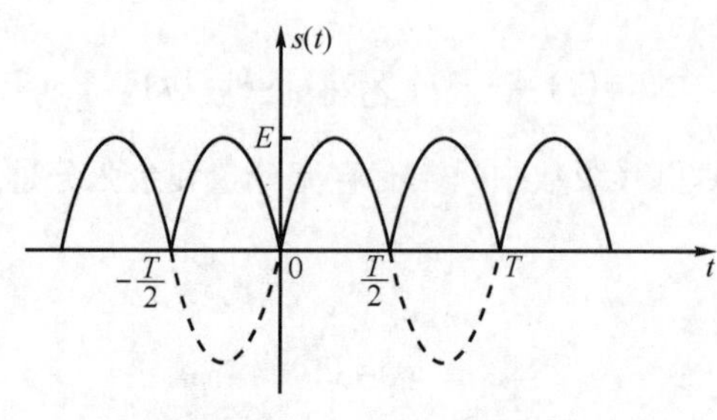

图 2-21　例 2.8 图

解：从信号波形可知，全波整流信号 $s(t)$ 是偶函数，因此 $b_n = 0$。

因为正弦信号的角频率 $\omega_0 = \frac{2\pi}{T}$，全波整流信号的角频率 $\Omega_0 = \frac{2\pi}{T_0} = \frac{2\pi}{T/2}$，则有 $\Omega_0 = 2\omega_0$。

根据偶函数的傅里叶级数公式得

$$
a_0 = \frac{4}{T_0}\int_0^{T_0/2} s(t)\,\mathrm{d}t = \frac{4}{T/2}\int_0^{T/4} E\sin(\omega_0 t)\,\mathrm{d}t = \frac{4E}{\pi}
$$

$$
\begin{aligned}
a_n &= \frac{4}{T_0}\int_0^{T_0/2} s(t)\cos(n\Omega_0 t)\,\mathrm{d}t \\
&= \frac{4}{T/2}\int_0^{T/4} E\sin(\omega_0 t)\cos(n\Omega_0 t)\,\mathrm{d}t \\
&= \frac{8E}{T}\int_0^{T/4} \sin(\omega_0 t)\cos(2n\omega_0 t)\,\mathrm{d}t \\
&= -\frac{2E}{\pi} \cdot \frac{1 + \cos(n\pi)}{n^2 - 1} \\
&= \begin{cases} 0, & n = 1,\ 3,\ 5,\ \cdots \\ -\dfrac{4E}{(n^2 - 1)\pi}, & n = 2,\ 4,\ 6,\ \cdots \end{cases}
\end{aligned}
$$

代入式（2-59）中，得到 $s(t)$ 的傅里叶级数展开式为

$$\begin{aligned} s(t) &= \frac{a_0}{2} + \sum_{n=1}^{\infty} a_n \cos(n\Omega_0 t) \\ &= \frac{4E}{2\pi} + \frac{4E}{\pi}\left[-\frac{1}{3}\cos(4\omega_0 t) - \frac{1}{15}\cos(8\omega_0 t) - \frac{1}{35}\cos(12\omega_0 t) - \cdots\right] \\ &= \frac{4E}{\pi}\left[\frac{1}{2} - \frac{1}{3}\cos(4\omega_0 t) - \frac{1}{15}\cos(8\omega_0 t) - \frac{1}{35}\cos(12\omega_0 t) - \cdots\right] \end{aligned}$$

例 2.9　将图 2-22 所示的周期为 T 的矩形脉冲信号展开成三角傅里叶级数。

解：从波形图可知

$$s(t) = \begin{cases} 0, & -T/2 \leqslant t < 0 \\ E, & 0 \leqslant t < T/2 \end{cases}$$

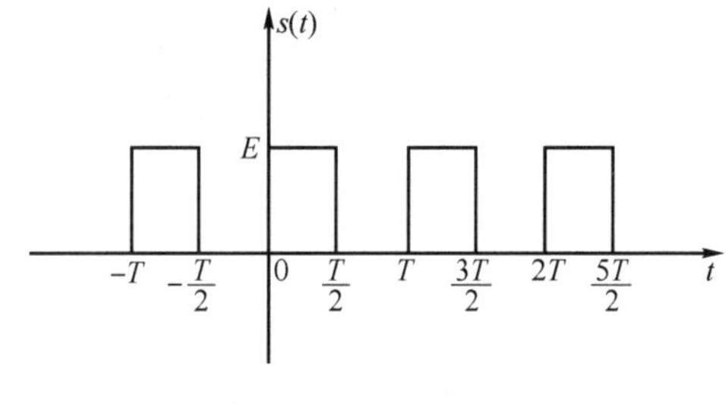

图 2-22　例 2.9 图

由傅里叶系数的计算公式

$$a_0 = \frac{2}{T_0}\int_{t_0}^{t_0+T_0} s(t)\,\mathrm{d}t$$

$$a_n = \frac{2}{T_0}\int_{t_0}^{t_0+T_0} s(t)\cos(n\Omega_0 t)\,\mathrm{d}t$$

$$b_n = \frac{2}{T_0}\int_{t_0}^{t_0+T_0} s(t)\sin(n\Omega_0 t)\,\mathrm{d}t$$

取 $t_0=-T_0/2$，又因为 $T_0=T$，得

$$a_0 = \frac{2}{T}\int_{-T/2}^{T/2} s(t)\,\mathrm{d}t = \frac{2}{T}\int_{0}^{T/2} E\,\mathrm{d}t = E$$

$$\begin{aligned} a_n &= \frac{2}{T}\int_{-T/2}^{T/2} s(t)\cos(n\Omega_0 t)\,\mathrm{d}t = \frac{2}{T}\int_{0}^{T/2} E\cos(n\Omega_0 t)\,\mathrm{d}t \\ &= \frac{2E}{n\Omega_0 T}\cdot \sin(n\Omega_0 t)\Big|_0^{T/2} \\ &= 0 \end{aligned}$$

$$\begin{aligned} b_n &= \frac{2}{T}\int_{-T/2}^{T/2} s(t)\sin(n\Omega_0 t)\,\mathrm{d}t = \frac{2}{T}\int_{0}^{T/2} E\sin(n\Omega_0 t)\,\mathrm{d}t \\ &= -\frac{2E}{n\Omega_0 T}\cdot \cos(n\Omega_0 t)\Big|_0^{T/2} \\ &= \frac{E}{n\pi}(1 - \cos n\pi) \\ &= \begin{cases} \dfrac{2E}{n\pi}, & n = 1,\ 3,\ 5,\ \cdots \\ 0, & n = 2,\ 4,\ 6,\ \cdots \end{cases} \end{aligned}$$

由此得三角傅里叶级数展开式为

$$s(t) = \frac{E}{2} + \sum_{n=1}^{\infty} b_n \sin(n\Omega_0 t) = \frac{E}{2} + \frac{2E}{\pi}\left[\sin(\Omega_0 t) + \frac{1}{3}\sin(3\Omega_0 t) + \frac{1}{5}\sin(5\Omega_0 t) + \cdots\right]$$

2）复指数函数形式的傅里叶级数

傅里叶级数的三角形式物理意义明确，但运算不方便，且不能表达负频率部分。通过欧拉公式可将正弦信号转换成复指数信号，复指数形式的傅里叶级数能表达负频率部分，而且

物理含义也很明确，因此可以将傅里叶级数的三角形式转换成复指数形式。

由欧拉公式，式（2-54）可写成

$$
\begin{aligned}
s(t) &= \frac{A_0}{2} + \sum_{n=1}^{\infty} A_n \cos(n\Omega_0 t + \varphi_n) \\
&= \frac{A_0}{2} + \frac{1}{2}\sum_{n=1}^{\infty} A_n \left[e^{j(n\Omega_0 t + \varphi_n)} + e^{-j(n\Omega_0 t + \varphi_n)} \right] \\
&= \frac{A_0}{2} + \frac{1}{2}\sum_{n=1}^{\infty} A_n e^{jn\Omega_0 t} e^{j\varphi_n} + \frac{1}{2}\sum_{n=1}^{\infty} A_n e^{-jn\Omega_0 t} e^{-j\varphi_n}
\end{aligned}
$$

又因为 A_n 是 n 的偶函数，φ_n 是 n 的奇函数，上式可写为

$$
\begin{aligned}
s(t) &= \frac{A_0}{2} + \frac{1}{2}\sum_{n=1}^{\infty} A_n e^{jn\Omega_0 t} e^{j\varphi_n} + \frac{1}{2}\sum_{n=-1}^{-\infty} A_n e^{jn\Omega_0 t} e^{j\varphi_n} \\
&= \frac{1}{2}\sum_{n=-\infty}^{\infty} A_n e^{j\varphi_n} e^{jn\Omega_0 t}
\end{aligned}
$$

令 $F_n = \frac{1}{2} A_n e^{j\varphi_n}$，则得到傅里叶级数的复指数形式

$$
s(t) = \sum_{n=-\infty}^{\infty} F_n e^{jn\Omega_0 t} \tag{2-64}
$$

式中，F_n 为复傅里叶系数，是 $n\Omega_0$ 的函数，表示各个频率分量 $e^{jn\Omega_0 t}$ 的复数幅值。

由式（2-56）得，复傅里叶系数为

$$
F_n = \frac{1}{2} A_n e^{j\varphi_n} = \frac{1}{2}(A_n \cos\varphi_n + jA_n \sin\varphi_n) = \frac{1}{2}(a_n - jb_n)
$$

将式（2-52）和式（2-53）代入上式得

$$
\begin{aligned}
F_n &= \frac{1}{T_0}\int_{t_0}^{t_0+T_0} s(t)\cos(n\Omega_0 t)\,dt - j\frac{1}{T_0}\int_{t_0}^{t_0+T_0} s(t)\sin(n\Omega_0 t)\,dt \\
&= \frac{1}{T_0}\int_{t_0}^{t_0+T_0} s(t)\left[\cos(n\Omega_0 t) - j\sin(n\Omega_0 t)\right]dt \\
&= \frac{1}{T_0}\int_{t_0}^{t_0+T_0} s(t) e^{-jn\Omega_0 t}\,dt
\end{aligned}
$$

因此，复傅里叶系数的表达式为

$$
F_n = \frac{1}{T_0}\int_{t_0}^{t_0+T_0} s(t) e^{-jn\Omega_0 t}\,dt \tag{2-65}
$$

由上述分析可知，可以利用式（2-65）求出复傅里叶系数，从而求得复指数形式的傅里叶级数。下面通过例题说明。

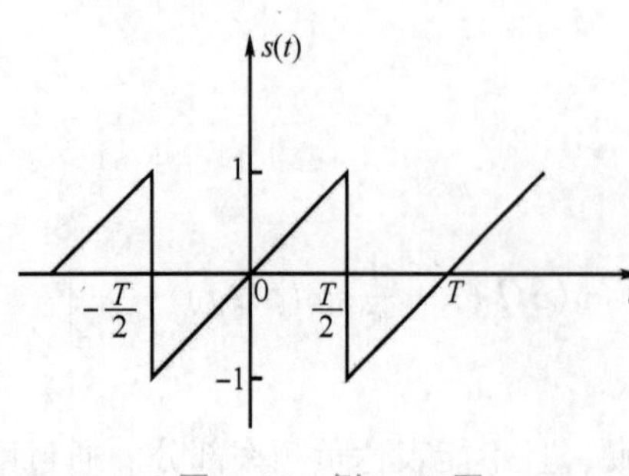

图 2-23　例 2.10 图

例 2.10　求图 2-23 所示的周期锯齿波信号的指数傅里叶级数展开式。

解：由波形可知，$s(t)$ 的表达式为

$$
s(t) = \frac{2}{T}t, \qquad -\frac{T}{2} < t < \frac{T}{2}
$$

由式（2-65）得

$$
\begin{aligned}
F_n &= \frac{1}{T_0}\int_{t_0}^{t_0+T_0} s(t)\mathrm{e}^{-\mathrm{j}n\Omega_0 t}\mathrm{d}t \\
&= \frac{1}{T}\int_{-T/2}^{T/2} \frac{2}{T}t\mathrm{e}^{-\mathrm{j}n2\pi t/T}\mathrm{d}t \\
&= \frac{2}{T^2}\left[-\frac{T}{\mathrm{j}n2\pi}\mathrm{e}^{-\mathrm{j}n2\pi t/T}\Big|_{-T/2}^{T/2} + \frac{T}{\mathrm{j}n2\pi}\int_{-T/2}^{T/2}\mathrm{e}^{-\mathrm{j}n2\pi t/T}\mathrm{d}t\right] \\
&= \mathrm{j}\frac{1}{n\pi}\cos(n\pi) + 0 \\
&= \mathrm{j}\frac{1}{n\pi}\cos(n\pi)
\end{aligned}
$$

故指数形式的傅里叶级数展开式为

$$
\begin{aligned}
s(t) &= \sum_{n=-\infty}^{\infty} F_n \mathrm{e}^{\mathrm{j}n\Omega_0 t} \\
&= \sum_{n=-\infty}^{\infty} \mathrm{j}\frac{1}{n\pi}\cos(n\pi)\mathrm{e}^{\mathrm{j}n\Omega_0 t} \\
&= \mathrm{j}\frac{1}{\pi}\sum_{n=-\infty}^{\infty}\frac{1}{n}\cos(n\pi)\mathrm{e}^{\mathrm{j}n\Omega_0 t}
\end{aligned}
$$

表 2-1 给出了三角形式和复指数形式的傅里叶级数及其系数，以及各系数间的关系。

表 2-1　三角形式和复指数形式的傅里叶级数及其示数

形式	傅里叶级数	傅里叶系数	系数间的关系
三角形式	$s(t) = \frac{a_0}{2} + \sum_{n=1}^{\infty}[a_n\cos(n\Omega_0 t) + b_n\sin(n\Omega_0 t)]$ $= \frac{A_0}{2} + \sum_{n=1}^{\infty}A_n\cos(n\Omega_0 t + \varphi_n)$	$a_n = \frac{2}{T_0}\int_{t_0}^{t_0+T_0}s(t)\cos(n\Omega_0 t)\mathrm{d}t$ $n=0, 1, 2, \cdots$ $b_n = \frac{2}{T_0}\int_{t_0}^{t_0+T_0}s(t)\sin(n\Omega_0 t)\mathrm{d}t$ $n=1, 2, \cdots$ $A_0 = a_0$ $A_n = \sqrt{a_n^2 + b_n^2}$ $\varphi_n = -\arctan\frac{b_n}{a_n}$ $n=1, 2, \cdots$	$a_n = A_n\cos\varphi_n = F_n + F_{-n}$ 是 n 的偶函数 $b_n = -A_n\sin\varphi_n = \mathrm{j}(F_n + F_{-n})$ 是 n 的奇函数 $A_n = 2\lvert F_n\rvert$
复指数形式	$s(t) = \sum_{n=-\infty}^{\infty}F_n\mathrm{e}^{\mathrm{j}n\Omega_0 t}$	$F_n = \frac{1}{T_0}\int_{t_0}^{t_0+T_0}s(t)\mathrm{e}^{-\mathrm{j}n\Omega_0 t}\mathrm{d}t$ $n=0, \pm1, \pm2, \cdots$	$F_n = \frac{1}{2}A_n\mathrm{e}^{\mathrm{j}\varphi_n} = \frac{1}{2}(a_n - \mathrm{j}b_n)$ $\lvert F_n\rvert = \frac{1}{2}A_n = \frac{1}{2}\sqrt{a_n^2 + b_n^2}$ 是 n 的偶函数 $\varphi_n = -\arctan\frac{b_n}{a_n}$ 是 n 的奇函数

2. 连续周期信号的频谱

如前所述，一个周期信号可以分解为不同频率的正弦分量或复指数分量之和，即

$$s(t)=\frac{A_0}{2}+\sum_{n=1}^{\infty}A_n\cos(n\Omega_0 t+\varphi_n)$$

或

$$s(t)=\sum_{n=-\infty}^{\infty}F_n e^{jn\Omega_0 t}$$

式中，$F_n=\frac{1}{2}A_n e^{j\varphi_n}=|F_n|e^{j\varphi_n}$。

在傅里叶级数表达式中，$|F_n|$表示周期信号所含的复指数分量的幅度（振幅），A_n 表示周期信号所含的正弦分量的幅度，φ_n 表示周期信号的相位。称$|F_n|$或 A_n 随（角）频率而变化的函数关系为周期信号的幅度谱，也称为幅频特性；称 φ_n 随（角）频率而变化的函数关系为周期信号的相位谱，也称为相频特性。通过傅里叶系数，可求得幅度谱与相位谱。幅度谱与相位谱统称为频谱，它将信号的幅度、相位、频率三者统一起来，共同描述了周期信号的频域特征，奠定了信号频域分析的基础。周期信号的频谱图示例如图 2-24 所示。图中每条竖线表示该频率分量的幅度，称为谱线，连接各谱线顶点的曲线被称为包络线，它反映了各频率分量幅度随频率变化的情况。值得注意的是，从傅里叶级数的三角形式和复指数形式可以看出，三角形式的频谱只有正频率部分，称之为单边谱；而复指数形式的频谱包含正负频率两部分，称之为双边谱。

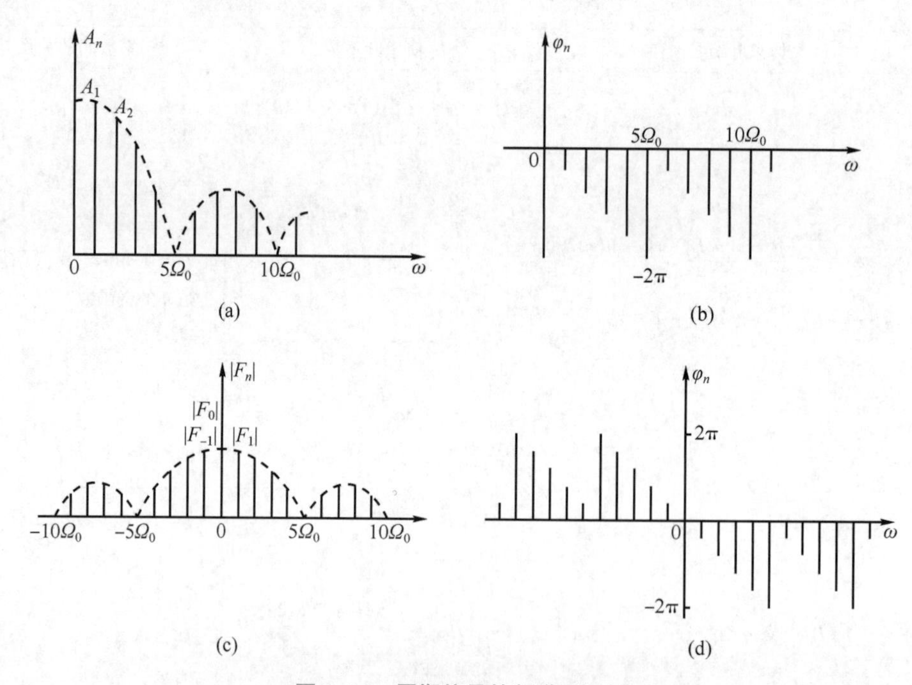

图 2-24 周期信号的频谱图示例

（a）单边幅度谱；（b）单边相位谱；（c）双边幅度谱；（d）双边相位谱

下面通过示例进一步说明周期信号频谱图的绘制方法，并给出几种典型周期信号的频谱图。

例 2.11　已知周期信号

$$s(t)=1+\sqrt{2}\cos(\Omega_0 t)-\cos\left(2\Omega_0 t+\frac{5\pi}{4}\right)+\sqrt{2}\sin(\Omega_0 t)+\frac{1}{2}\sin(3\Omega_0 t)$$

试画出其频谱图。

解：因为 $s(t)$ 为周期信号，从它的表达式可知，该式为三角傅里叶级数展开式，基波频率为 Ω_0。将 $s(t)$ 表示成傅里叶级数的标准形式，即

$$\begin{aligned}s(t)&=1+\sqrt{2}\cos(\Omega_0 t)-\cos\left(2\Omega_0 t+\frac{5\pi}{4}\right)+\sqrt{2}\sin(\Omega_0 t)+\frac{1}{2}\sin(3\Omega_0 t)\\&=1+\sqrt{2}\cos(\Omega_0 t)+\frac{\sqrt{2}}{2}\cos(2\Omega_0 t)+\sqrt{2}\sin(\Omega_0 t)-\frac{\sqrt{2}}{2}\sin(2\Omega_0 t)+\frac{1}{2}\sin(3\Omega_0 t)\end{aligned}$$

因此可得 $a_0=2$，$a_1=\sqrt{2}$，$a_2=\frac{\sqrt{2}}{2}$，$b_1=\sqrt{2}$，$b_2=-\frac{\sqrt{2}}{2}$，$b_3=\frac{1}{2}$。

由 $A_n=\sqrt{a_n^2+b_n^2}$ 得

$$A_0=a_0=2$$

$$A_1=\sqrt{a_1^2+b_1^2}=\sqrt{(\sqrt{2})^2+(\sqrt{2})^2}=2$$

$$A_2=\sqrt{a_2^2+b_2^2}=\sqrt{\left(\frac{\sqrt{2}}{2}\right)^2+\left(-\frac{\sqrt{2}}{2}\right)^2}=1$$

$$A_3=\sqrt{a_3^2+b_3^2}=\sqrt{0^2+\left(\frac{1}{2}\right)^2}=\frac{1}{2}$$

由 $\varphi_n=-\arctan\frac{b_n}{a_n}$ 得

$$\varphi_1=-\arctan\frac{b_1}{a_1}=-\arctan\frac{\sqrt{2}}{\sqrt{2}}=-\frac{\pi}{4}$$

$$\varphi_2=-\arctan\frac{b_2}{a_2}=-\arctan\frac{-\sqrt{2}/2}{\sqrt{2}/2}=\frac{\pi}{4}$$

$$\varphi_3=-\arctan\frac{b_3}{a_3}=-\arctan\frac{1/2}{0}=-\frac{\pi}{2}$$

由此画出 $s(t)$ 的频谱图，如图 2-25 所示。

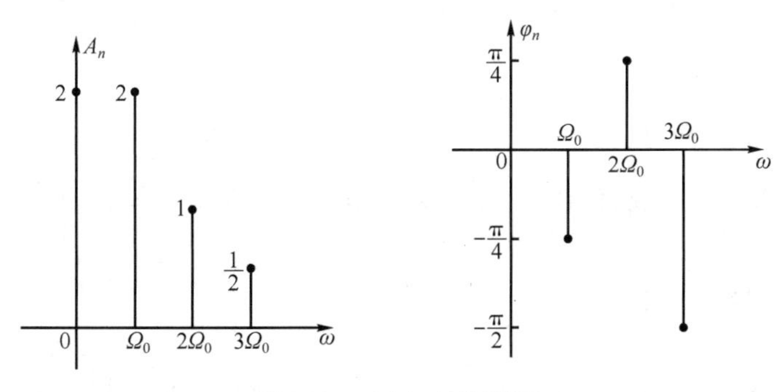

图 2-25　$s(t)$ 的频谱图

本题也可以将信号表示成 $s(t)=\frac{A_0}{2}+\sum_{n=1}^{\infty}A_n\cos(n\Omega_0 t+\varphi_n)$ 的形式，直接可求得 A_n 和 φ_n，请读者自行完成。

例 2.12　试画出图 2-26 所示的周期矩形脉冲信号的频谱图。

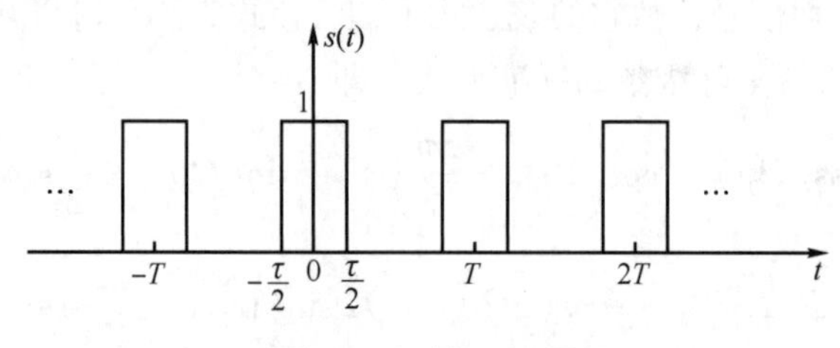

图 2-26　例 2.12 图

解：由复傅里叶系数公式得

$$F_n=\frac{1}{T_0}\int_{t_0}^{t_0+T_0}s(t)\mathrm{e}^{-\mathrm{j}n\Omega_0 t}\mathrm{d}t=\frac{1}{T}\int_{-\tau/2}^{-\tau/2+T}s(t)\mathrm{e}^{-\mathrm{j}n\Omega_0 t}\mathrm{d}t$$

$$=\frac{1}{T}\int_{-\tau/2}^{\tau/2}\mathrm{e}^{-\mathrm{j}n\Omega_0 t}\mathrm{d}t$$

$$=\frac{1}{T}\cdot\frac{1}{-\mathrm{j}n\Omega_0}\mathrm{e}^{-\mathrm{j}n\Omega_0 t}\Big|_{-\tau/2}^{\tau/2}$$

$$=\frac{2}{T}\cdot\frac{\sin\left(\frac{n\Omega_0\tau}{2}\right)}{n\Omega_0}$$

因此，幅度谱为

$$|F_n|=\left|\frac{2}{T}\cdot\frac{\sin\left(\frac{n\Omega_0\tau}{2}\right)}{n\Omega_0}\right|=\frac{2}{T}\left|\frac{\sin\left(\frac{n\Omega_0\tau}{2}\right)}{n\Omega_0}\right|$$

相位谱为

$$\varphi_n=0\quad 或\quad \varphi_n=\pi$$

将 F_n 表示成下式

$$F_n=\frac{\tau}{T}\cdot\frac{\sin\left(\frac{n\pi\tau}{T}\right)}{\frac{n\pi\tau}{T}}=\frac{\tau}{T}\cdot Sa\left(\frac{n\pi\tau}{T}\right)=\frac{\tau}{T}\cdot Sa\left(\frac{n\Omega_0\tau}{2}\right)$$

式中，$Sa(x)=\frac{\sin x}{x}$为取样函数。

由于相位谱为 0 或 π，故不用单独画出相位谱，直接画出 $T=4\tau$ 的频谱图，如图 2-27 所示。

3. 连续周期信号频谱的特点

1）离散性

由于频谱的谱线在 n 次谐波频率 $n\Omega_0$ 处取值，所以频谱由无数条不连续的谱线组成，每

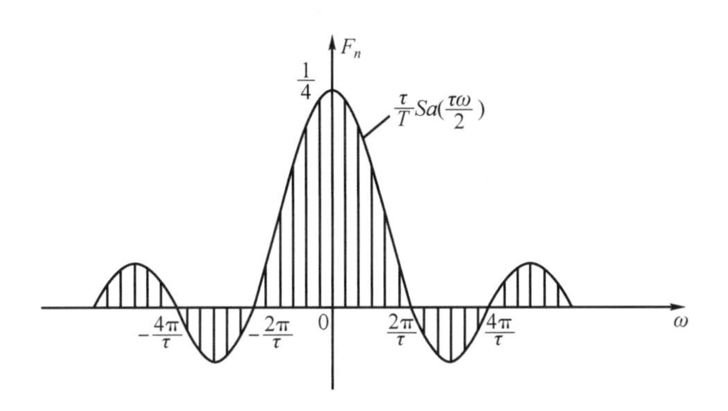

图 2-27　$T=4\tau$ 的频谱图

一条谱线表示一个频率分量，所以称周期信号的频谱为离散谱。

2）谐波性

频谱的所有谱线以基波频率 Ω_0 为间隔等间距分布，即频谱只含有 Ω_0 的各次谐波分量，而不包含其他频率分量。

3）收敛性

频谱的各次谐波分量的幅度虽然随 $n\Omega_0$ 的变化而起伏变化，但总的趋势是随着 $n\Omega_0$ 的增大而逐渐减小并趋于零，即当 $n\Omega_0\to\infty$ 时，$|F_n|\to 0$。

2.2.2　连续非周期信号的傅里叶变换

非周期信号可看成是 $T_0\to\infty$ 时的周期信号，但 $T_0\to\infty$ 时，$\Omega_0\to 0$，此时的离散谱就近似成了连续谱，傅里叶级数的公式已不再适用。为此，引入连续傅里叶变换来描述非周期信号的频谱特性。

1. 傅里叶变换的定义

周期信号的周期为无穷大时，对周期信号的频域分析可视为对非周期信号的频域分析。因此可以利用前述的周期信号的傅里叶级数引出非周期信号的傅里叶变换的表达式。对于任意周期信号，有

$$s(t)=\sum_{n=-\infty}^{\infty}F_n \mathrm{e}^{\mathrm{j}n\Omega_0 t}$$

$$F_n=\frac{1}{T_0}\int_{-T_0/2}^{T_0/2}s(t)\mathrm{e}^{-\mathrm{j}n\Omega_0 t}\mathrm{d}t$$

因此有

$$T_0F_n=\int_{-T_0/2}^{T_0/2}s(t)\mathrm{e}^{-\mathrm{j}n\Omega_0 t}\mathrm{d}t \tag{2-66}$$

$$s(t)=\frac{1}{T_0}\sum_{n=-\infty}^{\infty}T_0F_n \mathrm{e}^{\mathrm{j}n\Omega_0 t} \tag{2-67}$$

令 $F(\mathrm{j}\omega)=\lim\limits_{T_0\to\infty}T_0F_n$，称 $F(\mathrm{j}\omega)$ 为频谱密度函数。当 $T_0\to\infty$ 时，$\Omega_0\to 0$，而 $n\Omega_0$ 也趋于零，此时离散谱近似成为连续谱，用连续变量 ω 表示 $n\Omega_0$。因此对式（2-66）取极限得

$$F(\mathrm{j}\omega)=\lim_{T_0\to\infty}T_0F_n=\lim_{T_0\to\infty}\int_{-T_0/2}^{T_0/2}s(t)\mathrm{e}^{-\mathrm{j}n\Omega_0t}\mathrm{d}t=\int_{-\infty}^{+\infty}s(t)\mathrm{e}^{-\mathrm{j}\omega t}\mathrm{d}t$$

即

$$F(\mathrm{j}\omega)=\int_{-\infty}^{+\infty}s(t)\mathrm{e}^{-\mathrm{j}\omega t}\mathrm{d}t \tag{2-68}$$

将式（2-68）称为$s(t)$的连续傅里叶变换。

由式（2-67）得

$$s(t)=\frac{1}{T_0}\sum_{n=-\infty}^{\infty}T_0F_n\mathrm{e}^{\mathrm{j}n\Omega_0t}=\frac{\Omega_0}{2\pi}\sum_{n=-\infty}^{\infty}T_0F_n\mathrm{e}^{\mathrm{j}n\Omega_0t}$$

当$T_0\to\infty$时，$\Omega_0\to0$，取其为$\mathrm{d}\omega$，用连续变量ω表示$n\Omega_0$，再利用$F(\mathrm{j}\omega)=\lim\limits_{T_0\to\infty}T_0F_n$，同时求和符号应改为积分，于是得到

$$s(t)=\frac{1}{2\pi}\int_{-\infty}^{+\infty}F(\mathrm{j}\omega)\mathrm{e}^{\mathrm{j}\omega t}\mathrm{d}\omega \tag{2-69}$$

将式（2-69）称为$F(\mathrm{j}\omega)$的连续傅里叶反变换。

在信号分析与处理中，将$F(\mathrm{j}\omega)$称为$s(t)$的频谱密度函数或频谱函数，而将$s(t)$称为$F(\mathrm{j}\omega)$的原函数，它们构成傅里叶变换对，简记为

$$F(\mathrm{j}\omega)=F[s(t)] \tag{2-70}$$

$$s(t)=F^{-1}[F(\mathrm{j}\omega)] \tag{2-71}$$

或

$$s(t)\leftrightarrow F(\mathrm{j}\omega) \tag{2-72}$$

式中，记号$F[\cdot]$表示傅里叶变换，$F^{-1}[\cdot]$表示傅里叶反变换，$\leftrightarrow$表示傅里叶变换对。

自变量用频率f表示的傅里叶变换对为

$$F(\mathrm{j}f)=\int_{-\infty}^{+\infty}s(t)\mathrm{e}^{-\mathrm{j}2\pi ft}\mathrm{d}t \tag{2-73}$$

$$s(t)=\int_{-\infty}^{+\infty}F(\mathrm{j}f)\mathrm{e}^{\mathrm{j}2\pi ft}\mathrm{d}f \tag{2-74}$$

傅里叶变换存在的充分条件是$s(t)$在无限区间内绝对可积，即

$$\int_{-\infty}^{+\infty}|s(t)|\mathrm{d}t<\infty$$

2. 傅里叶变换的含义

（1）$F(\mathrm{j}\omega)$是$s(t)$的傅里叶变换，表示信号的频谱。

$F(\mathrm{j}\omega)$是一个复函数，可表示为

$$F(j\omega)=|F(\mathrm{j}\omega)|\mathrm{e}^{\mathrm{j}\varphi(\omega)}=R(\omega)+\mathrm{j}X(\omega) \tag{2-75}$$

式中，$|F(\mathrm{j}\omega)|$和$\varphi(\omega)$分别是$F(\mathrm{j}\omega)$的幅度和相位，与周期信号类似；$|F(\mathrm{j}\omega)|$与ω的关系曲线被称为信号的幅度谱，也称为幅频特性，是ω的偶函数；$\varphi(\omega)$与ω的关系曲线被称为信号的相位谱，也称为相频特性，是ω的奇函数。幅度谱与相位谱均是连续谱，因此非周期信号的频谱也是连续谱。$R(\omega)$和$X(\omega)$分别是$F(\mathrm{j}\omega)$的实部和虚部，$R(\omega)$与ω的关系被称为实频特性，是ω的偶函数，$X(\omega)$与ω的关系被称为虚频特性，是ω的奇函数。

（2）用$F(\mathrm{j}\omega)$表达非周期信号的组成。

由式（2-74）及式（2-75）得

$$s(t)=\frac{1}{2\pi}\int_{-\infty}^{+\infty}F(j\omega)e^{j\omega t}d\omega=\frac{1}{2\pi}\int_{-\infty}^{+\infty}|F(j\omega)|e^{j[\omega t+\varphi(\omega)]}d\omega$$
$$=\frac{1}{2\pi}\int_{-\infty}^{+\infty}|F(j\omega)|\cos[\omega t+\varphi(\omega)]d\omega+j\frac{1}{2\pi}\int_{-\infty}^{+\infty}|F(j\omega)|\sin[\omega t+\varphi(\omega)]d\omega$$
$$=\frac{1}{\pi}\int_{0}^{+\infty}|F(j\omega)|\cos[\omega t+\varphi(\omega)]d\omega \tag{2-76}$$

上式表明，非周期信号可视为由不同频率的余弦分量叠加而成，它包含了频率从零到无限大的所有频率分量。

2.2.3　典型非周期信号的频谱分析

本节在前述傅里叶变换的基础上求解并分析几种典型非周期信号的频谱，为其他信号的频谱计算与分析奠定基础。从前面的分析可知，求信号的频谱即求信号的傅里叶变换。

1. 非奇异信号的频谱

1）矩形脉冲信号的频谱

图 2-28 所示的矩形脉冲信号，波形关于纵轴对称，其表达式为

$$g_\tau(t)=\begin{cases}E, & |t|\leqslant\dfrac{\tau}{2}\\ 0, & |t|>\dfrac{\tau}{2}\end{cases} \tag{2-77}$$

式中，E 为脉冲幅度，τ 为脉冲宽度。

由式（2-68）可求出其傅里叶变换，即频谱函数为

$$F(j\omega)=\int_{-\infty}^{+\infty}g_\tau(t)e^{-j\omega t}dt=\int_{-\frac{\tau}{2}}^{\frac{\tau}{2}}Ee^{-j\omega t}dt$$
$$=\frac{2E}{\omega}\sin\frac{\tau\omega}{2}=E\tau Sa\left(\frac{\tau\omega}{2}\right)$$

即

$$F[g_\tau(t)]=E\tau Sa\left(\frac{\tau}{2}\omega\right) \tag{2-78}$$

因为 $F(j\omega)$ 为实函数，所以不必单独画出幅度谱与相位谱，直接画出频谱图，如图 2-29 所示。

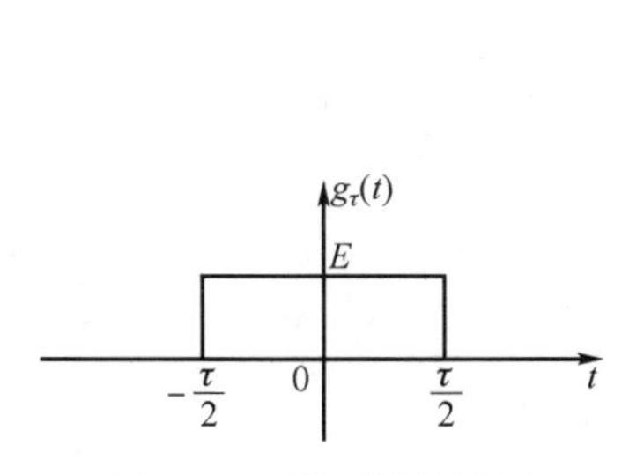

图 2-28　矩形脉冲信号

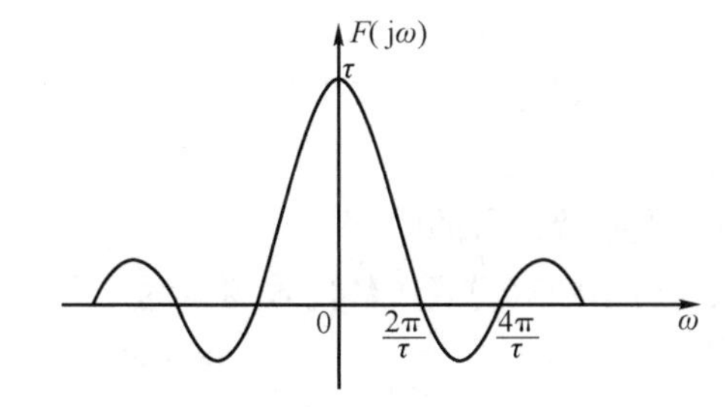

图 2-29　矩形脉冲信号的频谱图

从图 2-29 可见，矩形脉冲信号的频谱与周期矩形脉冲信号的频谱的包络线形状相同，周期矩形脉冲信号的频谱的包络乘以周期 T_0 即单个矩形脉冲信号的频谱，这正是因为周期矩形脉冲信号的周期趋于无穷大时可视为非周期矩形脉冲的结果，从而其频谱由离散谱演变为连续谱。此频谱图是双边谱，即存在负频率部分，且负频率部分与正频率部分对称。但频率为负只是一种数学形式，不具有实际的物理意义，因此只研究正频率部分的频谱。另外，频谱图中零点的角频率为 $2k\pi/\tau$，k 为不等于零的整数，第一个零点处的频率为 $1/\tau$。在信号处理与通信领域，因为频谱大部分能量集中在一个有限的频率范围内，常取从零频率到频谱的第一个零点处的频率之间的频段为信号的频带宽度，简称带宽。因此矩形脉冲的带宽为 $1/\tau$，可见脉冲宽度与带宽成反比，可通过减小脉冲宽度来提高带宽，这为通信理论中的提高带宽提供了思路。

2）单边指数信号的频谱

图 2-30 所示的单边指数信号的表达式为

$$s(t)=\begin{cases}e^{-at}, & t>0,\ a>0\\ 0, & t<0\end{cases} = e^{-at}u(t) \tag{2-79}$$

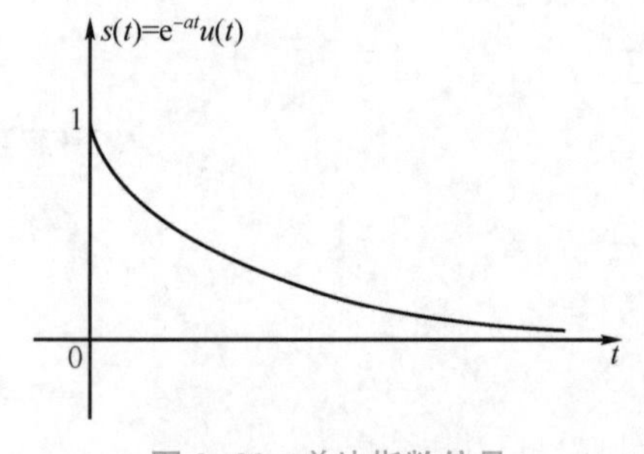

图 2-30　单边指数信号

可求得其频谱函数为

$$F(j\omega)=\int_{-\infty}^{+\infty} s(t)e^{-j\omega t}dt = \int_{0}^{+\infty} e^{-at}e^{-j\omega t}dt = \frac{1}{a+j\omega}$$

即

$$F[e^{-at}u(t)]=\frac{1}{a+j\omega} \tag{2-80}$$

幅度谱为

$$|F(j\omega)|=\frac{1}{\sqrt{a^2+\omega^2}} \tag{2-81}$$

相位谱为

$$\varphi(\omega)=-\arctan\left(\frac{\omega}{a}\right) \tag{2-82}$$

画出其频谱图，如图 2-31 所示。

从图 2-31 可以看出，在正频率部分，单边指数信号的频谱的幅度与相位均随着频率的增大而减小，幅度值趋于零，频谱的大部分能量仍然集中在有限的带宽内。

3）双边偶指数信号的频谱

图 2-32 所示的双边偶指数信号的表达式为

$$s(t)=e^{-a|t|}=\begin{cases}e^{at}, & t<0\\ e^{-at}, & t>0\end{cases},\quad a>0 \tag{2-83}$$

可求得其频谱函数为

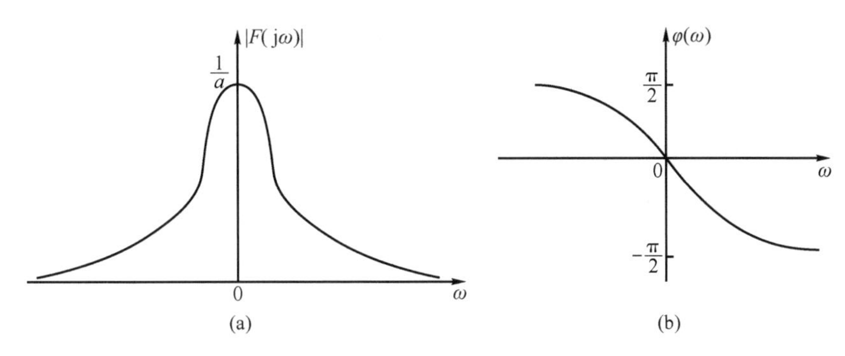

图 2-31　单边指数信号的频谱图

（a）幅度谱；（b）相位谱

$$
\begin{aligned}
F(\mathrm{j}\omega) &= \int_{-\infty}^{+\infty} s(t)\mathrm{e}^{-\mathrm{j}\omega t}\mathrm{d}t \\
&= \int_{-\infty}^{0} \mathrm{e}^{at}\mathrm{e}^{-\mathrm{j}\omega t}\mathrm{d}t + \int_{0}^{+\infty} \mathrm{e}^{-at}\mathrm{e}^{-\mathrm{j}\omega t}\mathrm{d}t \\
&= \frac{1}{a-\mathrm{j}\omega} + \frac{1}{a+\mathrm{j}\omega} \\
&= \frac{2a}{a^2+\omega^2}
\end{aligned}
$$

即

$$
F[\mathrm{e}^{-a|t|}] = \frac{2a}{a^2+\omega^2} \tag{2-84}
$$

直接画出其频谱图，如图 2-33 所示。

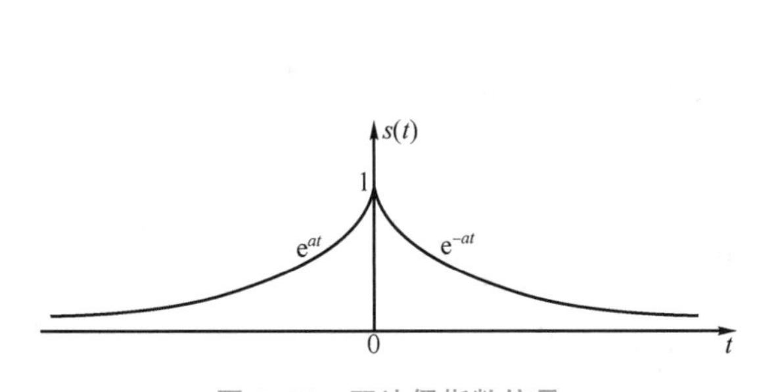

图 2-32　双边偶指数信号

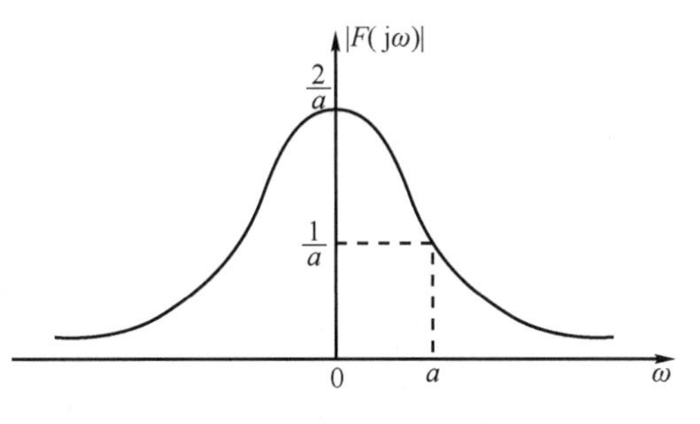

图 2-33　双边偶指数信号的频谱图

4）双边奇指数信号的频谱

图 2-34 的双边奇指数信号的表达式为

$$
s(t) = \begin{cases} -\mathrm{e}^{at}, & t<0 \\ \mathrm{e}^{-at}, & t>0 \end{cases}, \quad a>0 \tag{2-85}
$$

可求得其频谱函数为

$$
F(\mathrm{j}\omega) = \int_{-\infty}^{+\infty} s(t)\mathrm{e}^{-\mathrm{j}\omega t}\mathrm{d}t
$$

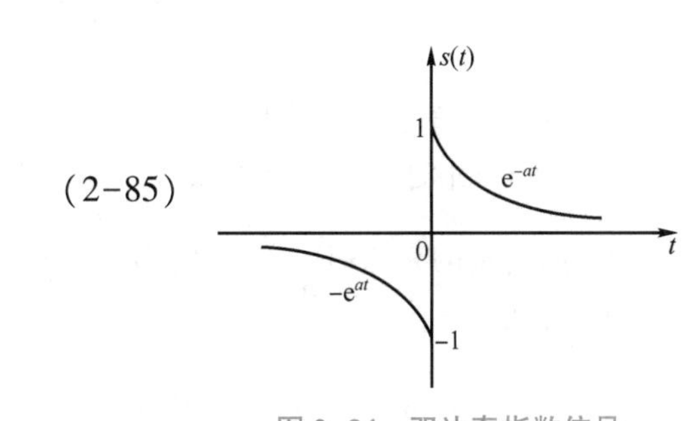

图 2-34　双边奇指数信号

$$= \int_{-\infty}^{0} -e^{at}e^{-j\omega t}dt + \int_{0}^{+\infty} e^{-at}e^{-j\omega t}dt$$

$$= -\frac{1}{a-j\omega} + \frac{1}{a+j\omega}$$

$$= -j\frac{2\omega}{a^2+\omega^2}$$

即

$$F[s(t)] = -j\frac{2\omega}{a^2+\omega^2} \tag{2-86}$$

幅度谱和相位谱分别为

$$|F(j\omega)| = \frac{2|\omega|}{a^2+\omega^2} \tag{2-87}$$

$$\varphi(\omega) = \begin{cases} \dfrac{\pi}{2}, & \omega < 0 \\ -\dfrac{\pi}{2}, & \omega > 0 \end{cases} \tag{2-88}$$

图 2-35 所示为双边奇指数信号的频谱图。

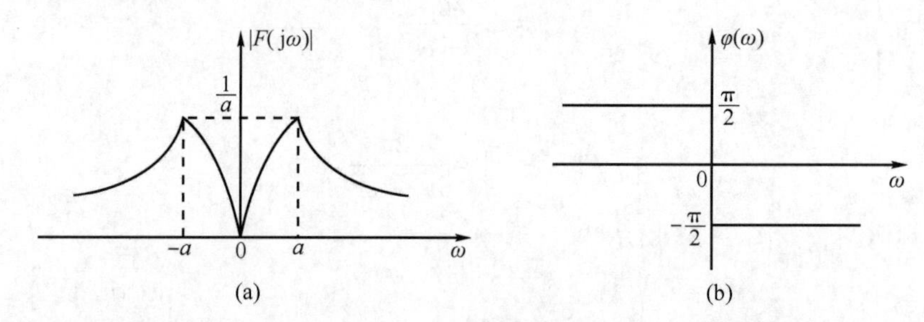

图 2-35　双边奇指数信号的频谱图

(a) 幅度谱；(b) 相位谱

2. 奇异信号的频谱

奇异信号不完全满足狄利赫里条件，因此通常利用其他信号的频谱并取极限的方法求其频谱。

1）符号函数信号的频谱

图 2-36（a）所示的符号函数信号的表达式为

$$\mathrm{sgn}(t) = \begin{cases} -1, & t < 0 \\ 0, & t = 0 \\ 1, & t > 0 \end{cases} \tag{2-89}$$

显然，该函数不满足绝对可积条件。这里可以把符号函数信号看成是双边奇指数信号当 $a\to 0$ 时的极限，因此对双边奇指数信号的频谱取 $a\to 0$ 的极限，可得符号函数信号的频谱。对双边奇指数信号的频谱 $-j\dfrac{2\omega}{a^2+\omega^2}$ 取极限，得

$$F(j\omega) = \lim_{a\to 0}\left(-j\frac{2\omega}{a^2+\omega^2}\right) = \begin{cases} \dfrac{2}{j\omega}, & \omega \neq 0 \\ 0, & \omega = 0 \end{cases}$$

即符号函数信号的频谱函数为

$$F[\operatorname{sgn}(t)]=\frac{2}{\mathrm{j}\omega}\quad(\omega\neq0)\tag{2-90}$$

符号函数信号的频谱函数常常使用上式，值得注意的是，频谱函数在 $\omega=0$ 处的值为零。

幅度谱和相位谱分别为

$$|F(\mathrm{j}\omega)|=\frac{2}{|\omega|}\tag{2-91}$$

$$\varphi(\omega)=\begin{cases}\dfrac{\pi}{2}, & \omega<0\\ -\dfrac{\pi}{2}, & \omega>0\end{cases}\tag{2-92}$$

将幅度谱与相位谱画在一个图中，如图 2-36（b）所示。

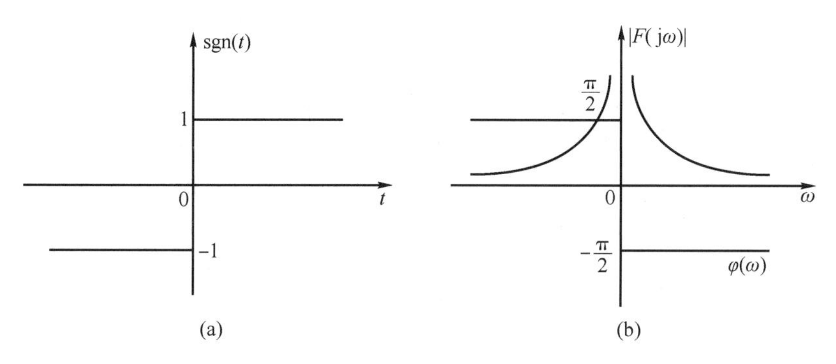

图 2-36　符号函数信号及其频谱图

（a）符号函数信号；（b）符号函数信号的频谱图

2）单位直流信号的频谱

图 2-37（a）所示的单位直流信号的表达式为

$$s(t)=1\tag{2-93}$$

显然，该函数不满足绝对可积条件。仍然可以把它看成是双边偶指数信号当 $a\to0$ 时的极限，因此对双边偶指数信号的频谱取 $a\to0$ 的极限，可得单位直流信号的频谱。前面已求得

$$F[\mathrm{e}^{-a|t|}]=\frac{2a}{a^2+\omega^2}$$

因此，有

$$F(\mathrm{j}\omega)=\lim_{a\to0}\left(\frac{2a}{a^2+\omega^2}\right)=\begin{cases}0, & \omega\neq0\\ \infty, & \omega=0\end{cases}$$

上式表明，$F(\mathrm{j}\omega)$ 是 ω 的冲激函数，其强度为

$$\int_{-\infty}^{+\infty}\left[\lim_{a\to0}\frac{2a}{a^2+\omega^2}\right]\mathrm{d}\omega=\lim_{a\to0}\int_{-\infty}^{+\infty}\frac{2a}{a^2+\omega^2}\mathrm{d}\omega=\lim_{a\to0}\int_{-\infty}^{+\infty}\frac{2}{1+\left(\dfrac{\omega}{a}\right)^2}\mathrm{d}\left(\frac{\omega}{a}\right)=2\pi$$

因此得到单位直流信号的频谱函数为

$$F[1]=2\pi\delta(\omega)\tag{2-94}$$

其频谱图如图 2-37（b）所示。

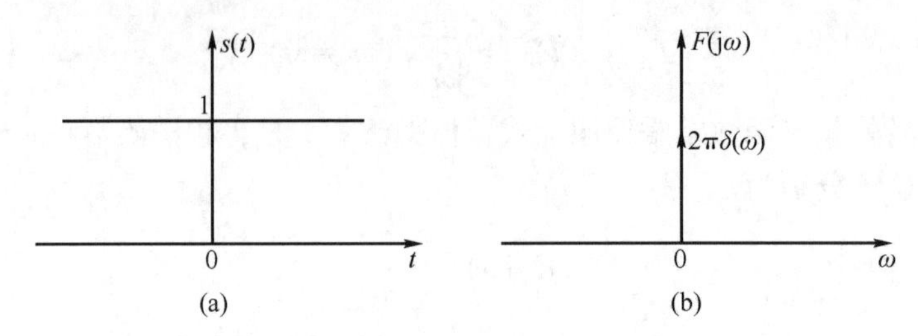

图 2-37　单位直流信号及其频谱图

（a）单位直流信号；（b）单位直流信号的频谱图

3）单位冲激信号的频谱

由傅里叶变换的定义，并且根据单位冲激信号的取样特性，得

$$F(\mathrm{j}\omega)=F[\delta(t)]=\int_{-\infty}^{+\infty}\delta(t)\mathrm{e}^{-\mathrm{j}\omega t}\mathrm{d}t=1 \tag{2-95}$$

即单位冲激信号的频谱为常数 1，如图 2-38（b）所示。其频谱密度在$-\infty<\omega<+\infty$范围内处处相等，具有白色光的频谱特性，常称为“白色频谱”。

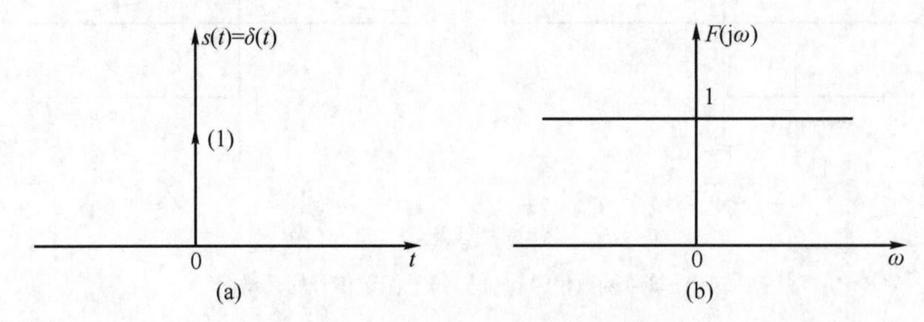

图 2-38　单位冲激信号及其频谱

（a）单位冲激信号；（b）单位冲激信号的频谱图

4）单位冲激偶信号的频谱

由单位冲激偶信号的取样特性$\int_{-\infty}^{+\infty}s(t)\delta'(t)\mathrm{d}t=-s'(0)$，并根据傅里叶变换的定义，得

$$F(\mathrm{j}\omega)=F[\delta'(t)]=\int_{-\infty}^{+\infty}\delta'(t)\mathrm{e}^{-\mathrm{j}\omega t}\mathrm{d}t=-(-\mathrm{j}\omega\mathrm{e}^{-\mathrm{j}\omega t}|_{t=0})=\mathrm{j}\omega$$

即单位冲激偶信号的频谱函数为

$$F[\delta'(t)]=\mathrm{j}\omega \tag{2-96}$$

同理可得

$$F[\delta^{n}(t)]=(\mathrm{j}\omega)^{n} \tag{2-97}$$

5）单位阶跃信号的频谱

单位阶跃信号同样不满足傅里叶变换的绝对可积条件，因此不能用定义直接求得其频谱。它可表示成幅度为 1/2 的直流信号与幅度为 1/2 的符号函数信号之和，即

$$u(t)=\frac{1}{2}+\frac{1}{2}\mathrm{sgn}(t) \tag{2-98}$$

对上式两端分别进行傅里叶变换，得

$$F[u(t)] = F\left[\frac{1}{2}\right] + F\left[\frac{1}{2}\text{sgn}(t)\right]$$
$$= \frac{1}{2}\cdot 2\pi\delta(\omega) + \frac{1}{2}\cdot\frac{2}{\text{j}\omega}$$
$$= \pi\delta(\omega) + \frac{1}{\text{j}\omega}$$

即单位阶跃信号的频谱函数为

$$F[u(t)] = \pi\delta(\omega) + \frac{1}{\text{j}\omega}\ (\omega \neq 0) \tag{2-99}$$

单位阶跃信号的频谱函数是复函数，但频谱中含有奇异函数，不能求出幅度谱和相位谱，因此采用实频特性与虚频特性来描述单位阶跃信号的频谱。其实频特性与虚频特性分别为

$$R(\omega) = \pi\delta(\omega)$$
$$X(\omega) = -\frac{1}{\omega}$$

单位阶跃信号的频谱图（实频特性与虚频特性）如图 2-39（b）所示。

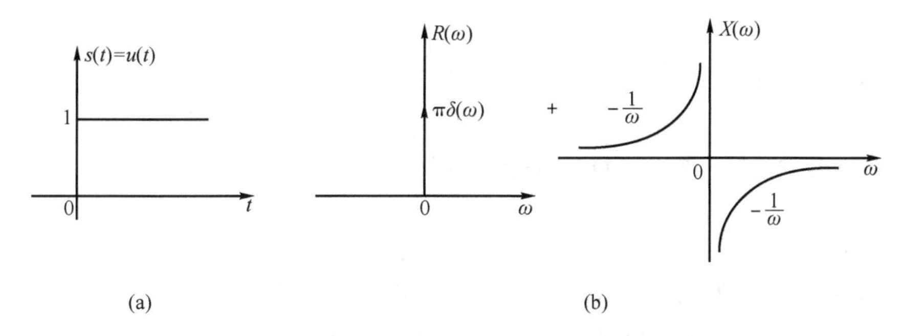

图 2-39　单位阶跃信号及其频谱图

（a）单位阶跃信号；（b）单位阶跃信号的频谱图

需要注意的是，频谱函数的虚频特性 $X(\omega) = -\frac{1}{\omega}$ 在 $\omega = 0$ 处的值为零。

也可将单位阶跃信号视为单边指数信号在 $a \to 0$ 时的极限，因此对单边指数信号的频谱 $F(\text{j}\omega) = \frac{1}{a+\text{j}\omega}$ 取 $a \to 0$ 的极限，可得单位阶跃信号的频谱，读者可以自行推导。

根据傅里叶变换的定义求信号的频谱使用范围受限，对于一些复杂的信号或不满足绝对可积的信号不能采用定义求解，必须借助傅里叶变换的性质求解，而且利用傅里叶变换的性质求解更加简便。下面讨论连续傅里叶变换的性质。

2.2.4　连续傅里叶变换的性质

研究信号的傅里叶变换的性质能更充分地揭示信号在时域与频域之间的关系，并且利用傅里叶变换的性质求解傅里叶变换更加简便。

信号的傅里叶变换对可简记为

$$s(t) \leftrightarrow F(\mathrm{j}\omega)$$

其分别表示时域与频域之间的对应关系。为方便起见，下面讨论的性质均采用上面的简记形式。

1. 线性

若

$$s_1(t) \leftrightarrow F_1(\mathrm{j}\omega), \quad s_2(t) \leftrightarrow F_2(\mathrm{j}\omega)$$

则

$$a_1 s_1(t) + a_2 s_2(t) \leftrightarrow a_1 F_1(\mathrm{j}\omega) + a_2 F_2(\mathrm{j}\omega) \tag{2-100}$$

式中，a_1、a_2 为任意常数。

线性性质可以推广到多个信号的情况。傅里叶变换本质上也是一种信号的运算，通过线性系统来完成该运算，因此傅里叶变换的线性性质与线性系统的线性性质本质上是一样的，具有一般线性性质的特点，也满足齐次性与叠加性。

2. 奇偶性

不同类型的信号的奇偶性不同，因此下面分别进行讨论。

设

$$s(t) \leftrightarrow F(\mathrm{j}\omega) = |F(\mathrm{j}\omega)| \mathrm{e}^{\mathrm{j}\varphi(\omega)} = R(\omega) + \mathrm{j}X(\omega)$$

1）若 $s(t)$ 是实信号

则有

（1）$|F(\mathrm{j}\omega)| = |F(-\mathrm{j}\omega)|$，$\varphi(-\omega) = -\varphi(\omega)$，$R(\omega) = R(-\omega)$，$X(-\omega) = -X(\omega)$。 （2-101）

（2）若 $s(t) = s(-t)$，则 $F(\mathrm{j}\omega) = R(\omega)$，$X(\omega) = 0$。

若 $s(t) = -s(-t)$，则 $F(\mathrm{j}\omega) = \mathrm{j}X(\omega)$，$R(\omega) = 0$。 （2-102）

即实偶信号的频谱为实偶函数，实奇信号的频谱为虚奇函数。

（3）$s(-t) \leftrightarrow F(-\mathrm{j}\omega)$。 （2-103）

（4）$F(\mathrm{j}\omega) = F^*(-\mathrm{j}\omega)$ 或 $F^*(\mathrm{j}\omega) = F(-\mathrm{j}\omega)$。 （2-104）

2）若 $s(t)$ 是虚信号

则有

（1）$|F(\mathrm{j}\omega)| = |F(-\mathrm{j}\omega)|$，$\varphi(-\omega) = -\varphi(\omega)$，$R(-\omega) = -R(\omega)$，$X(\omega) = X(-\omega)$。

（2）$s(-t) \leftrightarrow F(-\mathrm{j}\omega)$。 （2-105）

（3）$F(-\mathrm{j}\omega) = -F^*(\mathrm{j}\omega)$ 或 $F^*(-\mathrm{j}\omega) = -F(\mathrm{j}\omega)$。 （2-106）

3）若 $s(t)$ 为复函数

则有

（1）$s^*(t) \leftrightarrow F^*(-\mathrm{j}\omega)$。 （2-107）

（2）$s(-t) \leftrightarrow F(-\mathrm{j}\omega)$。 （2-108）

以上结论利用傅里叶变换的定义很容易推导，这里不再证明。

例 2.13 求信号 $|t|$ 的频谱函数。

解：t 的绝对值可表示为

$$|t| = tu(t) - tu(-t)$$

因为

$$F[tu(t)] = \mathrm{j}\pi\delta'(\omega) - \frac{1}{\omega^2}$$

由 $s(-t) \leftrightarrow F(-\mathrm{j}\omega)$，得

$$F[-tu(-t)] = \mathrm{j}\pi\delta'(-\omega) - \frac{1}{\omega^2} = -\mathrm{j}\pi\delta'(\omega) - \frac{1}{\omega^2}$$

利用线性性质，可得$|t|$的频谱函数为

$$F[|t|] = \mathrm{j}\pi\delta'(\omega) - \frac{1}{\omega^2} + \left[-\mathrm{j}\pi\delta'(\omega) - \frac{1}{\omega^2}\right] = -\frac{2}{\omega^2}$$

3. 对称性

若

$$s(t) \leftrightarrow F(\mathrm{j}\omega)$$

则

$$F(\mathrm{j}t) \leftrightarrow 2\pi s(-\omega) \tag{2-109}$$

证明：由傅里叶反变换式

$$s(t) = \frac{1}{2\pi}\int_{-\infty}^{+\infty} F(\mathrm{j}\omega)\mathrm{e}^{\mathrm{j}\omega t}\mathrm{d}\omega$$

将上式中的变量 t 换成$-t$，得

$$s(-t) = \frac{1}{2\pi}\int_{-\infty}^{+\infty} F(\mathrm{j}\omega)\mathrm{e}^{-\mathrm{j}\omega t}\mathrm{d}\omega$$

将上式中的变量 t 换成 ω，原来的 ω 换成 t，得

$$2\pi s(-\omega) = \int_{-\infty}^{+\infty} F(\mathrm{j}t)\mathrm{e}^{-\mathrm{j}\omega t}\mathrm{d}t$$

上式表明，连续时间信号 $F(\mathrm{j}t)$ 的傅里叶变换为 $2\pi s(-\omega)$。

例 2.14 求抽样信号 $Sa(t) = \dfrac{\sin t}{t}$的频谱函数，并画出频谱图。

解：直接利用傅里叶变换的定义很难求解。因为矩形脉冲信号的频谱函数具有抽样函数的形式，所以考虑利用对称性求解。

因为宽度为 τ、幅度为 E 的矩形脉冲 $g_\tau(t)$ 的频谱函数为 $E\tau Sa\left(\dfrac{\tau\omega}{2}\right)$，即

$$g_\tau(t) \leftrightarrow E\tau Sa\left(\frac{\tau\omega}{2}\right)$$

取 $\tau=2$，$E=1$。根据傅里叶变换的线性性质，有

$$\frac{1}{2}g_2(t) \leftrightarrow \frac{1}{2} \times 2 \times Sa\left(\frac{2\omega}{2}\right) = Sa(\omega)$$

根据对称性，得

$$Sa(t) \leftrightarrow 2\pi \times \frac{1}{2}g_2(-\omega) = \pi g_2(\omega)$$

即抽样信号的频谱函数为

$$F[Sa(t)] = \pi g_2(\omega) = \begin{cases} \pi, & |\omega| < 1 \\ 0, & |\omega| > 1 \end{cases}$$

抽样信号及其频谱图如图 2-40 所示。

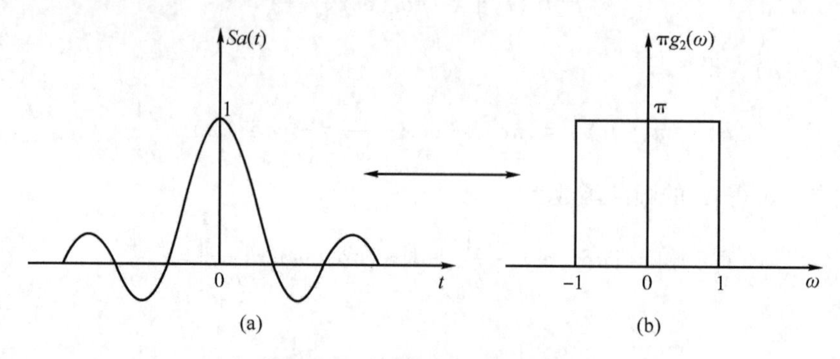

图 2-40　抽样信号及其频谱图

(a) 抽样信号；(b) 抽样信号的频谱图

例 2.15　求信号 t 和$\frac{1}{t}$的频谱函数。

解：(1) 信号 t 和$\frac{1}{t}$不满足绝对可积条件，因此不能采用定义求频谱函数。考虑到

$$F[\delta'(t)] = \mathrm{j}\omega$$

由对称性及 $\delta'(\omega)$ 是 ω 的奇函数，可得

$$F[\mathrm{j}t] = 2\pi\delta'(-\omega) = -2\pi\delta'(\omega)$$

利用线性性质，得 t 的频谱函数为

$$F[t] = \mathrm{j}2\pi\delta'(\omega)$$

(2) 因为

$$F[\mathrm{sgn}(t)] = \frac{2}{\mathrm{j}\omega}$$

由对称性及符号函数是奇函数，得

$$F\left[\frac{2}{\mathrm{j}t}\right] = 2\pi\mathrm{sgn}(-\omega) = -2\pi\mathrm{sgn}(\omega)$$

利用线性性质，得$\frac{1}{t}$的频谱函数为

$$F\left[\frac{1}{t}\right] = -\mathrm{j}\pi\mathrm{sgn}(\omega)$$

例 2.16　求信号$\frac{1}{t^2+1}$的频谱函数。

解：因为

$$F[\mathrm{e}^{-a|t|}] = \frac{2a}{a^2+\omega^2}$$

由对称性，且取 $a=1$，得

$$F\left[\frac{2}{t^2+1}\right] = 2\pi\mathrm{e}^{-|-\omega|} = 2\pi\mathrm{e}^{-|\omega|}$$

利用线性性质，得$\frac{1}{t^2+1}$的频谱函数为

$$F\left[\frac{1}{t^2+1}\right]=\pi e^{-|\omega|}$$

4. 尺度变换性质

若

$$s(t)\leftrightarrow F(j\omega)$$

则对于不为零的实常数 a，有

$$s(at)\leftrightarrow\frac{1}{|a|}F\left(j\frac{\omega}{a}\right)\tag{2-110}$$

证明：由傅里叶变换的定义得

$$F[s(at)]=\int_{-\infty}^{+\infty}s(at)e^{-j\omega t}dt$$

令 $x=at$，则 $t=\frac{x}{a}$，$dt=\frac{1}{a}dx$。

当 $a>0$ 时

$$F[s(at)]=\int_{-\infty}^{+\infty}s(x)e^{-j\omega\frac{x}{a}}\frac{1}{a}dx=\frac{1}{a}\int_{-\infty}^{+\infty}s(x)e^{-j\frac{\omega}{a}x}dx=\frac{1}{a}F\left(j\frac{\omega}{a}\right)$$

当 $a<0$ 时

$$F[s(at)]=\int_{+\infty}^{-\infty}s(x)e^{-j\omega\frac{x}{a}}\frac{1}{a}dx=-\frac{1}{a}\int_{-\infty}^{+\infty}s(x)e^{-j\frac{\omega}{a}x}dx=-\frac{1}{a}F\left(j\frac{\omega}{a}\right)$$

综合以上两种情况，式（2-110）得证。

尺度变换性质表明，若在时域将信号沿时间轴压缩或展宽到原来的$\frac{1}{a}$倍，则在频域其频谱沿频率轴展宽或压缩到原来的 a 倍，同时幅度减小或增大到原来的$\frac{1}{|a|}$倍。也就是说，信号在时域中的压缩意味着在频域中频谱频带的展宽。反之，信号在时域中的展宽意味着在频域中频谱频带的压缩。这一特性为数字通信中通过压缩脉冲的宽度来提高信号的带宽提供了理论依据，从而提高信息传输速率。图 2-41 给出了矩形脉冲信号的尺度变换（$a=3$）前后的时域波形及频谱图。

5. 时移性质

若

$$s(t)\leftrightarrow F(j\omega)$$

且 t_0 为常数，则有

$$s(t-t_0)\leftrightarrow e^{-jt_0\omega}F(j\omega)\tag{2-111}$$

证明：由傅里叶变换的定义得

$$F[s(t-t_0)]=\int_{-\infty}^{+\infty}s(t-t_0)e^{-j\omega t}dt$$

令 $x=t-t_0$，则有

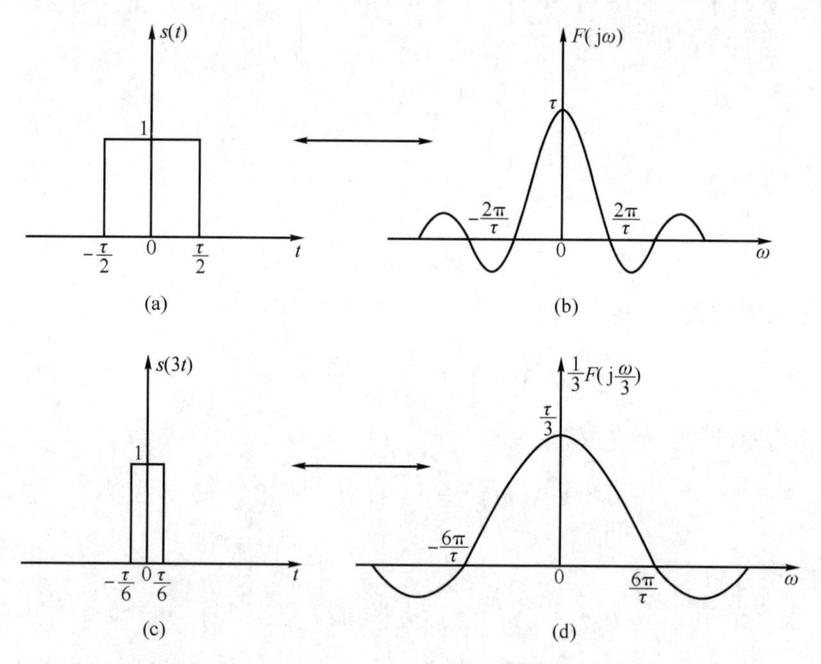

图 2-41 时域波形及频谱图

$$F[s(t-t_0)]=\int_{-\infty}^{+\infty}s(x)\mathrm{e}^{-\mathrm{j}\omega(x+t_0)}\mathrm{d}x=\mathrm{e}^{-\mathrm{j}\omega t_0}\int_{-\infty}^{+\infty}s(x)\mathrm{e}^{-\mathrm{j}\omega x}\mathrm{d}x=\mathrm{e}^{-\mathrm{j}\omega t_0}F(\mathrm{j}\omega)$$

时移性质表明，在时域中信号沿时间轴右移（$t_0>0$ 时）或左移（$t_0<0$ 时）t_0，则在频域中，其幅度不变，相位滞后或超前 ωt_0。

若信号既有时移又有尺度变换，则有

$$s(at-b)\leftrightarrow\frac{1}{|a|}\mathrm{e}^{-\mathrm{j}\frac{b}{a}\omega}F\left(\mathrm{j}\frac{\omega}{a}\right) \tag{2-112}$$

式中，a 和 b 为实常数，且 $a\neq0$。

例 2.17 求图 2-42（a）和图 2-42（b）中信号 $s_1(t)$、$s_2(t)$ 的傅里叶变换。

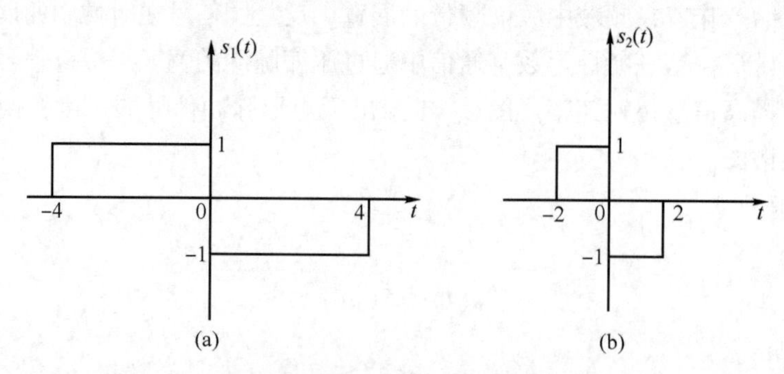

图 2-42 例 2.17 图

解：(1) 观察图 2-42（a）中的波形可知，信号 $s_1(t)$ 相当于宽度为 4，高度为 1 的矩形脉冲信号 $g_4(t)$ 左移 2 的结果与右移 2 的结果之差，即

$$s_1(t)=g_4(t+2)-g_4(t-2)$$

由 $F[g_\tau(t)]=\tau Sa\left(\frac{\tau}{2}\omega\right)$，得

$$G_4(\mathrm{j}\omega)=F[g_4(t)]=4Sa\left(\frac{4}{2}\omega\right)=4Sa(2\omega)$$

因此，由傅里叶变换的线性和时移性质可得，$s_1(t)$ 的傅里叶变换为

$$\begin{aligned}F_1(\mathrm{j}\omega)&=\mathrm{e}^{\mathrm{j}2\omega}G_4(\mathrm{j}\omega)-\mathrm{e}^{-\mathrm{j}2\omega}G_4(\mathrm{j}\omega)\\&=4Sa(2\omega)[\mathrm{e}^{\mathrm{j}2\omega}-\mathrm{e}^{-\mathrm{j}2\omega}]\\&=4\times\frac{\sin(2\omega)}{2\omega}\times\mathrm{j}2\sin(2\omega)\\&=\mathrm{j}\frac{4\sin^2(2\omega)}{\omega}\end{aligned}$$

（2）从图 2-42（b）中的波形可知，$s_2(t)$ 是 $s_1(t)$ 的压缩，可表示为

$$s_2(t)=s_1(2t)$$

由尺度变换性质，得 $s_2(t)$ 的傅里叶变换为

$$\begin{aligned}F_2(\mathrm{j}\omega)&=\frac{1}{2}F_1\left(\mathrm{j}\frac{\omega}{2}\right)\\&=\frac{1}{2}\times\mathrm{j}\frac{4\sin^2\left(2\times\frac{\omega}{2}\right)}{\frac{\omega}{2}}\\&=\mathrm{j}\frac{4\sin^2\omega}{\omega}\end{aligned}$$

本题也可以根据傅里叶变换的定义求解，但显然没有利用时移性质和尺度变换性质求解简便。

例 2.18　求信号 $s(t)=u\left(\frac{1}{3}t-3\right)$ 的频谱函数。

解：因为

$$F[u(t)]=\pi\delta(\omega)+\frac{1}{\mathrm{j}\omega}\quad(\omega\neq0)$$

利用式（2-112）得

$$F(\mathrm{j}\omega)=F[s(t)]=3\times\mathrm{e}^{-\mathrm{j}\frac{3}{1/3}\omega}\left[\pi\delta\left(\frac{\omega}{1/3}\right)+\frac{1}{\mathrm{j}\frac{\omega}{1/3}}\right]=3\mathrm{e}^{-\mathrm{j}9\omega}\left[\pi\delta(3\omega)+\frac{1}{\mathrm{j}3\omega}\right]\quad(\omega\neq0)$$

6. 频移性质

若

$$s(t)\leftrightarrow F(\mathrm{j}\omega)$$

且 ω_0 为常数，则有

$$s(t)\mathrm{e}^{-\mathrm{j}\omega_0 t}\leftrightarrow F[\mathrm{j}(\omega+\omega_0)]\tag{2-113}$$

证明：由傅里叶变换的定义得

$$F[s(t)\mathrm{e}^{-\mathrm{j}\omega_0 t}]=\int_{-\infty}^{+\infty}s(t)\mathrm{e}^{-\mathrm{j}\omega_0 t}\mathrm{e}^{-\mathrm{j}\omega t}\mathrm{d}t=\int_{-\infty}^{+\infty}s(t)\mathrm{e}^{-\mathrm{j}(\omega+\omega_0)t}\mathrm{d}t=F[\mathrm{j}(\omega+\omega_0)]$$

频移性质表明，在时域中将信号 $s(t)$ 乘以时间因子 $\mathrm{e}^{-\mathrm{j}\omega_0 t}$，则在频域中将其频谱函数沿频率轴左移（$\omega_0>0$）或右移（$\omega_0<0$）$\omega_0$。频移性质在通信系统中应用广泛，如信号的调制，通过调制将低频信号的频谱搬移到高频，得到便于传输的高频信号。

利用频移性质与欧拉公式很容易求得正、余弦信号的频谱

$$F[\sin(\omega_0 t)]=\mathrm{j}\pi[\delta(\omega+\omega_0)-\delta(\omega-\omega_0)] \tag{2-114}$$

$$F[\cos(\omega_0 t)]=\pi[\delta(\omega+\omega_0)+\delta(\omega-\omega_0)] \tag{2-115}$$

例 2.19 已知信号 $s(t)$ 的频谱为 $F(\mathrm{j}\omega)$，求信号 $s(6-3t)\mathrm{e}^{\mathrm{j}2t}$ 的频谱函数。

解：利用式（2-112）得

$$F[s(6-3t)]=\frac{1}{1/|-3|}\times\mathrm{e}^{-\mathrm{j}\frac{-6}{-3}\omega}F\left(\mathrm{j}\frac{\omega}{-3}\right)=3\mathrm{e}^{-\mathrm{j}2\omega}F\left(-\mathrm{j}\frac{\omega}{3}\right)$$

由频移性质，得

$$F[s(6-3t)\mathrm{e}^{\mathrm{j}2t}]=3\mathrm{e}^{-\mathrm{j}2(\omega-2)}F\left(-\mathrm{j}\frac{\omega-2}{3}\right)=3\mathrm{e}^{-\mathrm{j}(2\omega-4)}F\left(\mathrm{j}\frac{2-\omega}{3}\right)$$

7. 时域微分和积分性质

1）时域微分性质

这里 $s(t)$ 的微分表示为

$$s^{(n)}(t)=\frac{\mathrm{d}^n s(t)}{\mathrm{d}t^n}$$

若

$$s(t)\leftrightarrow F(\mathrm{j}\omega)$$

则有

$$s^{(n)}(t)\leftrightarrow(\mathrm{j}\omega)^n F(\mathrm{j}\omega) \tag{2-116}$$

证明：由傅里叶反变换式

$$s(t)=\frac{1}{2\pi}\int_{-\infty}^{+\infty}F(\mathrm{j}\omega)\mathrm{e}^{\mathrm{j}\omega t}\mathrm{d}\omega$$

将等式两边对 t 求导，得

$$s^{(1)}(t)=\frac{1}{2\pi}\int_{-\infty}^{+\infty}F(\mathrm{j}\omega)\mathrm{j}\omega\mathrm{e}^{\mathrm{j}\omega t}\mathrm{d}\omega=\frac{1}{2\pi}\int_{-\infty}^{+\infty}[\mathrm{j}\omega F(\mathrm{j}\omega)]\mathrm{e}^{\mathrm{j}\omega t}\mathrm{d}\omega$$

上式表明

$$F[s^{(1)}(t)]=\mathrm{j}\omega F(\mathrm{j}\omega)$$

以此类推，可得

$$F[s^{(n)}(t)]=(\mathrm{j}\omega)^n F(\mathrm{j}\omega)$$

即

$$s^{(n)}(t)\leftrightarrow(\mathrm{j}\omega)^n F(\mathrm{j}\omega)$$

时域微分性质表明，在时域中信号的微分运算对应于频域中的频谱乘以因子 $\mathrm{j}\omega$，因此增强了高频成分，减少了低频成分。

例 2.20 求图 2-43（a）所示的三角形脉冲 $s(t)$ 的频谱函数。

解：画出 $s^{(1)}(t)$ 的波形，如图 2-43（b）所示，其表达式为

$$s^{(1)}(t)=\frac{2}{\tau}\left[g_{\tau/2}\left(t-\frac{\tau}{4}\right)-g_{\tau/2}\left(t-\frac{3\tau}{4}\right)\right]$$

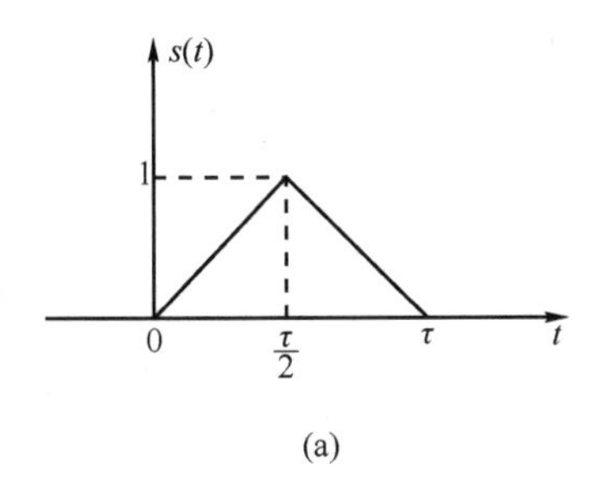

(a)

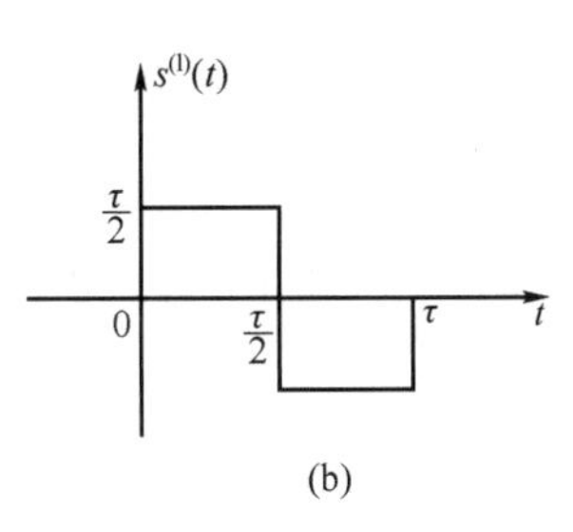

(b)

图 2-43 例 2.20 图

根据矩形脉冲的频谱及时移性质得

$$\begin{aligned}F[s^{(1)}(t)]&=\frac{2}{\tau}\left[e^{-j\frac{\tau}{4}\omega}\times\frac{\tau}{2}Sa\left(\frac{\tau}{4}\omega\right)-e^{-j\frac{3\tau}{4}\omega}\times\frac{\tau}{2}Sa\left(\frac{\tau}{4}\omega\right)\right]\\&=(e^{-j\frac{\tau}{4}\omega}-e^{-j\frac{3\tau}{4}\omega})Sa\left(\frac{\tau}{4}\omega\right)\\&=e^{-j\frac{\tau}{2}\omega}\left[j2\sin\left(\frac{\tau}{4}\omega\right)\right]Sa\left(\frac{\tau}{4}\omega\right)\end{aligned}$$

再根据时域微分性质，得

$$F[s^{(1)}(t)]=j\omega F[s(t)]$$

则得 $s(t)$ 的频谱函数为

$$\begin{aligned}F[s(t)]&=\frac{F[s^{(1)}(t)]}{j\omega}=\frac{e^{-j\frac{\tau}{2}\omega}\left[j2\sin\left(\frac{\tau}{4}\omega\right)\right]Sa\left(\frac{\tau}{4}\omega\right)}{j\omega}\\&=\frac{\tau}{2}Sa^2\left(\frac{\tau}{4}\omega\right)e^{-j\frac{\tau}{2}\omega}\end{aligned}$$

本题还有其他解法，如可以利用时域积分性质求解，也可以先求关于纵轴对称的三角形脉冲的频谱，再利用时移性质求解，还可以利用时域二阶微分性质求解，读者可以自行尝试。

2）时域积分性质

这里 $s(t)$ 的积分表示为

$$s^{(-1)}(t)=\int_{-\infty}^{t}s(x)\,dx$$

若

$$s(t)\leftrightarrow F(j\omega)$$

则有

$$s^{(-1)}(t)\leftrightarrow\pi F(0)\delta(\omega)+\frac{F(j\omega)}{j\omega}\tag{2-117}$$

式中，$F(0)$ 为频谱的直流分量。若 $F(0)=0$，则有

$$s^{(-1)}(t) \leftrightarrow \frac{F(\mathrm{j}\omega)}{\mathrm{j}\omega} \tag{2-118}$$

可推广到 n 重积分的情况，即

$$s^{(-n)}(t) \leftrightarrow \frac{F(\mathrm{j}\omega)}{(\mathrm{j}\omega)^n} \tag{2-119}$$

证明：由傅里叶正变换的定义，得

$$\begin{aligned} F\left[\int_{-\infty}^{t} s(x)\mathrm{d}x\right] &= \int_{-\infty}^{+\infty}\left[\int_{-\infty}^{t} s(x)\mathrm{d}x\right]\mathrm{e}^{-\mathrm{j}\omega t}\mathrm{d}t \\ &= \int_{-\infty}^{+\infty}\left[\int_{-\infty}^{+\infty} s(x)u(t-x)\mathrm{d}x\right]\mathrm{e}^{-\mathrm{j}\omega t}\mathrm{d}t \\ &= \int_{-\infty}^{+\infty} s(x)\left[\int_{-\infty}^{+\infty} u(t-x)\mathrm{e}^{-\mathrm{j}\omega t}\mathrm{d}t\right]\mathrm{d}x \end{aligned}$$

因为

$$F[u(t)] = \pi\delta(\omega) + \frac{1}{\mathrm{j}\omega} \quad (\omega \neq 0)$$

根据时移性质，得

$$F[u(t-x)] = \left[\pi\delta(\omega) + \frac{1}{\mathrm{j}\omega}\right]\mathrm{e}^{-\mathrm{j}\omega x} \quad (\omega \neq 0)$$

代入上式，则有

$$\begin{aligned} F\left[\int_{-\infty}^{t} s(x)\mathrm{d}x\right] &= \int_{-\infty}^{+\infty} s(x)\left[\pi\delta(\omega) + \frac{1}{\mathrm{j}\omega}\right]\mathrm{e}^{-\mathrm{j}\omega x}\mathrm{d}x \\ &= \left[\pi\delta(\omega) + \frac{1}{\mathrm{j}\omega}\right]\int_{-\infty}^{+\infty} s(x)\mathrm{e}^{-\mathrm{j}\omega x}\mathrm{d}x \\ &= \left[\pi\delta(\omega) + \frac{1}{\mathrm{j}\omega}\right]F(\mathrm{j}\omega) \\ &= \pi F(0)\delta(\omega) + \frac{F(\mathrm{j}\omega)}{\mathrm{j}\omega} \end{aligned}$$

即

$$s^{(-1)}(t) \leftrightarrow \pi F(0)\delta(\omega) + \frac{F(\mathrm{j}\omega)}{\mathrm{j}\omega}$$

时域积分性质表明，在时域中信号的积分运算对应于频域中的频谱乘以因子$\frac{1}{\mathrm{j}\omega}$，因此增强了低频成分，减少了高频成分。

例 2.21 求单位矩形脉冲 $g_\tau(t)$ 的积分

$$s(t) = \int_{-\infty}^{t} g_\tau(x)\mathrm{d}x$$

的频谱函数。

解：单位矩形脉冲的频谱函数为

$$G(\mathrm{j}\omega) = F[g_\tau(t)] = \tau Sa\left(\frac{\tau}{2}\omega\right)$$

由时域积分性质得

$$F[s(t)] = F[g_\tau^{(-1)}(t)] = \pi G(0)\delta(\omega) + \frac{G(\mathrm{j}\omega)}{\mathrm{j}\omega}$$

$$= \pi\tau\delta(\omega) + \frac{\tau Sa\left(\frac{\tau}{2}\omega\right)}{\mathrm{j}\omega}$$

$$= \pi\tau\delta(\omega) - \mathrm{j}\frac{\tau Sa\left(\frac{\tau}{2}\omega\right)}{\omega}$$

当然，此题也可根据傅里叶变换的定义求解，将矩形脉冲进行积分，得到信号的一次函数式，再根据定义计算频谱函数。很明显，直接根据定义计算更烦琐。

从上述例题可以看出，某信号如果可以表示成另一信号的积分或微分，且另一信号的频谱函数已知的情况下，可以利用时域积分性质或微分性质方便地求解该信号的频谱函数。

8. 频域微分和积分性质

1）频域微分性质

这里 $F(\mathrm{j}\omega)$ 的微分表示为

$$F^{(n)}(\mathrm{j}\omega) = \frac{\mathrm{d}^n F(\mathrm{j}\omega)}{\mathrm{d}\omega^n}$$

若

$$s(t) \leftrightarrow F(\mathrm{j}\omega)$$

则有

$$(-\mathrm{j}t)^n s(t) \leftrightarrow F^{(n)}(\mathrm{j}\omega) \tag{2-120}$$

证明：由傅里叶正变换式得

$$F^{(1)}(\mathrm{j}\omega) = \left[\int_{-\infty}^{+\infty} s(t)\mathrm{e}^{-\mathrm{j}\omega t}\mathrm{d}t\right]'$$

$$= \int_{-\infty}^{+\infty} -\mathrm{j}ts(t)\mathrm{e}^{-\mathrm{j}\omega t}\mathrm{d}t$$

$$= \int_{-\infty}^{+\infty} [-\mathrm{j}ts(t)]\mathrm{e}^{-\mathrm{j}\omega t}\mathrm{d}t$$

由上式得

$$(-\mathrm{j}t)s(t) \leftrightarrow F^{(1)}(\mathrm{j}\omega)$$

以此类推，得

$$(-\mathrm{j}t)^n s(t) \leftrightarrow F^{(n)}(\mathrm{j}\omega)$$

下面通过例题说明频域微分性质的应用。

例 2.22 单位斜坡信号的表达式如下，求其频谱函数。

$$r(t) = tu(t)$$

解：单位斜坡信号不满足傅里叶变换的绝对可积条件，因此不能用傅里叶变换的定义求其频谱函数。因为单位阶跃信号的频谱函数为

$$F[u(t)] = \pi\delta(\omega) + \frac{1}{\mathrm{j}\omega} \quad (\omega \neq 0)$$

根据频域微分性质，得

$$F[(-\mathrm{j}t)u(t)] = F^{(1)}[u(t)] = \left[\pi\delta(\omega) + \frac{1}{\mathrm{j}\omega}\right]'$$

$$= \pi\delta'(\omega) - \frac{1}{\mathrm{j}\omega^2}$$

则有单位斜坡信号的频谱函数为

$$F[tu(t)] = \mathrm{j}\pi\delta'(\omega) - \frac{1}{\omega^2}$$

例 2.23 求下列信号的傅里叶变换。

（1）t^n；（2）$t^n u(t)$。

解：（1）因为 $F[1]=2\pi\delta(\omega)$，由频域微分性质得

$$F[(-\mathrm{j}t)^n] = F^{(n)}[1] = 2\pi\delta^{(n)}(\omega)$$

则 t^n 的傅里叶变换为

$$F[t^n] = \frac{2\pi\delta^{(n)}(\omega)}{(-\mathrm{j})^n} = \mathrm{j}^n 2\pi\delta^{(n)}(\omega)$$

（2）因为 $F[u(t)]=\pi\delta(\omega)+\frac{1}{\mathrm{j}\omega}$，由频域微分性质得

$$F[(-\mathrm{j}t)^n u(t)] = F^{(n)}[u(t)] = \left[\pi\delta(\omega) + \frac{1}{\mathrm{j}\omega}\right]^{(n)} = \pi\delta^{(n)}(\omega) + \frac{(-1)^n n!}{\mathrm{j}\omega^{n+1}}$$

则 $t^n u(t)$ 的傅里叶变换为

$$F[t^n u(t)] = \frac{\pi\delta^{(n)}(\omega) + \frac{(-1)^n n!}{\mathrm{j}\omega^{n+1}}}{(-\mathrm{j})^n} = \mathrm{j}^n\pi\delta^{(n)}(\omega) + \frac{n!}{(\mathrm{j}\omega)^{n+1}}$$

2）频域积分性质

这里 $F(\mathrm{j}\omega)$ 的积分表示为

$$F^{(-1)}(\mathrm{j}\omega) = \int_{-\infty}^{\omega} F(\mathrm{j}x)\mathrm{d}x$$

若

$$s(t) \leftrightarrow F(\mathrm{j}\omega)$$

则有

$$\pi s(0)\delta(t) + \mathrm{j}t^{-1}s(t) \leftrightarrow F^{(-1)}(\mathrm{j}\omega) \tag{2-121}$$

若 $s(0)=0$，则有

$$\mathrm{j}t^{-1}s(t) \leftrightarrow F^{(-1)}(\mathrm{j}\omega) \tag{2-122}$$

可推广到 n 重积分的情况，即

$$\mathrm{j}t^{-n}s(t) \leftrightarrow F^{(-n)}(\mathrm{j}\omega) \tag{2-123}$$

证明：由傅里叶正变换式

$$F(\mathrm{j}\omega) = \int_{-\infty}^{+\infty} s(t)\mathrm{e}^{-\mathrm{j}\omega t}\mathrm{d}t$$

得

$$F^{(-1)}(j\omega)=\int_{-\infty}^{\omega}F(jx)\,dx=\int_{-\infty}^{\omega}\int_{-\infty}^{+\infty}s(t)e^{-jxt}dtdx$$
$$=\int_{-\infty}^{+\infty}s(t)\int_{-\infty}^{+\infty}u(\omega-x)e^{-jxt}dxdt$$

因为

$$F[u(t)]=\pi\delta(\omega)+\frac{1}{j\omega}\quad(\omega\neq 0)$$

这里令 $t=x$，$\omega=t$，则有

$$F[u(x)]=\pi\delta(t)+\frac{1}{jt}$$

根据尺度变换及时移性质，得

$$F[u(-x+\omega)]=\int_{-\infty}^{+\infty}u(\omega-x)e^{-jxt}dx$$
$$=\frac{1}{|-1|}e^{-j\frac{-\omega}{-1}t}\left[\pi\delta\left(\frac{t}{-1}\right)+\frac{1}{j\dfrac{t}{-1}}\right]=[\pi\delta(t)+jt^{-1}]e^{-j\omega t}$$

代入上式，得

$$F^{(-1)}(j\omega)=\int_{-\infty}^{+\infty}s(t)[\pi\delta(t)+jt^{-1}]e^{-j\omega t}dt$$
$$=\int_{-\infty}^{+\infty}[\pi s(0)\delta(t)+jt^{-1}s(t)]e^{-j\omega t}dt$$

上式表明

$$\pi s(0)\delta(t)+jt^{-1}s(t)\leftrightarrow F^{(-1)}(j\omega)$$

下面通过例题说明频域积分性质的应用。

例 2.24　抽样信号的表达式如下，求其频谱函数。

$$Sa(t)=\frac{\sin t}{t}$$

解：由欧拉公式，得

$$\sin t=\frac{1}{2j}(e^{jt}-e^{-jt})$$

由于 $F[1]=2\pi\delta(\omega)$，根据线性和频移性质可得

$$F[\sin t]=\frac{1}{2j}\{F[e^{jt}]-F[e^{-jt}]\}=\frac{1}{2j}[2\pi\delta(\omega-1)-2\pi\delta(\omega+1)]$$
$$=j\pi[\delta(\omega+1)-\delta(\omega-1)]$$

因为 $\sin 0=0$，故根据频域积分性质，得

$$F\left[j\frac{\sin t}{t}\right]=j\pi\int_{-\infty}^{\omega}[\delta(x+1)-\delta(x-1)]dx$$
$$=\begin{cases}0, & |\omega|>1\\ j\pi, & |\omega|<1\end{cases}$$

时域、频域分别乘以 $-j$，得频谱函数为

$$F\left[\frac{\sin t}{t}\right]=\begin{cases}0, & |\omega|>1\\ \pi, & |\omega|<1\end{cases}=\pi g_2(\omega)$$

可见，与例 2.14 采用的对称性质求解结果相同。

9. 时域卷积定理

若

$$s_1(t)\leftrightarrow F_1(\mathrm{j}\omega),\quad s_2(t)\leftrightarrow F_2(\mathrm{j}\omega)$$

则有

$$s_1(t)*s_2(t)\leftrightarrow F_1(\mathrm{j}\omega)F_2(\mathrm{j}\omega) \tag{2-124}$$

时域卷积定理表明，时域中两信号的卷积积分的傅里叶变换等于频域中对应的两个频谱函数的乘积。该定理为将连续系统的时域分析转化为频域分析奠定了理论基础，为连续系统分析带来方便。

证明：根据卷积积分的定义

$$s_1(t)*s_2(t)=\int_{-\infty}^{\infty}s_1(\tau)s_2(t-\tau)\mathrm{d}\tau$$

其傅里叶变换为

$$\begin{aligned}F[s_1(t)*s_2(t)]&=\int_{-\infty}^{\infty}\left[\int_{-\infty}^{\infty}s_1(\tau)s_2(t-\tau)\mathrm{d}\tau\right]\mathrm{e}^{-\mathrm{j}\omega t}\mathrm{d}t\\&=\int_{-\infty}^{\infty}s_1(\tau)\left[\int_{-\infty}^{\infty}s_2(t-\tau)\mathrm{e}^{-\mathrm{j}\omega t}\mathrm{d}t\right]\mathrm{d}\tau\\&=\int_{-\infty}^{\infty}s_1(\tau)[\mathrm{e}^{-\mathrm{j}\omega\tau}F_2(\mathrm{j}\omega)]\mathrm{d}\tau\\&=F_2(\mathrm{j}\omega)\int_{-\infty}^{\infty}s_1(\tau)\mathrm{e}^{-\mathrm{j}\omega\tau}\mathrm{d}\tau\\&=F_1(\mathrm{j}\omega)F_2(\mathrm{j}\omega)\end{aligned}$$

即得

$$s_1(t)*s_2(t)\leftrightarrow F_1(\mathrm{j}\omega)F_2(\mathrm{j}\omega)$$

例 2.25 求图 2-44 所示两个相同的矩形脉冲信号卷积后的频谱函数。

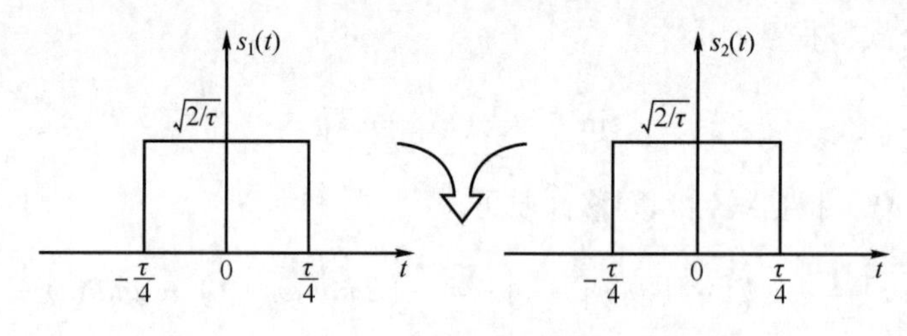

图 2-44 例 2.25 图

解：由图 2-44 可知

$$s_1(t)=s_2(t)=\sqrt{2/\tau}\,g_{\tau/2}(t)$$

则有

$$F[s_1(t)]=\sqrt{2/\tau}\,F[g_{\tau/2}(t)]=\sqrt{2/\tau}\times\frac{\tau}{2}Sa\left(\frac{\tau}{4}\omega\right)=\sqrt{\tau/2}\,Sa\left(\frac{\tau}{4}\omega\right)$$

根据时域卷积定理，得

$$F[s_1(t)*s_2(t)]=F_1[s_1(t)]\cdot F_2[s_2(t)]=\left[\sqrt{\tau/2}Sa\left(\frac{\tau}{4}\omega\right)\right]^2=\frac{\tau}{2}Sa^2\left(\frac{\tau}{4}\omega\right)$$

本题的另一解法如下。

根据卷积积分的定义，求得这两个矩形脉冲信号的卷积积分为

$$s_1(t)*s_2(t)=\int_{-\infty}^{\infty}s_1(\tau)s_2(t-\tau)\mathrm{d}\tau=\begin{cases}1-\dfrac{2}{\tau}|t|, & |t|<\dfrac{\tau}{2}\\ 0, & |t|\geqslant\dfrac{\tau}{2}\end{cases}$$

其波形是宽度为τ、幅度为1且关于纵轴对称的三角形脉冲。再利用时域微分或时域积分性质，即可求得该三角形脉冲的频谱函数，具体计算过程请读者自行完成。

10. 频域卷积定理

若

$$s_1(t)\leftrightarrow F_1(\mathrm{j}\omega),\ s_2(t)\leftrightarrow F_2(\mathrm{j}\omega)$$

则有

$$s_1(t)s_2(t)\leftrightarrow\frac{1}{2\pi}F_1(\mathrm{j}\omega)*F_2(\mathrm{j}\omega)\tag{2-125}$$

频域卷积定理表明，时域中两信号乘积的傅里叶变换等于频域中对应的两个频谱函数的卷积积分的$\dfrac{1}{2\pi}$倍。

证明：根据傅里叶变换的定义及频移性质，得

$$\begin{aligned}F[s_1(t)s_2(t)]&=\int_{-\infty}^{\infty}s_1(t)s_2(t)\mathrm{e}^{-\mathrm{j}\omega t}\mathrm{d}t\\&=\int_{-\infty}^{\infty}\left[\frac{1}{2\pi}\int_{-\infty}^{\infty}F_1(\mathrm{j}\lambda)\mathrm{e}^{\mathrm{j}\lambda t}\mathrm{d}\lambda\right]s_2(t)\mathrm{e}^{-\mathrm{j}\omega t}\mathrm{d}t\\&=\frac{1}{2\pi}\int_{-\infty}^{\infty}F_1(\mathrm{j}\lambda)\left[\int_{-\infty}^{\infty}s_2(t)\mathrm{e}^{-\mathrm{j}(\omega-\lambda)t}\mathrm{d}t\right]\mathrm{d}\lambda\\&=\frac{1}{2\pi}\int_{-\infty}^{\infty}F_1(\mathrm{j}\lambda)F_2[\mathrm{j}(\omega-\lambda)]\mathrm{d}\lambda\\&=\frac{1}{2\pi}F_1(\mathrm{j}\omega)*F_2(\mathrm{j}\omega)\end{aligned}$$

即得证

$$s_1(t)s_2(t)\leftrightarrow\frac{1}{2\pi}F_1(\mathrm{j}\omega)*F_2(\mathrm{j}\omega)$$

例 2.26 已知信号$s(t)$的傅里叶变换为$F(\mathrm{j}\omega)$，求下列信号的傅里叶变换。

（1）$ts(t)$；（2）$s(t)\cos(2t)$。

解：（1）因为

$$F[t]=\mathrm{j}2\pi\delta'(\omega)$$

则由频域卷积定理，得

$$F[ts(t)]=\frac{1}{2\pi}F[t]*F[s(t)]=\frac{1}{2\pi}\times[\mathrm{j}2\pi\delta'(\omega)*F(\mathrm{j}\omega)]=\mathrm{j}F'(\mathrm{j}\omega)$$

（2）因为

$$F[\cos(2t)]=\pi[\delta(\omega+2)+\delta(\omega-2)]$$

则由频域卷积定理，得

$$\begin{aligned}F[s(t)\cos(2t)]&=\frac{1}{2\pi}F[s(t)]*F[\cos(2t)]\\&=\frac{1}{2\pi}\times\{F(\mathrm{j}\omega)*\pi[\delta(\omega+2)+\delta(\omega-2)]\}\\&=\frac{1}{2}\{F[\mathrm{j}(\omega+2)]+F[\mathrm{j}(\omega-2)]\}\end{aligned}$$

例 2.27　求信号 $s(t)=t\mathrm{e}^{-2t}u(t)$ 的傅里叶变换。

解：因为

$$F[t]=\mathrm{j}2\pi\delta'(\omega)$$

$$F[\mathrm{e}^{-2t}u(t)]=\frac{1}{2+\mathrm{j}\omega}$$

根据频域卷积定理，得

$$\begin{aligned}F[t\mathrm{e}^{-2t}u(t)]&=\frac{1}{2\pi}F[t]*F[\mathrm{e}^{-2t}u(t)]\\&=\frac{1}{2\pi}\times\left[\mathrm{j}2\pi\delta'(\omega)*\frac{1}{2+\mathrm{j}\omega}\right]\\&=\mathrm{j}\left(\frac{1}{2+\mathrm{j}\omega}\right)'\\&=\frac{1}{(2+\mathrm{j}\omega)^2}\end{aligned}$$

11. 帕斯瓦尔定理

若

$$s(t)\leftrightarrow F(\mathrm{j}\omega)$$

则有

$$\int_{-\infty}^{+\infty}|s(t)|^2\mathrm{d}t=\frac{1}{2\pi}\int_{-\infty}^{+\infty}|F(\mathrm{j}\omega)|^2\mathrm{d}\omega \tag{2-126}$$

证明：因为

$$\int_{-\infty}^{+\infty}|s(t)|^2\mathrm{d}t=\int_{-\infty}^{+\infty}s(t)s^*(t)\mathrm{d}t$$

由 $s^*(t)\leftrightarrow F^*(-\mathrm{j}\omega)$，得

$$s^*(t)=\frac{1}{2\pi}\int_{-\infty}^{+\infty}F^*(-\mathrm{j}\omega)\mathrm{e}^{\mathrm{j}\omega t}\mathrm{d}\omega=\frac{1}{2\pi}\int_{-\infty}^{+\infty}F^*(\mathrm{j}\omega)\mathrm{e}^{-\mathrm{j}\omega t}\mathrm{d}\omega$$

代入上式，得

$$\begin{aligned}\int_{-\infty}^{+\infty}|s(t)|^2\mathrm{d}t&=\int_{-\infty}^{+\infty}s(t)\left[\frac{1}{2\pi}\int_{-\infty}^{+\infty}F^*(\mathrm{j}\omega)\mathrm{e}^{-\mathrm{j}\omega t}\mathrm{d}\omega\right]\mathrm{d}t\\&=\frac{1}{2\pi}\int_{-\infty}^{+\infty}F^*(\mathrm{j}\omega)\left[\int_{-\infty}^{+\infty}s(t)\mathrm{e}^{-\mathrm{j}\omega t}\mathrm{d}t\right]\mathrm{d}\omega\end{aligned}$$

$$= \frac{1}{2\pi}\int_{-\infty}^{+\infty} F^*(j\omega)F(j\omega)d\omega$$

$$= \frac{1}{2\pi}\int_{-\infty}^{+\infty} |F(j\omega)|^2 d\omega$$

即得证

$$\int_{-\infty}^{+\infty} |s(t)|^2 dt = \frac{1}{2\pi}\int_{-\infty}^{+\infty} |F(j\omega)|^2 d\omega$$

帕斯瓦尔定理表明，能量有限信号的总能量 $\left(\int_{-\infty}^{+\infty} |s(t)|^2 dt\right)$ 可在频域中由其频谱求得，即由单位频率的能量($|F(j\omega)|^2/2\pi$)在整个频率范围内积分得到。因此，$|F(j\omega)|^2$ 反映了信号的能量在各频率的相对大小，常称为能量密度谱，简称能谱。

2.2.5 连续周期信号的傅里叶变换

前面已经讨论了非周期信号的傅里叶变换，实现了非周期信号的频域描述。周期信号不满足傅里叶变换的绝对可积条件，但通过引入冲激函数也可以得出周期信号的傅里叶变换，这样非周期信号与周期信号均可通过傅里叶变换来表示其频谱，实现了频域分析的统一，给分析带来便利。

1. 复指数信号的傅里叶变换

设复指数信号 $s(t)=e^{j\omega_0 t}$，由 $F[1]=2\pi\delta(\omega)$ 及频移性质，得

$$F[e^{j\omega_0 t}] = 2\pi\delta(\omega-\omega_0)$$

即

$$e^{j\omega_0 t} \leftrightarrow 2\pi\delta(\omega-\omega_0) \tag{2-127}$$

可见，复指数信号的频谱是实函数，幅度谱是 $\omega=\omega_0$ 处的一条谱线，其冲激强度为 2π；相位谱为零。

2. 一般周期信号的傅里叶变换

如前所述，周期为 T 的周期信号 $s(t)$ 可以展开成指数形式的傅里叶级数，即

$$s(t) = \sum_{n=-\infty}^{\infty} F_n e^{jn\Omega_0 t}$$

式中，F_n 是复傅里叶系数，即

$$F_n = \frac{1}{T_0}\int_{t_0}^{t_0+T_0} s(t)e^{-jn\Omega_0 t}dt$$

对 $s(t)$ 等号两端取傅里叶变换，利用线性性质，得

$$F[s(t)] = F\left[\sum_{n=-\infty}^{\infty} F_n e^{jn\Omega_0 t}\right] = \sum_{n=-\infty}^{\infty} F_n F[e^{jn\Omega_0 t}]$$

又因为 $F[e^{j\omega_0 t}]=2\pi\delta(\omega-\omega_0)$，代入上式，得

$$F[s(t)] = 2\pi\sum_{n=-\infty}^{\infty} F_n\delta(\omega-n\Omega_0) \tag{2-128}$$

上式表明，一般周期信号的傅里叶变换（频谱函数）由无数多个强度为 $2\pi F_n$ 的冲激函数叠

加而成，这些冲激函数位于周期信号的各谐波角频率 $n\Omega_0(n=0,\pm1,\pm2,\cdots)$ 处。

例 2.28 求图 2-45（a）所示的周期矩形脉冲信号的傅里叶变换，其中周期为 T，宽度为 τ，幅度为 1，并画出频谱密度函数图。

解：在例 2.12 中已求得图 2-45（a）所示的周期矩形脉冲信号的复傅里叶系数，即

$$F_n=\frac{2}{T}\cdot\frac{\sin\left(\frac{n\Omega_0\tau}{2}\right)}{n\Omega_0}=\frac{\tau}{T}\cdot Sa\left(\frac{n\Omega_0\tau}{2}\right)$$

将其代入式（2-128）中，得

$$\begin{aligned}F[s(t)]&=2\pi\sum_{n=-\infty}^{\infty}F_n\delta(\omega-n\Omega_0)\\&=2\pi\sum_{n=-\infty}^{\infty}\frac{\tau}{T}\cdot Sa\left(\frac{n\Omega_0\tau}{2}\right)\delta(\omega-n\Omega_0)\\&=\frac{2\pi\tau}{T}\sum_{n=-\infty}^{\infty}Sa\left(\frac{n\Omega_0\tau}{2}\right)\delta(\omega-n\Omega_0)\\&=\sum_{n=-\infty}^{\infty}\frac{2\sin\left(\frac{n\Omega_0\tau}{2}\right)}{n}\delta(\omega-n\Omega_0)\end{aligned}$$

可见，周期矩形脉冲信号的傅里叶变换（频谱密度函数）由位于谐波频率 $n\Omega_0$ 处、强度为$\dfrac{2\sin\left(\frac{n\Omega_0\tau}{2}\right)}{n}$的冲激函数叠加而成。这里画出 $T_0=4\tau$ 时的频谱密度图，如图 2-45（b）所示。

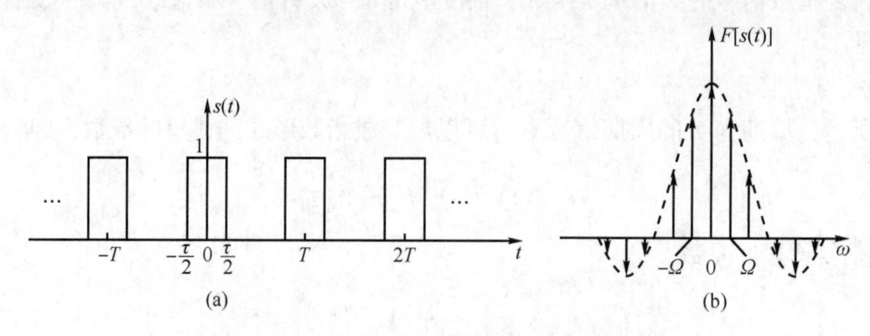

图 2-45 周期矩形脉冲信号及其频谱密度图

（a）周期矩形脉冲信号；（b）$s(t)$的频谱密度图

值得注意的是，周期信号的傅里叶变换与复傅里叶系数的图形相似，都是离散谱，具有相同的包络线。但它们的含义不同，傅里叶变换表示的是频谱密度，即单位频率上的频谱分布，频谱值是无限的冲激函数，其强度是复傅里叶系数的 2π 倍；而复傅里叶系数表示的是各谐波分量的幅度，系数值是有限值。

例 2.29 求图 2-46（a）所示的周期为 T_0 的周期性单位冲激串的傅里叶变换，并画出

其频谱密度图。

解：图 2-46（a）所示的周期性单位冲激串可表示为

$$\delta_T(t)=\sum_{n=-\infty}^{\infty}\delta(t-nT_0)$$

由周期信号的复傅里叶系数公式，取 $t_0=-T_0/2$，得

$$F_n=\frac{1}{T_0}\int_{-T_0/2}^{T_0/2}\delta_T(t)\mathrm{e}^{-\mathrm{j}n\Omega_0 t}\mathrm{d}t=\frac{1}{T_0}\int_{-T_0/2}^{T_0/2}\delta(t)\mathrm{e}^{-\mathrm{j}n\Omega_0 t}\mathrm{d}t=\frac{1}{T_0}$$

将其代入式（2-128）中，得周期性单位冲激串的傅里叶变换为

$$\begin{aligned}F(\mathrm{j}\omega)=F[\delta_T(t)]&=2\pi\sum_{n=-\infty}^{\infty}\frac{1}{T_0}\delta(\omega-n\Omega_0)\\&=\Omega_0\sum_{n=-\infty}^{\infty}\delta(\omega-n\Omega_0)\end{aligned}$$

可见，周期性单位冲激串的频谱密度也是一个周期性冲激串，其周期与强度均为 Ω_0、谱线位于频率 $n\Omega_0$ 处。画出其频谱密度图，如图 2-46（b）所示。

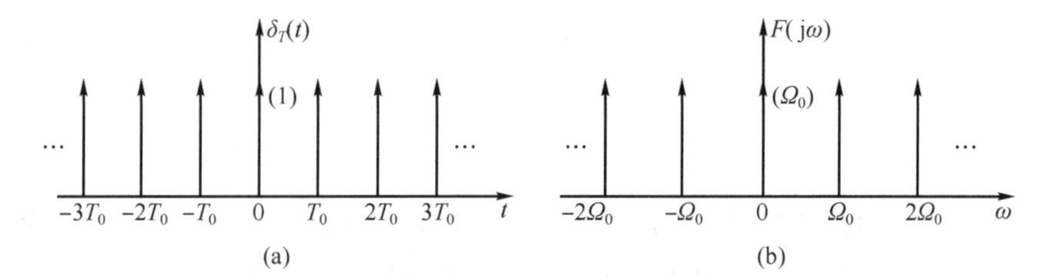

图 2-46　周期性冲激串及频谱密度图

（a）周期性单位冲激串；（b）周期性单位冲激串的频谱密度图

前面我们用傅里叶系数来表达周期信号的傅里叶变换，但涉及求傅里叶系数，给运算带来不便。下面研究求周期信号的傅里叶变换的另一种简便方法。

从周期信号 $s_T(t)$ 中截取一个周期内的信号，记为 $s_0(t)$。通过推导分析知，周期为 T 的周期信号 $s_T(t)$ 等于 $s_0(t)$ 与周期为 T 的冲激串 $\delta_T(t)$ 的卷积积分，即

$$s_T(t)=s_0(t)*\delta_T(t) \tag{2-129}$$

式中，$\delta_T(t)=\sum_{n=-\infty}^{\infty}\delta(t-nT_0)$。设 $F[s_0(t)]=F_0(\mathrm{j}\omega)$，根据时域卷积定理，可得 $s_T(t)$ 的傅里叶变换为

$$\begin{aligned}F[s_T(t)]&=F[s_0(t)]\cdot F[\delta_T(t)]\\&=F_0(\mathrm{j}\omega)\cdot\Omega_0\sum_{n=-\infty}^{\infty}\delta(\omega-n\Omega_0)\\&=\Omega_0\sum_{n=-\infty}^{\infty}F_0(\mathrm{j}\omega)\cdot\delta(\omega-n\Omega_0)\\&=\Omega_0\sum_{n=-\infty}^{\infty}F_0(\mathrm{j}n\Omega_0)\delta(\omega-n\Omega_0)\end{aligned} \tag{2-130}$$

利用式（2-130）求例 2.28 的周期矩形脉冲信号的傅里叶变换的结果，与原例 2.28 中的结果一样。但此方法只需求截取的一个周期内信号的傅里叶变换，而不用求周期信号的傅

里叶系数，给计算带来简便。

3. 周期信号的傅里叶变换与傅里叶系数

设从周期信号 $s_T(t)$ 中截取 $(-T_0/2, T_0/2)$ 内的信号 $s_0(t)$，根据傅里叶变换的定义，得其傅里叶变换为

$$F[s_0(t)] = F_0(\mathrm{j}\omega) = \int_{-\infty}^{+\infty} s_0(t)\mathrm{e}^{-\mathrm{j}\omega t}\mathrm{d}t = \int_{-T_0/2}^{T_0/2} s_0(t)\mathrm{e}^{-\mathrm{j}\omega t}\mathrm{d}t$$

比较周期信号的傅里叶系数公式

$$F_n = \frac{1}{T_0}\int_{-T_0/2}^{T_0/2} s_T(t)\mathrm{e}^{-\mathrm{j}n\Omega_0 t}\mathrm{d}t = \frac{1}{T_0}\int_{-T_0/2}^{T_0/2} s_0(t)\mathrm{e}^{-\mathrm{j}n\Omega_0 t}\mathrm{d}t$$

可得到

$$F_n = \frac{1}{T_0}F_0(\mathrm{j}\omega)\Big|_{\omega=n\Omega_0} = \frac{1}{T_0}F_0(\mathrm{j}n\Omega_0) \tag{2-131}$$

上式表明，傅里叶变换中的许多性质、定理可用于傅里叶级数，提出了求周期信号的傅里叶系数与级数的另一种方法。

2.3 连续信号的复频域分析

基于傅里叶变换的连续信号的频域分析在信号处理领域占有重要地位，但信号的傅里叶变换存在所要求的条件限制了它的通用性。即使引入冲激函数来表达某些不满足狄利赫里条件的信号的傅里叶变换，但还有一些信号，如功率型非周期信号、增长型指数信号等，不能求出其傅里叶变换，无法进行频谱分析，给傅里叶变换的应用带来局限。拉普拉斯变换是在傅里叶变换的基础上将变量频率推广到复频率的一种积分变换，能克服傅里叶变换的不足，将信号的分析从频域扩展至复频域。

2.3.1 连续信号的拉普拉斯变换

1. 拉普拉斯变换的定义

针对某些信号不满足傅里叶变换的绝对可积的条件，即随着时间的推移，信号的幅度不衰减甚至增长，考虑用衰减因子 $\mathrm{e}^{-\sigma t}$（σ 为正实数）与这类信号 $s(t)$ 相乘，使得乘积 $s(t)\mathrm{e}^{-\sigma t}$ 满足绝对可积的条件，从而 $s(t)\mathrm{e}^{-\sigma t}$ 存在傅里叶变换。根据傅里叶变换的定义，得

$$F[s(t)\mathrm{e}^{-\sigma t}] = \int_{-\infty}^{+\infty} s(t)\mathrm{e}^{-\sigma t}\mathrm{e}^{-\mathrm{j}\omega t}\mathrm{d}t = \int_{-\infty}^{+\infty} s(t)\mathrm{e}^{-(\sigma+\mathrm{j}\omega)t}\mathrm{d}t$$

上式积分结果是（σ+jω）的函数，记为 $F_{\mathrm{b}}(\sigma+\mathrm{j}\omega)$，即

$$F_{\mathrm{b}}(\sigma+\mathrm{j}\omega) = \int_{-\infty}^{+\infty} s(t)\mathrm{e}^{-(\sigma+\mathrm{j}\omega)t}\mathrm{d}t \tag{2-132}$$

对应的傅里叶反变换为

$$s(t)\mathrm{e}^{-\sigma t} = \frac{1}{2\pi}\int_{-\infty}^{+\infty} F_{\mathrm{b}}(\sigma+\mathrm{j}\omega)\mathrm{e}^{\mathrm{j}\omega t}\mathrm{d}\omega$$

上式两端同时乘以 $\mathrm{e}^{\sigma t}$，得

$$s(t)=\frac{1}{2\pi}\int_{-\infty}^{+\infty}F_b(\sigma+j\omega)e^{(\sigma+j\omega)t}d\omega \tag{2-133}$$

令 $s=\sigma+j\omega$，σ 为实常数，则 $d\omega=ds/j$，反变换的积分限为（$\sigma-j\infty$，$\sigma+j\infty$），代入式（2-132）、式（2-133）中，得

$$F_b(s)=\int_{-\infty}^{+\infty}s(t)e^{-st}dt \tag{2-134}$$

$$s(t)=\frac{1}{j2\pi}\int_{\sigma-j\infty}^{\sigma+j\infty}F_b(s)e^{st}ds \tag{2-135}$$

将式（2-134）中 $F_b(s)$ 称为连续信号 $s(t)$ 的双边拉普拉斯变换（或象函数），将式（2-135）中 $s(t)$ 称为复变函数 $F_b(s)$ 的双边拉普拉斯反变换（或原函数）。它们构成双边拉普拉斯变换对，双边是指积分变换式中的积分限包括了正、负区间，记为

$$F_b(s)=L[s(t)] \tag{2-136}$$

$$s(t)=L^{-1}[F_b(s)] \tag{2-137}$$

或

$$s(t)\leftrightarrow F_b(s) \tag{2-138}$$

当 $\sigma=0$ 时，$s=j\omega$，则式（2-134）和式（2-135）退化为傅里叶变换对，因此傅里叶变换相当于在虚轴上的拉普拉斯变换，拉普拉斯变换可以视为是傅里叶变换的推广，即从频域扩展到复频域。拉普拉斯变换把信号表示成若干变振幅的复指数信号的线性叠加，对信号的描述不仅仅是频率，还给出了频率分量的振幅增长或衰减的速率。

2. 双边拉普拉斯变换的收敛域

选择合适的 σ 值使得式（2-134）的积分式收敛，即 $s(t)$ 的双边拉普拉斯变换 $F_b(s)$ 才存在。当 $F_b(s)$ 存在时，复变量 s 在复平面上的取值区域被称为 $F_b(s)$ 的收敛域。因为是在 $s(t)e^{-\sigma t}$ 存在傅里叶变换的前提下推导出的双边拉普拉斯变换，所以收敛域与 σ 值直接相关，即求收敛域就是求 $\mathrm{Re}[s]=\sigma$ 的取值范围，与虚部无关，故收敛域的边界是平行于虚轴的直线。

下面通过实例来分析收敛域的求法和特点。

例 2.30　求因果信号 $s(t)=e^{\alpha t}u(t)$（α 为实数）的双边拉普拉斯变换及收敛域。

解：由定义式（2-134），得双边拉普拉斯变换为

$$\begin{aligned}F_b(s)&=\int_{-\infty}^{+\infty}e^{\alpha t}u(t)e^{-st}dt=\int_{0}^{+\infty}e^{-(s-\alpha)t}dt\\&=-\frac{1}{s-\alpha}e^{-(s-\alpha)t}\Big|_{0}^{+\infty}\\&=\frac{1}{s-\alpha}\end{aligned}$$

上式积分收敛时，求得 $\sigma>\alpha$，即收敛域为 $\sigma>\alpha$。

其收敛域 $\sigma>\alpha$ 表示在以 σ 为横轴、以 $j\omega$ 为纵轴的 s 平面上，位于直线 $\sigma=\alpha$ 的右边区域中存在双边拉普拉斯变换，即对于任意一点 s 都存在确定的 $F_b(s)$ 与之对应，如图 2-47 所示。

例 2.31　求反因果信号 $s(t)=-e^{\alpha t}u(-t)$（α 为实数）的双边拉普拉斯变换及收敛域。

解：由定义式（2-134），得双边拉普拉斯变换为

$$F_b(s)=\int_{-\infty}^{+\infty}-e^{\alpha t}u(-t)e^{-st}dt=-\int_{-\infty}^{0}e^{-(s-\alpha)t}dt$$
$$=\frac{1}{s-\alpha}e^{-(s-\alpha)t}\Big|_{-\infty}^{0}$$
$$=\frac{1}{s-\alpha}$$

上式在 $\sigma<\alpha$ 时收敛，即收敛域为 $\sigma<\alpha$。

其收敛域 $\sigma<\alpha$ 表示在以 σ 为横轴、以 $j\omega$ 为纵轴的 s 平面上，位于直线 $\sigma=\alpha$ 的左边区域中存在双边拉普拉斯变换，即对于任意一点 s 都存在确定的 $F_b(s)$ 与之对应，如图 2-48 所示。

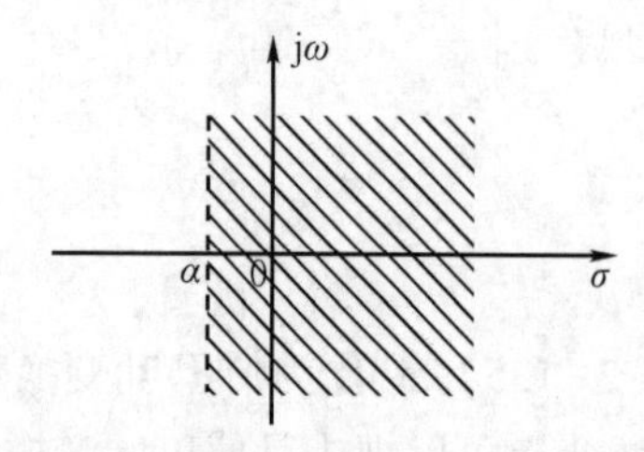

图 2-47　例 2.30 的收敛域

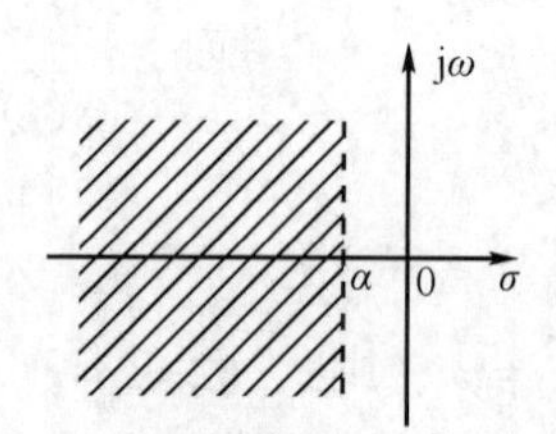

图 2-48　例 2.31 的收敛域

在例 2.30 和例 2.31 中，两个不同的信号具有相同的拉普拉斯变换，但收敛域不同。说明拉普拉斯变换与收敛域共同决定了信号的拉普拉斯变换的唯一性。也就是说，在复频域中拉普拉斯变换与收敛域一起对应于时域中的信号。因此，求信号的拉普拉斯变换时必须求收敛域。

例 2.32　求双边信号 $s(t)=e^{\alpha|t|}$（α 为实数）的双边拉普拉斯变换及收敛域。

解：双边信号可表示为

$$s(t)=e^{\alpha|t|}=e^{\alpha t}u(t)+e^{-\alpha t}u(-t)$$

由例 2.30 可知

$$L[e^{\alpha t}u(t)]=\frac{1}{s-\alpha},\quad \sigma>\alpha$$

由例 2.31 可知

$$L[e^{-\alpha t}u(-t)]=-\frac{1}{s+\alpha},\quad \sigma<-\alpha$$

则双边信号的双边拉普拉斯变换为

$$F_b(s)=L[s(t)]=L[e^{\alpha t}u(t)]+L[e^{-\alpha t}u(-t)]$$
$$=\frac{1}{s-\alpha}-\frac{1}{s+\alpha}$$
$$=\frac{2\alpha}{s^2-\alpha^2}$$

上式双边拉普拉斯变换存在的条件是两项的收敛域有交集，即满足 $\alpha<\sigma<-\alpha(\alpha<0)$ 时，双边信号的双边拉普拉斯变换存在。因此，收敛域为 $\alpha<\sigma<-\alpha(\alpha<0)$，如图 2-49 所示，收敛域

位于两个收敛边界确定的有限区域内。

也可以通过双边拉普拉斯变换的定义求解该题，结果一样，请读者自行完成。

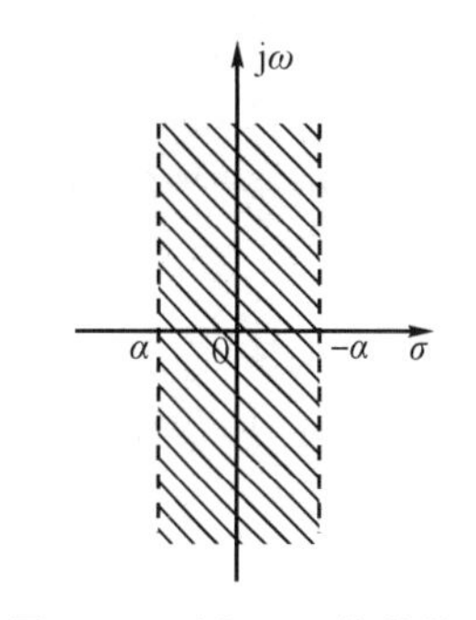

图 2-49 例 2.32 的收敛域

从例 2.32 分析可知，双边信号的收敛域是一个有限区域，其收敛上边界必须大于下边界时，两项的收敛域才有交集，在该区域中才存在双边拉普拉斯变换；否则，两项的收敛域没有交集，不存在双边拉普拉斯变换。可见，即使引入衰减因子拓展了拉普拉斯变换的收敛性，也不是任何信号都存在拉普拉斯变换，如 $s(t)=\mathrm{e}^{\alpha|t|}(\alpha>0)$ 的拉普拉斯变换不存在。

综合前面的分析，归纳推导出双边拉普拉斯变换的收敛域的特点如下。

（1）收敛域的边界是 s 平面上平行于虚轴的直线。

（2）将因果信号平移 t_0，得到右边信号 $s(t)u(t-t_0)$，若它的双边拉普拉斯变换存在，则收敛域的形式为 $\sigma>\sigma_0$，σ_0 为收敛域的下边界，可通过双边拉普拉斯变换的定义求得。

（3）若左边信号 $s(t)u(-t+t_0)$ 的双边拉普拉斯变换存在，则收敛域的形式为 $\sigma<\sigma_1$，σ_1 为收敛域的上边界。

（4）若双边信号 $s(t)(-\infty<t<+\infty)$ 的双边拉普拉斯变换存在，则收敛域的形式为 $\sigma_1<\sigma<\sigma_2$，是一个在 s 平面上具有左、右边界的带状区域。

（5）若时限信号 $s(t)(t_1<t<t_2)$ 的双边拉普拉斯变换存在，则收敛域是整个 s 平面，即在 s 平面上的任何区域都存在双边拉普拉斯变换。

3. 单边拉普拉斯变换

通常实际信号的时间起点是零时刻，即 $t<0$ 时，有 $s(t)=0$，从而式（2-134）改写为

$$F(s)=\int_{0^-}^{+\infty}s(t)\mathrm{e}^{-st}\mathrm{d}t \tag{2-139}$$

式（2-135）改写为

$$s(t)=\frac{1}{\mathrm{j}2\pi}\int_{\sigma-\mathrm{j}\infty}^{\sigma+\mathrm{j}\infty}F(s)\mathrm{e}^{st}\mathrm{d}s,\quad t>0 \tag{2-140}$$

式（2-139）与式（2-140）构成单边拉普拉斯变换对，$F(s)$ 是 $s(t)$ 的单边拉普拉斯变换，$s(t)$ 是 $F(s)$ 的单边拉普拉斯反变换。式（2-139）中的积分下限取 0^- 是考虑到 $s(t)$ 中可能包含奇异函数的情况，若没有特别说明，均按 $t=0$ 处理。正变换与反变换的关系也可记为

$$s(t)\leftrightarrow F(s) \tag{2-141}$$

可以看出，因果信号的双边拉普拉斯变换即它的单边拉普拉斯变换，而因果信号是具有代表性的实际信号。因此研究单边拉普拉斯变换更有实际意义，其应用更广泛、运算更简便，本书将单边拉普拉斯变换简称为拉普拉斯变换。

需要说明的是，单边拉普拉斯变换的定义式中的信号 $s(t)$ 是因果信号，这是基于双边拉普拉斯变换给出的单边拉普拉斯变换定义。但并不意味着只有因果信号才存在单边拉普拉斯变换，也就是说，只要满足收敛条件，$s(t)$ 可以是任意时长信号。另外，不同信号的单边拉普拉斯变换可能相同，只要信号在 $t\geqslant0$ 范围内相同，它们的单边拉普拉斯变换、收敛域就相同。

从前面的分析可知，信号 $s(t)$ 的拉普拉斯变换相当于 $s(t)u(t)$ 的双边拉普拉斯变换，因此单边拉普拉斯变换的收敛域形式为 $\sigma>\sigma_0$，σ_0 为收敛域的下边界。单边拉普拉斯反变换具有单值性，即 $F(s)$ 与 $s(t)u(t)$ 为一一对应关系。$s(t)$ 与 $s(t)u(t)$ 的拉普拉斯变换相同，因此 $s(t)u(t)$ 常常简写成 $s(t)$。

4. 典型信号的拉普拉斯变换

1）单位冲激信号的拉普拉斯变换

根据单边拉普拉斯变换的定义，得

$$F(s)=\int_{0^-}^{+\infty}s(t)\mathrm{e}^{-st}\mathrm{d}t=\int_{0^-}^{+\infty}\delta(t)\mathrm{e}^{-st}\mathrm{d}t=1$$

即

$$\delta(t)\leftrightarrow 1 \tag{2-142}$$

2）单位阶跃信号的拉普拉斯变换

$$F(s)=\int_{0^-}^{+\infty}u(t)\mathrm{e}^{-st}\mathrm{d}t=\int_{0}^{+\infty}\mathrm{e}^{-st}\mathrm{d}t=\frac{1}{s},\quad \sigma>0$$

即

$$u(t)\leftrightarrow\frac{1}{s},\quad \sigma>0 \tag{2-143}$$

3）$\mathrm{e}^{-at}u(t)$ 的拉普拉斯变换

$$F(s)=\int_{0^-}^{+\infty}\mathrm{e}^{-at}u(t)\mathrm{e}^{-st}\mathrm{d}t=\int_{0}^{+\infty}\mathrm{e}^{-(s+a)t}\mathrm{d}t=\frac{1}{s+a},\quad \sigma>-a$$

即

$$\mathrm{e}^{-at}u(t)\leftrightarrow\frac{1}{s+a},\quad \sigma>-a \tag{2-144}$$

可见，指数信号 $\mathrm{e}^{-at}u(t)$ 的拉普拉斯变换与它的双边拉普拉斯变换结果相同。

4）$\cos(\omega_0 t)u(t)$ 和 $\sin(\omega_0 t)u(t)$ 的拉普拉斯变换

根据单边拉普拉斯变换的定义，利用欧拉公式，有

$$F(s)=\int_{0^-}^{+\infty}\cos(\omega_0 t)u(t)\mathrm{e}^{-st}\mathrm{d}t=\int_{0}^{+\infty}\cos(\omega_0 t)\mathrm{e}^{-st}\mathrm{d}t=\frac{s}{s^2+\omega_0^2},\quad \sigma>0$$

$$F(s)=\int_{0^-}^{+\infty}\sin(\omega_0 t)u(t)\mathrm{e}^{-st}\mathrm{d}t=\int_{0}^{+\infty}\sin(\omega_0 t)\mathrm{e}^{-st}\mathrm{d}t=\frac{\omega_0}{s^2+\omega_0^2},\quad \sigma>0$$

即

$$\begin{cases}\cos(\omega_0 t)u(t)\leftrightarrow\dfrac{s}{s^2+\omega_0^2},\quad \sigma>0 & (2\text{-}145)\\[2ex] \sin(\omega_0 t)u(t)\leftrightarrow\dfrac{\omega_0}{s^2+\omega_0^2},\quad \sigma>0 & (2\text{-}146)\end{cases}$$

5）指数振荡信号 $\mathrm{e}^{-at}\cos(\omega_0 t)u(t)$ 和 $\mathrm{e}^{-at}\sin(\omega_0 t)u(t)$ 的拉普拉斯变换

根据单边拉普拉斯变换的定义，利用欧拉公式，有

$$F(s)=\int_{0^-}^{+\infty}\mathrm{e}^{-at}\cos(\omega_0 t)u(t)\mathrm{e}^{-st}\mathrm{d}t=\int_{0}^{+\infty}\cos(\omega_0 t)\mathrm{e}^{-(s+a)t}\mathrm{d}t=\frac{s+a}{(s+a)^2+\omega_0^2},\quad \sigma>-a$$

$$F(s)=\int_{0^-}^{+\infty}\mathrm{e}^{-at}\sin(\omega_0 t)u(t)\mathrm{e}^{-st}\mathrm{d}t=\int_{0}^{+\infty}\sin(\omega_0 t)\mathrm{e}^{-(s+a)t}\mathrm{d}t=\frac{\omega_0}{(s+a)^2+\omega_0^2},\quad \sigma>-a$$

即

$$\begin{cases}\mathrm{e}^{-at}\cos(\omega_0 t)u(t)\leftrightarrow\dfrac{s+a}{(s+a)^2+\omega_0^2},\quad \sigma>-a & (2\text{-}147)\\ \mathrm{e}^{-at}\sin(\omega_0 t)u(t)\leftrightarrow\dfrac{\omega_0}{(s+a)^2+\omega_0^2},\quad \sigma>-a & (2\text{-}148)\end{cases}$$

6）单位斜坡信号 $tu(t)$ 的拉普拉斯变换

根据单边拉普拉斯变换的定义，利用分部积分法，有

$$F(s)=\int_{0^-}^{+\infty}tu(t)\mathrm{e}^{-st}\mathrm{d}t=\int_{0}^{+\infty}t\mathrm{e}^{-st}\mathrm{d}t=\frac{1}{s^2},\quad \sigma>0$$

即

$$tu(t)\leftrightarrow\frac{1}{s^2},\quad \sigma>0 \tag{2-149}$$

2.3.2 拉普拉斯变换的性质

前面通过定义求得一些典型信号的拉普拉斯变换，但对于某些复杂信号，通过定义来求拉普拉斯变换会很烦琐。拉普拉斯变换的性质反映了信号的时域与复频域的关系及特性，研究拉普拉斯变换的性质会使求解拉普拉斯变换及反变换变得更加简便。另外，拉普拉斯变换的性质在信号的复频域处理中具有重要作用，因此熟练掌握这些性质是非常必要的。

1. 线性

若

$$s_1(t)\leftrightarrow F_1(s),\quad \sigma>\sigma_1$$
$$s_2(t)\leftrightarrow F_2(s),\quad \sigma>\sigma_2$$

且 a、b 为常数，则

$$as_1(t)+bs_2(t)\leftrightarrow aF_1(s)+bF_2(s),\quad \sigma>\max(\sigma_1,\sigma_2) \tag{2-150}$$

线性性质也可以推广到多个信号的情况。线性性质对应于线性系统的特性，即具有齐次性和叠加性。

2. 尺度变换性质

若

$$s(t)\leftrightarrow F(s),\quad \sigma>\sigma_0$$

且 $a>0$，则

$$s(at)\leftrightarrow\frac{1}{a}F\left(\frac{s}{a}\right),\quad \sigma>a\sigma_0 \tag{2-151}$$

根据拉普拉斯变换的定义，很容易证明尺度变换性质，这里从略。

3. 时移性质

若

$$s(t)\leftrightarrow F(s),\quad \sigma>\sigma_0$$

且 $t_0>0$，则

$$s(t-t_0)u(t-t_0)\leftrightarrow F(s)\mathrm{e}^{-t_0 s},\quad \sigma>\sigma_0 \tag{2-152}$$

证明：由拉普拉斯变换的定义，得

$$L[s(t-t_0)u(t-t_0)]=\int_{0^-}^{+\infty}s(t-t_0)u(t-t_0)\mathrm{e}^{-st}\mathrm{d}t=\int_{t_0}^{+\infty}s(t-t_0)\mathrm{e}^{-st}\mathrm{d}t$$

令 $x=t-t_0$，则 $t=x+t_0$，上式为

$$L[s(t-t_0)u(t-t_0)]=\int_0^{+\infty}s(x)\mathrm{e}^{-s(x+t_0)}\mathrm{d}x=\mathrm{e}^{-t_0 s}\int_0^{+\infty}s(x)\mathrm{e}^{-sx}\mathrm{d}x=\mathrm{e}^{-t_0 s}F(s)$$

由上式可见，时移后的信号的收敛域与原信号相同。

注意，这里的时移信号 $s(t-t_0)u(t-t_0)$ 中不能省略掉 $u(t-t_0)$，因为 $s(t)$ 代表的是 $s(t)u(t)$，省略会导致结果错误。

若信号既有延时又有尺度变换，且 $a>0$、$b>0$，则有

$$s(at-b)u(at-b)\leftrightarrow\frac{1}{a}\mathrm{e}^{-\frac{b}{a}s}F\left(\frac{s}{a}\right),\quad \sigma>a\sigma_0 \tag{2-153}$$

例 2.33 求 $s_1(t)=tu(t-t_0)$ 和 $s_2(t)=(t-t_0)u(t-t_0)$（t_0 为常数）的拉普拉斯变换。

解：根据拉普拉斯变换的线性及时移性质，得

$$\begin{aligned}L[s_1(t)]&=L[tu(t-t_0)]\\&=L[(t-t_0)u(t-t_0)+t_0u(t-t_0)]\\&=\mathrm{e}^{-t_0 s}L[tu(t)]+t_0\mathrm{e}^{-t_0 s}L[u(t)]\quad,\sigma>0\\&=\mathrm{e}^{-t_0 s}\frac{1}{s^2}+t_0\mathrm{e}^{-t_0 s}\frac{1}{s}\\&=\frac{(1+t_0 s)\mathrm{e}^{-t_0 s}}{s^2}\end{aligned}$$

$$\begin{aligned}L[s_2(t)]&=L[(t-t_0)u(t-t_0)]\\&=\mathrm{e}^{-t_0 s}L[tu(t)]\quad,\sigma>0\\&=\frac{\mathrm{e}^{-t_0 s}}{s^2}\end{aligned}$$

例 2.34 已知 $s_1(t)=\mathrm{e}^4\mathrm{e}^{-2t}u(t-2)$，$s_2(t)=\mathrm{e}^{-2(t-4)}u(t)$，求 $s(t)=s_1(t)+s_2(t)$ 的象函数。

解：因为

$$\mathrm{e}^{-2t}u(t)\leftrightarrow\frac{1}{s+2},\quad \sigma>-2$$

则根据时移性质得

$$s_1(t)=\mathrm{e}^{-2(t-2)}u(t-2)\leftrightarrow\mathrm{e}^{-2s}\frac{1}{s+2},\quad \sigma>-2$$

$$s_2(t)=\mathrm{e}^8\mathrm{e}^{-2t}u(t)\leftrightarrow\mathrm{e}^8\frac{1}{s+2},\quad \sigma>-2$$

则

$$L[s(t)]=\mathrm{e}^{-2s}\frac{1}{s+2}+\mathrm{e}^8\frac{1}{s+2}=\frac{\mathrm{e}^{-2s}+\mathrm{e}^8}{s+2},\quad \sigma>-2$$

4. 复频移性质

若

$$s(t) \leftrightarrow F(s), \quad \sigma > \sigma_0$$

且 $s_a=\sigma_a+\mathrm{j}\omega_a$，则

$$s(t)\mathrm{e}^{s_a t} \leftrightarrow F(s-s_a), \quad \sigma > \sigma_0+\sigma_a \tag{2-154}$$

频移性质表明，在时域中将信号 $s(t)$ 乘以时间因子 $\mathrm{e}^{s_a t}$，则在复频域中将复频率 s 平移 s_a。

证明：由拉普拉斯变换的定义，得

$$L[s(t)\mathrm{e}^{s_a t}] = \int_{0^-}^{+\infty} s(t)\mathrm{e}^{s_a t}\mathrm{e}^{-st}\mathrm{d}t = \int_{0^-}^{+\infty} s(t)\mathrm{e}^{-(s-s_a)t}\mathrm{d}t = F(s-s_a), \quad \sigma > \sigma_0+\sigma_a$$

例 2.35　已知因果信号 $s(t)$ 的象函数为

$$F(s) = \frac{s}{s^2+1}$$

求 $\mathrm{e}^{-2t}s(4t-1)$ 的象函数。

解：由式（2-153）得

$$L[s(4t-1)] = \frac{1}{4}\mathrm{e}^{-\frac{1}{4}s}F\left(\frac{s}{4}\right)$$

将 $F(s)$ 代入上式，得

$$F_1(s) = L[s(4t-1)] = \frac{1}{4}\mathrm{e}^{-\frac{1}{4}s}F\left(\frac{s}{4}\right) = \frac{1}{4}\mathrm{e}^{-\frac{1}{4}s} \times \frac{\frac{s}{4}}{\left(\frac{s}{4}\right)^2+1} = \frac{s}{s^2+16}\mathrm{e}^{-\frac{1}{4}s}$$

由复频移性质，得

$$L[\mathrm{e}^{-2t}s(4t-1)] = F_1(s+2) = \frac{s+2}{(s+2)^2+16}\mathrm{e}^{-\frac{1}{4}(s+2)} = \frac{s+2}{s^2+4s+20}\mathrm{e}^{-\frac{1}{4}(s+2)}$$

即 $\mathrm{e}^{-2t}s(4t-1)$ 的象函数为

$$F_2(s) = \frac{s+2}{s^2+4s+20}\mathrm{e}^{-\frac{1}{4}(s+2)}$$

5. 时域微分和积分性质

1）时域微分性质

若

$$s(t) \leftrightarrow F(s), \quad \sigma > \sigma_0$$

则

$$s^{(1)}(t) \leftrightarrow sF(s) - s(0^-) \tag{2-155}$$

$$s^{(2)}(t) \leftrightarrow s^2F(s) - s \cdot s(0^-) - s^{(1)}(0^-) \tag{2-156}$$

$$s^{(n)}(t) \leftrightarrow s^nF(s) - \sum_{k=0}^{n-1} s^{n-1-k}s^{(k)}(0^-) \tag{2-157}$$

上式各象函数的收敛域至少是 $\sigma>\sigma_0$。

证明：由拉普拉斯变换的定义，得

$$L[s^{(1)}(t)]=\int_{0^-}^{+\infty}s^{(1)}(t)\mathrm{e}^{-st}\mathrm{d}t=\int_{0^-}^{+\infty}\mathrm{e}^{-st}\mathrm{d}s(t)$$

对上式进行分部积分，得

$$\begin{aligned}L[s^{(1)}(t)]&=\mathrm{e}^{-st}s(t)\Big|_{0^-}^{+\infty}+s\int_{0^-}^{+\infty}s(t)\mathrm{e}^{-st}\mathrm{d}t\\&=\lim_{t\to+\infty}s(t)\mathrm{e}^{-st}-s(0^-)+sF(s)\\&=sF(s)-s(0^-)\end{aligned}$$

上式表明，若 $F(s)$ 存在，则 $L[s^{(1)}(t)]$ 必定存在。式中第一项 $sF(s)$ 可能扩大 $L[s^{(1)}(t)]$ 的收敛域，因此 $L[s^{(1)}(t)]$ 的收敛域至少是 $\sigma>\sigma_0$，即至少与 $F(s)$ 的收敛域相同。

故有

$$s^{(1)}(t)\leftrightarrow sF(s)-s(0^-)$$

根据式（2-155），以此类推至高阶导数的情况，可得信号 n 阶导数的拉普拉斯变换，即式（2-157）。

实际信号常常是因果信号，则 $s(0^-)=0$ 及其各阶导数值 $s^{(n)}(0^-)=0$，此时时域微分性质为

$$s^{(n)}(t)\leftrightarrow s^nF(s)\tag{2-158}$$

例 2.36　求 $s_1(t)=\dfrac{\mathrm{d}^2}{\mathrm{d}t^2}[\sin(\pi t)u(t)]$ 和 $s_2(t)=\dfrac{\mathrm{d}^2\sin(\pi t)}{\mathrm{d}t^2}u(t)$ 的象函数。

解：(1) 由

$$\sin(\omega_0 t)u(t)\leftrightarrow\frac{\omega_0}{s^2+\omega_0^2}$$

得

$$\sin(\pi t)u(t)\leftrightarrow\frac{\pi}{s^2+\pi^2}$$

由时域微分性质，得

$$s_1(t)\leftrightarrow\frac{\pi s^2}{s^2+\pi^2}$$

即 $s_1(t)$ 的象函数为

$$F_1(s)=\frac{\pi s^2}{s^2+\pi^2}$$

(2) 由题意得

$$s_2(t)=\frac{\mathrm{d}^2\sin(\pi t)}{\mathrm{d}t^2}u(t)=-\pi^2\sin(\pi t)u(t)$$

由

$$\sin(\pi t)u(t)\leftrightarrow\frac{\pi}{s^2+\pi^2}$$

得

$$s_2(t) \leftrightarrow -\frac{\pi^3}{s^2+\pi^2}$$

即 $s_2(t)$ 的象函数为

$$F_2(s) = -\frac{\pi^3}{s^2+\pi^2}$$

2）时域积分性质

若

$$s(t) \leftrightarrow F(s), \quad \sigma > \sigma_0$$

则

$$s^{(-1)}(t) = \int_{-\infty}^{t} s(x)\mathrm{d}x \leftrightarrow \frac{F(s)}{s} + \frac{s^{(-1)}(0^-)}{s} \tag{2-159}$$

$$s^{(-2)}(t) = (\int_{-\infty}^{t})^2 s(x)\mathrm{d}x \leftrightarrow \frac{F(s)}{s^2} + \frac{s^{(-1)}(0^-)}{s^2} + \frac{s^{(-2)}(0^-)}{s} \tag{2-160}$$

$$s^{(-n)}(t) = (\int_{-\infty}^{t})^n s(x)\mathrm{d}x \leftrightarrow \frac{F(s)}{s^n} + \sum_{k=1}^{n} \frac{s^{(-k)}(0^-)}{s^{n-k+1}} \tag{2-161}$$

其收敛域至少是 $\sigma>\sigma_0$ 与 $\sigma>0$ 的交集。

若 $s(t)$ 是因果信号，则

$$s^{(-n)}(t) = \left(\int_{0^-}^{t}\right)^n s(x)\mathrm{d}x \leftrightarrow \frac{F(s)}{s^n} \tag{2-162}$$

证明：首先研究式（2-162），设 $n=1$，由拉普拉斯变换的定义，得

$$L[s^{(-1)}(t)] = L\left[\int_{0^-}^{t} s(x)\mathrm{d}x\right] = \int_{0^-}^{+\infty}\left[\int_{0^-}^{t} s(x)\mathrm{d}x\right]\mathrm{e}^{-st}\mathrm{d}t$$

对上式进行分部积分，得

$$\begin{aligned} L[s^{(-1)}(t)] &= -\frac{\mathrm{e}^{-st}}{s}\int_{0^-}^{t} s(x)\mathrm{d}x \bigg|_{0^{-1}}^{+\infty} + \frac{1}{s}\int_{0^-}^{+\infty} s(x)\mathrm{e}^{-st}\mathrm{d}x \\ &= -\frac{1}{s}\lim_{t\to+\infty}\mathrm{e}^{-st}\int_{0^-}^{t} s(x)\mathrm{d}x + \frac{1}{s}\int_{0^-}^{0^-} s(x)\mathrm{d}x + \frac{F(s)}{s} \\ &= \frac{F(s)}{s} \end{aligned}$$

上式中第一项为零的收敛条件是 $\sigma>0$，因此 $L[s^{(-1)}(t)]$ 的收敛域是 $\sigma>\sigma_0$ 与 $\sigma>0$ 的交集。利用上式，以此类推，可得到式（2-162）n 重积分的情况。

下面讨论积分下限是 $-\infty$ 的情况，有

$$s^{(-1)}(t) = \int_{-\infty}^{t} s(x)\mathrm{d}x = \int_{-\infty}^{0^-} s(x)\mathrm{d}x + \int_{0^-}^{t} s(x)\mathrm{d}x = s^{(-1)}(0^-) + \int_{0^-}^{t} s(x)\mathrm{d}x$$

对上式两边取拉普拉斯变换，得

$$\begin{aligned} L[s^{(-1)}(t)] &= L[s^{(-1)}(0^-)] + L\left[\int_{0^-}^{t} s(x)\mathrm{d}x\right] \\ &= \frac{s^{(-1)}(0^-)}{s} + \frac{F(s)}{s} \end{aligned}$$

利用上式，以此类推，可得式（2-161）n 重积分的情况。

例 2.37 求图 2-50（a）所示信号 $s(t)$ 的拉普拉斯变换。

解：画出 $s(t)$ 的一阶导数及二阶导数的波形，由图 2-50（b）、图 2-50（c）可知

$$s(t)=s_1^{(-1)}(t)=s_2^{(-2)}(t)$$

则由时域积分性质，得

$$L[s(t)]=L[s_2^{(-2)}(t)]=\frac{F_2(s)}{s^2}$$

而

$$s_2(t)=2[\delta(t)-\delta(t-1)-\delta(t-2)+\delta(t-3)]$$

根据时移性质及 $\delta(t)\leftrightarrow 1$，得

$$F_2(s)=L[s_2(t)]=2(1-\mathrm{e}^{-s}-\mathrm{e}^{-2s}+\mathrm{e}^{-3s})$$

因此

$$L[s(t)]=\frac{F_2(s)}{s^2}=\frac{2(1-\mathrm{e}^{-s}-\mathrm{e}^{-2s}+\mathrm{e}^{-3s})}{s^2}$$

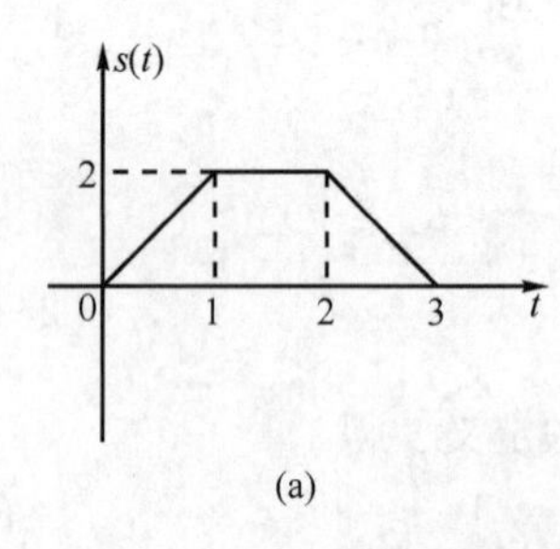

(a)

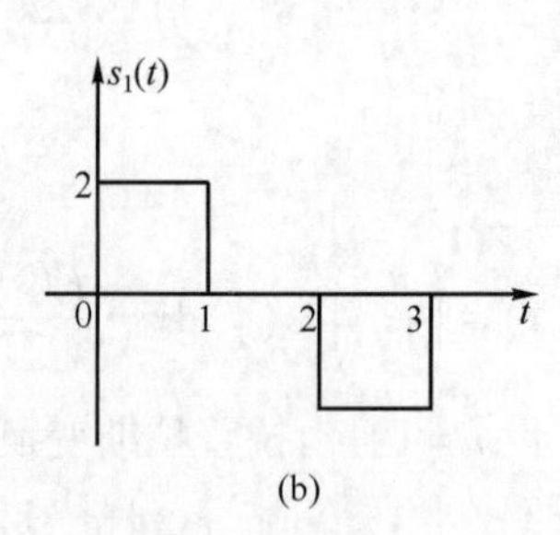

(b)

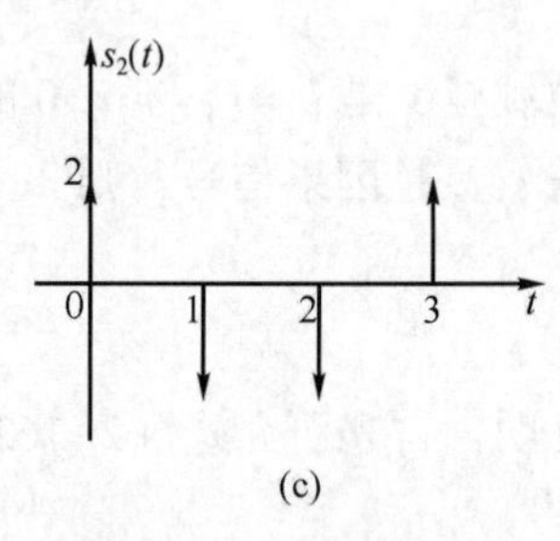

(c)

图 2-50 例 2.37 图

（a）$s(t)$ 的一阶波形；（b）$s(t)$ 的一阶导数的波形；（c）$s(t)$ 的二阶导数的波形

6. 复频域微分和积分性质

1）复频域微分性质

若

$$s(t)\leftrightarrow F(s),\quad \sigma>\sigma_0$$

则

$$ts(t)\leftrightarrow -\frac{\mathrm{d}F(s)}{\mathrm{d}s},\quad \sigma>\sigma_0 \tag{2-163}$$

$$t^n s(t)\leftrightarrow (-1)^n\frac{\mathrm{d}^n F(s)}{\mathrm{d}s^n},\quad \sigma>\sigma_0 \tag{2-164}$$

证明：对 $s(t)$ 的拉普拉斯变换，即

$$F(s)=\int_{0^-}^{+\infty}s(t)\mathrm{e}^{-st}\mathrm{d}t$$

求导，得

$$\frac{\mathrm{d}F(s)}{\mathrm{d}s}=\frac{\mathrm{d}\left(\int_{0^-}^{+\infty}s(t)\mathrm{e}^{-st}\mathrm{d}t\right)}{\mathrm{d}s}=\int_{0^-}^{+\infty}-ts(t)\mathrm{e}^{-st}\mathrm{d}t=-L[ts(t)]$$

因此得

$$ts(t) \leftrightarrow -\frac{\mathrm{d}F(s)}{\mathrm{d}s}$$

反复利用上式递推，可得

$$t^n s(t) \leftrightarrow (-1)^n \frac{\mathrm{d}^n F(s)}{\mathrm{d}s^n}$$

例 2.38　求 $s_1(t)=t^2\mathrm{e}^{-2t}u(t)$ 和 $s_2(t)=t\mathrm{e}^{-(t-3)}u(t-1)$ 的拉普拉斯变换。

解：(1) 由

$$\mathrm{e}^{-at}u(t) \leftrightarrow \frac{1}{s+a}$$

得

$$F(s)=L[\mathrm{e}^{-2t}u(t)]=\frac{1}{s+2}$$

根据复频域微分性质，得

$$L[s_1(t)]=L[t^2\mathrm{e}^{-2t}u(t)]=\frac{\mathrm{d}^2F(s)}{\mathrm{d}s^2}$$

$$=\frac{\mathrm{d}^2\left(\frac{1}{s+2}\right)}{\mathrm{d}s^2}$$

$$=\frac{2}{(s+2)^3}$$

(2) 由

$$\mathrm{e}^{-at}u(t) \leftrightarrow \frac{1}{s+a}$$

得

$$L[\mathrm{e}^{-t}u(t)]=\frac{1}{s+1}$$

根据时移性质，得

$$F(s)=L[\mathrm{e}^{-(t-1)}u(t-1)]=\frac{\mathrm{e}^{-s}}{s+1}$$

根据复频域微分性质，得

$$L[s_2(t)]=\mathrm{e}^2L[t\mathrm{e}^{-(t-1)}u(t-1)]=\mathrm{e}^2\times(-1)\times\frac{\mathrm{d}F(s)}{\mathrm{d}s}$$

$$=-\mathrm{e}^2\times\frac{\mathrm{d}\left(\frac{\mathrm{e}^{-s}}{s+1}\right)}{\mathrm{d}s}$$

$$=\frac{(s+2)\mathrm{e}^{-s+2}}{(s+1)^2}$$

2）复频域积分性质

若

$$s(t) \leftrightarrow F(s), \quad \sigma > \sigma_0$$

则

$$t^{-1}s(t) \leftrightarrow \int_s^{+\infty} F(x)\mathrm{d}x, \quad \sigma > \sigma_0 \tag{2-165}$$

$$t^{-n}s(t) \leftrightarrow \left(\int_s^{+\infty}\right)^n F(x)\mathrm{d}x, \quad \sigma > \sigma_0 \tag{2-166}$$

证明：对 $s(t)$ 的拉普拉斯变换，即

$$F(s) = \int_{0^-}^{+\infty} s(t)\mathrm{e}^{-st}\mathrm{d}t$$

求积分，得

$$\begin{aligned}\int_s^{+\infty} F(x)\mathrm{d}x &= \int_s^{+\infty}\int_{0^-}^{+\infty} s(t)\mathrm{e}^{-xt}\mathrm{d}t\mathrm{d}x \\ &= \int_{0^-}^{+\infty} s(t)\int_s^{+\infty} \mathrm{e}^{-xt}\mathrm{d}x\mathrm{d}t \\ &= \int_{0^-}^{+\infty} s(t)t^{-1}\mathrm{e}^{-st}\mathrm{d}t \\ &= L[t^{-1}s(t)]\end{aligned}$$

因此得

$$t^{-1}s(t) \leftrightarrow \int_s^{+\infty} F(x)\mathrm{d}x$$

反复利用上式递推，可得

$$t^{-n}s(t) \leftrightarrow \left(\int_s^{+\infty}\right)^n F(x)\mathrm{d}x$$

例 2.39 求 $s(t)=\dfrac{\sin t}{t}u(t)$ 的拉普拉斯变换。

解：由

$$\sin(\omega_0 t)u(t) \leftrightarrow \frac{\omega_0}{s^2+\omega_0^2}$$

得

$$\sin(t)u(t) \leftrightarrow \frac{1}{s^2+1}$$

根据复频域积分性质，得

$$L[s(t)] = L\left[\frac{\sin t}{t}u(t)\right] = \int_s^{+\infty} F(x)\mathrm{d}x = \int_s^{+\infty} \frac{1}{x^2+1}\mathrm{d}x = \arctan\left(\frac{1}{s}\right)$$

7. 时域卷积定理

若

$$s_1(t) \leftrightarrow F_1(s), \quad \sigma > \sigma_1$$
$$s_2(t) \leftrightarrow F_2(s), \quad \sigma > \sigma_2$$

则

$$s_1(t) * s_2(t) \leftrightarrow F_1(s)F_2(s) \tag{2-167}$$

其收敛域至少是 $F_1(s)$ 的收敛域与 $F_2(s)$ 的收敛域的公共部分。

证明：由卷积积分的定义，并考虑到单边拉普拉斯变换中所讨论的信号是因果信号，得

$$s_1(t) * s_2(t) = \int_{-\infty}^{+\infty} s_1(\tau)u(\tau)s_2(t-\tau)u(t-\tau)\mathrm{d}\tau = \int_0^{+\infty} s_1(\tau)s_2(t-\tau)u(t-\tau)\mathrm{d}\tau$$

则

$$\begin{aligned} L[s_1(t) * s_2(t)] &= \int_0^{+\infty}\left[\int_0^{+\infty} s_1(\tau)s_2(t-\tau)u(t-\tau)\mathrm{d}\tau\right]\mathrm{e}^{-st}\mathrm{d}t \\ &= \int_0^{+\infty} s_1(\tau)\int_0^{+\infty} s_2(t-\tau)u(t-\tau)\mathrm{e}^{-st}\mathrm{d}t\mathrm{d}\tau \end{aligned}$$

根据时移性质，得

$$\int_0^{+\infty} s_2(t-\tau)u(t-\tau)\mathrm{e}^{-st}\mathrm{d}t = \mathrm{e}^{-s\tau}F_2(s)$$

则有

$$\begin{aligned} L[s_1(t) * s_2(t)] &= \int_0^{+\infty} s_1(\tau)\mathrm{e}^{-s\tau}F_2(s)\mathrm{d}\tau \\ &= F_2(s)\int_0^{+\infty} s_1(\tau)\mathrm{e}^{-s\tau}\mathrm{d}\tau \\ &= F_1(s)F_2(s) \end{aligned}$$

时域卷积定理在系统的复频域分析中占有重要的地位，它将时域中的卷积运算转化成复频域中的乘积运算，给运算带来极大的便利。

8. 复频域卷积定理

若

$$s_1(t) \leftrightarrow F_1(s), \quad \sigma > \sigma_1$$
$$s_2(t) \leftrightarrow F_2(s), \quad \sigma > \sigma_2$$

则

$$s_1(t)s_2(t) \leftrightarrow \frac{1}{\mathrm{j}2\pi}F_1(s) * F_2(s) = \frac{1}{\mathrm{j}2\pi}\int_{c-\mathrm{j}\infty}^{c+\mathrm{j}\infty} F_1(x)F_2(s-x)\mathrm{d}x, \quad \sigma > \sigma_1 + \sigma_2 \tag{2-168}$$

式中，c 是 $F_1(x)$ 和 $F_2(s-x)$ 收敛域重叠部分内与虚轴平行的直线，且满足 $\sigma_1<c<\sigma-\sigma_2$。

这里证明从略，复频域卷积定理中对积分限限制较严，且该积分的计算也复杂，因而其应用较少。

9. 初值定理

若初值 $s(0^+)=\lim\limits_{t\to 0^+} s(t)$ 存在，且

$$s(t) \leftrightarrow F(s), \quad \sigma > \sigma_0$$

则

$$s(0^+) = \lim_{s\to+\infty} sF(s) \tag{2-169}$$

$$s'(0^+) = \lim_{s\to+\infty} s[sF(s) - s(0^+)] \tag{2-170}$$

$$s''(0^+) = \lim_{s\to+\infty} s[s^2F(s) - s\cdot s(0^+) - s'(0^+)] \tag{2-171}$$

10. 终值定理

若终值 $s(\infty)=\lim\limits_{t\to+\infty} s(t)$ 存在，且

$$s(t)\leftrightarrow F(s),\quad \sigma > \sigma_0(\sigma_0 < 0)$$

则

$$s(\infty) = \lim_{s\to 0} sF(s) \tag{2-172}$$

值得注意的是，终值定理是取 $s\to 0$ 的极限，因此，$s=0$ 的点应在 $sF(s)$ 的收敛域内，否则不能应用终值定理。

例 2.40　如果 $s(t)$ 的象函数为

$$F(s) = \frac{1}{s+a},\quad \sigma > -a$$

求原函数 $s(t)$ 的初值和终值。

解：由初值定理得

$$s(0^+) = \lim_{s\to+\infty} sF(s) = \lim_{s\to+\infty}\frac{s}{s+a} = 1$$

由终值定理得

$$s(\infty) = \lim_{s\to 0} sF(s) = \lim_{s\to 0}\frac{s}{s+a}$$

（1）当 $a=0$ 时，$s(\infty)=1$。

（2）当 $a\neq 0$ 时，$s(\infty)=0$。

终值定理要求 $F(s)$ 的收敛域边界为负，即满足 $-a<0$，得 $a>0$。因此，$s(t)$ 的终值为

$$s(\infty) = \begin{cases} 1, & a=0 \\ 0, & a>0 \end{cases}$$

2.3.3　拉普拉斯反变换

求解拉普拉斯反变换对于系统的复频域分析具有重要意义，常见的求解拉普拉斯反变换的方法有 3 种。

（1）对于简单的拉普拉斯变换式，可利用典型信号的拉普拉斯变换和拉普拉斯变换性质求其反变换；对于复杂的拉普拉斯变换式，可利用复变函数中的留数定理来求其反变换。该方法通用性强，但涉及曲线积分，运算较复杂。

（2）若象函数 $F(s)$ 是实系数有理分式函数，则可将 $F(s)$ 展开成部分分式之和，先求每一部分的反变换，然后求和得到原函数，称这种方法为部分分式展开法。该方法无须积分运算，运算过程极为简便，得到广泛的应用。

（3）若已知的象函数 $F(s)$ 具有已知变换对的象函数的形式，或者通过变形成为已知变换对的象函数的形式，或者具有某些变换性质，则可运用拉普拉斯变换对和各种性质直接求其反变换，称这种方法为直接法。该方法也有一些应用。

下面重点讨论部分分式展开法，简要介绍直接法。

1. 部分分式展开法

若象函数 $F(s)$ 是有理分式，则可表示为

$$F(s)=\frac{B(s)}{A(s)}=\frac{b_m s^m+b_{m-1}s^{m-1}+\cdots+b_1 s+b_0}{a_n s^n+a_{n-1}s^{n-1}+\cdots+a_1 s+a_0} \tag{2-173}$$

式中，系数 $a_i(i=0,1,\cdots,n)$、$b_j(j=0,1,\cdots,m)$，$A(s)=a_n s^n+a_{n-1}s^{n-1}+\cdots+a_1 s+a_0$ 被称为 $F(s)$ 的特征多项式；方程 $A(s)=0$ 被称为特征方程；它的根被称为特征根，也叫 $F(s)$ 的极点。

$F(s)$ 通常是有理真分式，即 $m<n$。但若出现 $m\geqslant n$ 时，可用多项式除法将 $F(s)$ 表示成有理多项式与有理真分式之和，再分别求两项的反变换。部分分式展开法的关键是求特征根，特征根有多种可能情况，下面分别讨论，并给出具体的求反变换的方法。

1）特征根为单实根

如果特征根为单实根，即有 n 个不同的根 $s_i(i=1,2,\cdots,n)$，那么根据代数理论，$F(s)$ 可展开为部分分式，即

$$F(s)=\frac{B(s)}{A(s)}=\frac{K_1}{s-s_1}+\frac{K_2}{s-s_2}+\cdots+\frac{K_n}{s-s_n}=\sum_{i=1}^{n}\frac{K_i}{s-s_i} \tag{2-174}$$

其中待定系数 K_i 为

$$K_i=(s-s_i)F(s)\Big|_{s\to s_i}=\lim_{s\to s_i}\left[(s-s_i)\frac{B(s)}{A(s)}\right] \tag{2-175}$$

也可由下式求 K_i，即

$$K_i=\frac{B(s_i)}{A'(s_i)} \tag{2-176}$$

又因为 $e^{s_i t}u(t)\leftrightarrow\frac{1}{s-s_i}$，并利用线性性质，得 $F(s)$ 的拉普拉斯反变换为

$$s(t)=\sum_{i=1}^{n}K_i e^{s_i t}u(t) \tag{2-177}$$

例 2.41　求 $F(s)=\frac{2s+3}{s^3+7s^2+10s}$ 的原函数。

解：由 $A(s)=s^3+7s^2+10s=0$，解得

$$s_1=0,\ s_2=-2,\ s_3=-5$$

则

$$F(s)=\frac{2s+3}{s^3+7s^2+10s}=\frac{2s+3}{s(s+2)(s+5)}$$

由式（2-175）得各系数为

$$K_1=(s-s_1)F(s)\Big|_{s\to s_1}=(s-0)\frac{2s+3}{s(s+2)(s+5)}\Big|_{s\to 0}=\frac{3}{10}$$

$$K_2=(s-s_2)F(s)\Big|_{s\to s_2}=(s+2)\frac{2s+3}{s(s+2)(s+5)}\Big|_{s\to -2}=\frac{1}{6}$$

$$K_3=(s-s_3)F(s)\Big|_{s\to s_3}=(s+5)\frac{2s+3}{s(s+2)(s+5)}\Big|_{s\to -5}=-\frac{7}{15}$$

因此由（2-174）得

$$F(s)=\frac{3}{10s}+\frac{1}{6}\cdot\frac{1}{s+2}-\frac{7}{15}\cdot\frac{1}{s+5}$$

对上式两端取反变换，得

$$s(t)=\left(\frac{3}{10}+\frac{1}{6}e^{-2t}-\frac{7}{15}e^{-5t}\right)u(t)$$

这里也可不写出 $F(s)$ 的展开式，而直接由式（2-177）得出上式结果。

2）特征根为单复根

特征根为单复根，即一对共轭复根时，可以采用前述单实根时的方法求 $F(s)$ 的反变换，但是运算较烦琐。因此，这里直接给出求反变换的公式，具体推导过程可参考相关资料。

设 $A(s)$ 的一对共轭复根为 $s_1=-\alpha+j\beta$、$s_2=-\alpha-j\beta$（α、β 为实数），$F(s)$ 的展开式为

$$F(s)=\frac{B(s)}{A(s)}=\frac{K_1}{s-s_1}+\frac{K_2}{s-s_1^*}$$

则 $F(s)$ 的反变换为

$$s(t)=2|K_1|e^{-\alpha t}\cos(\beta t+\varphi)u(t) \tag{2-178}$$

式中，$K_1=(s-s_1)F(s)|_{s\to s_1}$ 为复数，$|K_1|$ 为 K_1 的模，φ 为 K_1 的相角。

例 2.42　求 $F(s)=\dfrac{2s+5}{(s+2)(s^2+4s+5)}$ 的拉普拉斯反变换。

解：由 $A(s)=(s+2)(s^2+4s+5)=0$，解得

$$s_1=-2,\ s_2=-2+j,\ s_3=-2-j$$

则由式（2-175）得

$$K_1=(s+2)\frac{2s+5}{(s+2)(s^2+4s+5)}\bigg|_{s\to-2}=1$$

$$K_2=(s+2-j)\frac{2s+5}{(s+2)(s^2+4s+5)}\bigg|_{s\to-2+j}=-\frac{1}{2}-j=\frac{\sqrt{5}}{2}e^{j63.4^\circ}$$

因此由式（2-177）和式（2-178）得拉普拉斯反变换为

$$s(t)=\left[e^{-2t}+2\times\frac{\sqrt{5}}{2}e^{-2t}\cos(t+63.4^\circ)\right]u(t)=[e^{-2t}+\sqrt{5}e^{-2t}\cos(t+63.4^\circ)]u(t)$$

例 2.43　求 $F(s)=\dfrac{s^3+s^2+2s+4}{s(s+1)(s^2+1)(s^2+2s+2)}$ 的拉普拉斯反变换。

解：由 $A(s)=s(s+1)(s^2+1)(s^2+2s+2)=0$，解得

$$s_1=0,\ s_2=-1,\ s_{3,4}=\pm j,\ s_{5,6}=-1\pm j$$

则由式（2-175）得各系数为

$$K_1=s\times\frac{s^3+s^2+2s+4}{s(s+1)(s^2+1)(s^2+2s+2)}\bigg|_{s\to0}=2$$

$$K_2=(s+1)\times\frac{s^3+s^2+2s+4}{s(s+1)(s^2+1)(s^2+2s+2)}\bigg|_{s\to-1}=-1$$

$$K_3=(s-j)\times\frac{s^3+s^2+2s+4}{s(s+1)(s^2+1)(s^2+2s+2)}\bigg|_{s\to j}=\frac{1}{2}e^{j\frac{\pi}{2}}$$

$$K_5=(s+1-\mathrm{j})\times\frac{s^3+s^2+2s+4}{s(s+1)(s^2+1)(s^2+2s+2)}\bigg|_{s\to-1+\mathrm{j}}=\frac{1}{\sqrt{2}}\mathrm{e}^{\mathrm{j}\frac{3\pi}{4}}$$

因此由式（2-177）和式（2-178）得拉普拉斯反变换为

$$s(t)=\left[2-\mathrm{e}^{-t}+\cos\left(t+\frac{\pi}{2}\right)+\sqrt{2}\mathrm{e}^{-t}\cos\left(t+\frac{3\pi}{4}\right)\right]u(t)$$
$$=\left[2-\mathrm{e}^{-t}-\sin(t)+\sqrt{2}\mathrm{e}^{-t}\cos\left(t+\frac{3\pi}{4}\right)\right]u(t)$$

3）特征根为重根

若$A(s)=0$有n重实根s_1，则$F(s)$的展开式为

$$F(s)=\frac{B(s)}{A(s)}=\frac{K_{11}}{(s-s_1)^n}+\frac{K_{12}}{(s-s_1)^{n-1}}+\cdots+\frac{K_{1n}}{s-s_1}=\sum_{i=1}^{n}\frac{K_{1i}}{(s-s_1)^{n+1-i}}$$

其中各系数的计算公式为

$$K_{1i}=\frac{1}{(i-1)!}\frac{\mathrm{d}^{i-1}}{\mathrm{d}s^{i-1}}[(s-s_1)^nF(s)]\bigg|_{s\to s_1} \tag{2-179}$$

由$L[t^nu(t)]=\frac{n!}{s^{n+1}}$，利用复频移特性，得

$$L^{-1}\left[\frac{1}{(s-s_1)^{n+1}}\right]=\frac{1}{n!}t^n\mathrm{e}^{s_1t}u(t)$$

则$F(s)$的反变换为

$$s(t)=\left[\sum_{i=1}^{n}\frac{K_{1i}}{(n-i)!}t^{n-i}\right]\mathrm{e}^{s_1t}u(t) \tag{2-180}$$

例2.44　求象函数$F(s)=\frac{s+4}{(s+1)^3(s+3)}$的原函数。

解：由$A(s)=(s+1)^3(s+3)=0$，得三重根$s_1=-1$，单根$s_4=-3$。由式（2-179）得重根对应的系数为

$$K_{11}=\left[(s+1)^3\frac{s+4}{(s+1)^3(s+3)}\right]\bigg|_{s\to-1}=\frac{3}{2}$$
$$K_{12}=\frac{\mathrm{d}}{\mathrm{d}s}\left[(s+1)^3\frac{s+4}{(s+1)^3(s+3)}\right]\bigg|_{s\to-1}=-\frac{1}{4}$$
$$K_{13}=\frac{1}{2!}\times\frac{\mathrm{d}^2}{\mathrm{d}s^2}\left[(s+1)^3\frac{s+4}{(s+1)^3(s+3)}\right]\bigg|_{s\to-1}=\frac{1}{8}$$

由式（2-175）得单根对应的系数为

$$K_4=(s+3)\frac{s+4}{(s+1)^3(s+3)}\bigg|_{s\to-3}=-\frac{1}{8}$$

因此由式（2-177）和式（2-180）得原函数为

$$s(t)=\left[\left(\frac{3}{4}t^2-\frac{1}{4}t+\frac{1}{8}\right)\mathrm{e}^{-t}-\frac{1}{8}\mathrm{e}^{-3t}\right]u(t)$$

如果$A(s)=0$有复重根，可以用类似于复单根和实重根的方法导出反变换式。这里以二重复根为例加以分析，设二重复根为$s_{1,2}=-\alpha\pm\mathrm{j}\beta$，则$F(s)$的展开式为

$$F(s)=\frac{K_{11}}{(s+\alpha-\mathrm{j}\beta)^2}+\frac{K_{12}}{(s+\alpha-\mathrm{j}\beta)}+\frac{K_{21}}{(s+\alpha+\mathrm{j}\beta)^2}+\frac{K_{22}}{(s+\alpha+\mathrm{j}\beta)}$$

系数 K_{11} 和 K_{12} 用重实根的系数公式求，则其反变换的计算公式为

$$s(t)=2[\,|K_{11}|t\mathrm{e}^{-\alpha t}\cos(\beta t+\varphi_1)+|K_{12}|\mathrm{e}^{-\alpha t}\cos(\beta t+\varphi_2)]u(t) \tag{2-181}$$

式中，$|K_{11}|$、$|K_{12}|$ 分别为 K_{11}、K_{12} 的模，φ_1、φ_2 分别为 K_{11}、K_{12} 的相角。

复重根的情况在线性控制系统分析中有重要应用，下面通过例题进一步讨论其应用。

例 2.45　求象函数 $F(s)=\dfrac{s+1}{[(s+2)^2+1]^2}$ 的原函数。

解：由 $A(s)=[(s+2)^2+1]^2=0$，得二重复根 $s_{1,2}=-2\pm\mathrm{j}$。由式（2-179）得系数为

$$K_{11}=\left[(s+2-\mathrm{j})^2\frac{s+1}{[(s+2)^2+1]^2}\right]\bigg|_{s\to-2+\mathrm{j}}=\frac{\sqrt{2}}{4}\mathrm{e}^{-\mathrm{j}\frac{\pi}{4}}$$

$$K_{12}=\frac{\mathrm{d}}{\mathrm{d}s}\left[(s+2-\mathrm{j})^2\frac{s+1}{[(s+2)^2+1]^2}\right]\bigg|_{s\to-2+\mathrm{j}}=\frac{1}{4}\mathrm{e}^{\mathrm{j}\frac{\pi}{2}}$$

由式（2-181），得原函数为

$$s(t)=\left[\frac{\sqrt{2}}{2}t\mathrm{e}^{-2t}\cos\left(t-\frac{\pi}{4}\right)+\frac{1}{2}\mathrm{e}^{-2t}\cos\left(t+\frac{\pi}{2}\right)\right]u(t)$$

2. 直接法

若已知的象函数具有已知变换对的象函数的形式，或者通过变形成为已知变换对的象函数的形式，或者具有某些变换性质，则可运用拉普拉斯变换对和各种性质直接求其反变换。下面通过例题说明。

例 2.46　求象函数 $F(s)=\dfrac{s-\mathrm{e}^{-2s}}{s+3}$ 的原函数 $s(t)$。

解：$F(s)$ 可改写为

$$F(s)=\frac{s-\mathrm{e}^{-2s}}{s+3}=1-\frac{3}{s+3}-\frac{\mathrm{e}^{-2s}}{s+3}$$

由拉普拉斯变换对 $\mathrm{e}^{-at}u(t)\leftrightarrow\dfrac{1}{s+a}$，得

$$\mathrm{e}^{-3t}u(t)\leftrightarrow\frac{1}{s+3}$$

根据时移性质，得

$$\mathrm{e}^{-3(t-2)}u(t-2)\leftrightarrow\frac{\mathrm{e}^{-2s}}{s+3}$$

又因为 $\delta(t)\leftrightarrow1$，所以原函数为

$$s(t)=\delta(t)-3\mathrm{e}^{-3t}u(t)-\mathrm{e}^{-3(t-2)}u(t-2)$$

例 2.47　求象函数 $F(s)=\dfrac{s+2}{s^2+2s+2}$ 的原函数 $s(t)$。

解：$F(s)$ 改写为

$$F(s)=\frac{s+2}{s^2+2s+2}=\frac{s+1}{(s+1)^2+1}+\frac{1}{(s+1)^2+1}$$

由拉普拉斯变换对 $e^{-at}\cos(\omega_0 t)u(t)\leftrightarrow\frac{s+a}{(s+a)^2+\omega_0^2}$，得

$$e^{-t}\cos(t)u(t)\leftrightarrow\frac{s+1}{(s+1)^2+1}$$

由拉普拉斯变换对 $e^{-at}\sin(\omega_0 t)u(t)\leftrightarrow\frac{\omega_0}{(s+a)^2+\omega_0^2}$，得

$$e^{-t}\sin(t)u(t)\leftrightarrow\frac{1}{(s+1)^2+1}$$

则原函数为

$$s(t)=e^{-t}\cos(t)u(t)+e^{-t}\sin(t)u(t)=\sqrt{2}e^{-t}\cos\left(t-\frac{\pi}{4}\right)u(t)$$

本章要点

(1) 连续信号的时域分析，包括时域表示、时域运算、卷积积分。时域分析是最基本、最直观的分析方法，是频域分析、复频域分析的基础。卷积积分体现了信号的系统处理原理，是连续信号处理与连续系统时域分析的工具。

(2) 连续信号的频域分析，包括周期信号的频域分析、非周期信号的傅里叶变换及频域分析。通过傅里叶变换或傅里叶级数将信号的时域分析转换到频域分析，信号的频谱描述了它的物理特性，从频谱中可分析它的物理特性，获取它的特征，为信息（目标）分类提供依据。因此，频域分析在信号处理中具有重要的地位，应用极为广泛，也是现代信号处理技术的基础。值得注意的是，通过傅里叶级数得到的是真正的频谱，而通过傅里叶变换得到的是频谱密度。

(3) 连续信号的复频域分析，包括连续信号的拉普拉斯变换及其性质，以及拉普拉斯反变换。拉普拉斯变换是从傅里叶变换的频域延伸到复频域，扩大了傅里叶变换的定义。信号的复频域表示没有直接的物理意义，但可以把信号的频域表示看作是复频域表示的特定形式。拉普拉斯变换及其反变换是连续信号的系统处理与系统分析的有力工具，通过它将系统的微分方程转换成代数方程，为系统响应的求解带来便利。通过拉普拉斯变换可求系统函数，拉普拉斯变换将系统的时域、频域与复频域描述联系起来，揭示了这 3 种信号分析方法间的关系。

习题 2

2.1　试画出下列各信号的波形。

(1) $s_1(t)=u(-t+2)$。

(2) $s_2(t)=u(-2t+2)$。

(3) $s_3(t)=u(-2t+2)-u(-2t-2)$。

(4) $s_4(t)=\sin\omega(t-t_0)\cdot u(t)$。

(5) $s_5(t)=\sin\omega t\cdot u(t-t_0)$。

(6) $s_6(t)=\sin\omega(t-t_0)\cdot u(t-t_0)$。

2.2　试写出下图所示各信号的表达式。

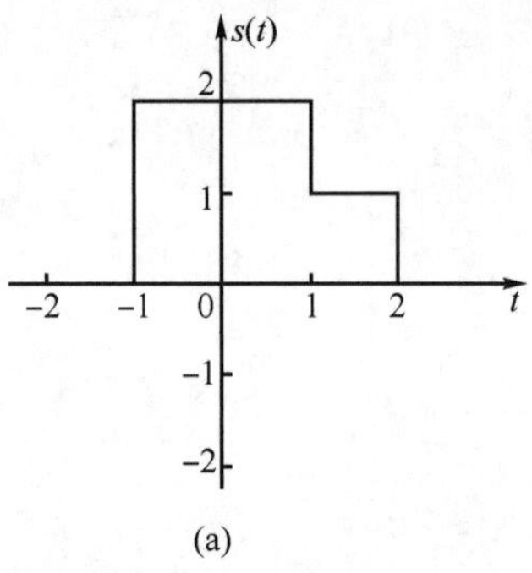

(a)

(b)

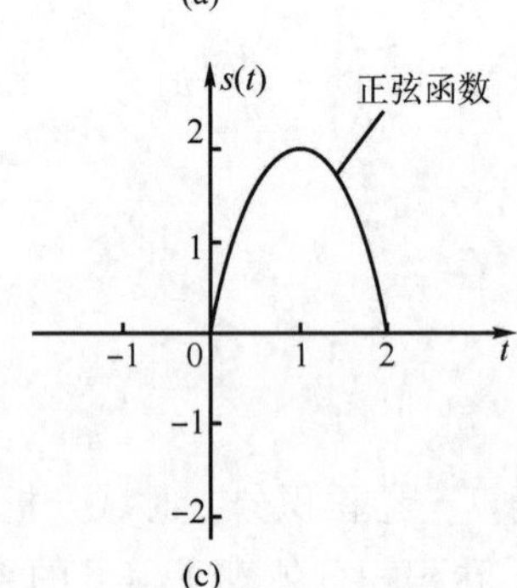

(c)

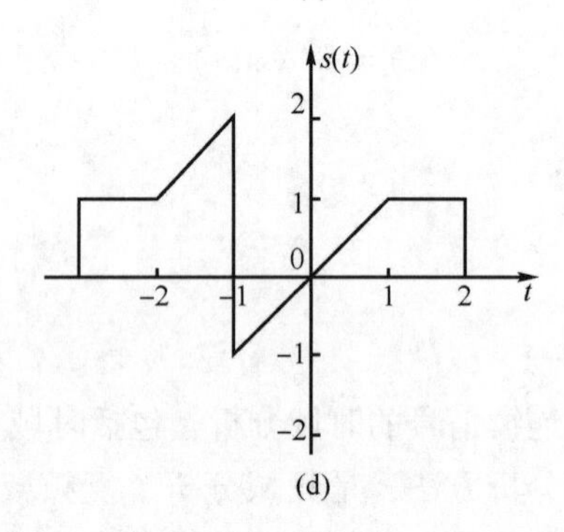

(d)

习题 2.2 图

2.3　设 $s(t)$ 的波形如下图所示，试画出下列各信号的波形。

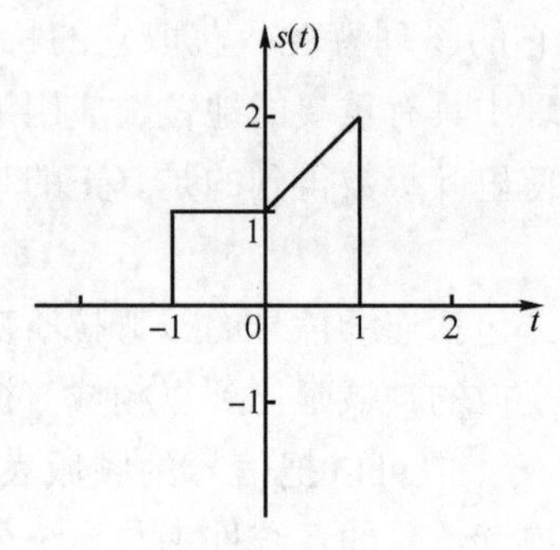

习题 2.3 图

（1）$s(t-1)u(t)$。　（2）$s(t-1)u(t-1)$。　（3）$s(1-2t)$。　（4）$s(0.5t-2)$。

2.4　计算下列各题。

（1）$s_1(t)=\mathrm{e}^{-3t-1}\delta(t)$。　　（2）$s_2(t)=2u(4t-4)\delta(t-1)$。

（3）$s_3(t)=\dfrac{\mathrm{d}}{\mathrm{d}t}[\mathrm{e}^{-t}\cdot\delta(t)]$。　　（4）$s_4(t)=\int_{-\infty}^{\infty}s(t_0-t)\,\delta(t-t_0)\,\mathrm{d}t$。

（5）$s_5(t)=\int_{-\infty}^{\infty}\delta(t^2-4)\,\mathrm{d}t$。　　（6）$s_6(t)=\int_{-\infty}^{\infty}(1-\cos t)\,\delta\left(t-\dfrac{\pi}{2}\right)\mathrm{d}t$。

2.5　求下列各信号的卷积 $s_1(t)*s_2(t)$。

（1）$s_1(t)=u(t+2)$，$s_2(t)=u(t-4)$。

（2） $s_1(t)=u(t)$，$s_2(t)=\mathrm{e}^{-3t}u(t)$。

（3） $s_1(t)=u(t)$，$s_2(t)=t\mathrm{e}^{-3t}u(t)$。

（4） $s_1(t)=\mathrm{e}^{-3t}u(t)$，$s_2(t)=\mathrm{e}^{-4t}u(t)$。

（5） $s_1(t)=u(t)-u(t-2)$，$s_2(t)=\sin tu(t)$。

（6） $s_1(t)=tu(t)$，$s_2(t)=u(t)-u(t-4)$。

2.6　求下图所示锯齿波信号的傅里叶级数展开式。

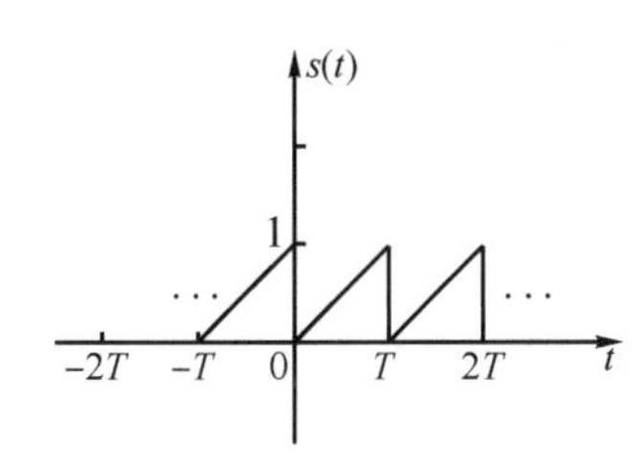

习题 2.6 图

2.7　求下图所示对称周期矩形信号的傅里叶级数（三角形式和指数形式）。

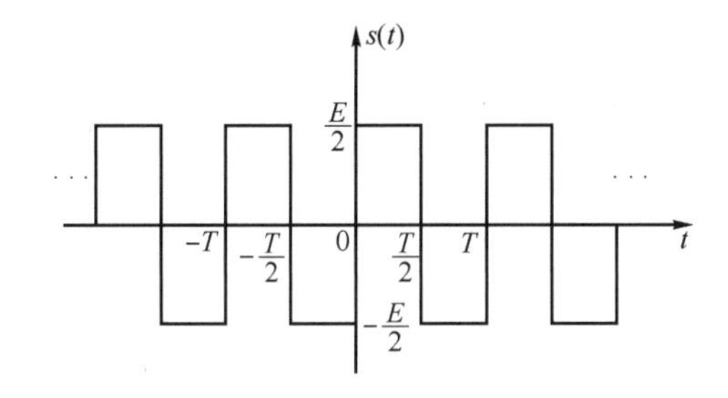

习题 2.7 图

2.8　求下图所示周期三角信号的傅里叶级数，并画出幅度谱。

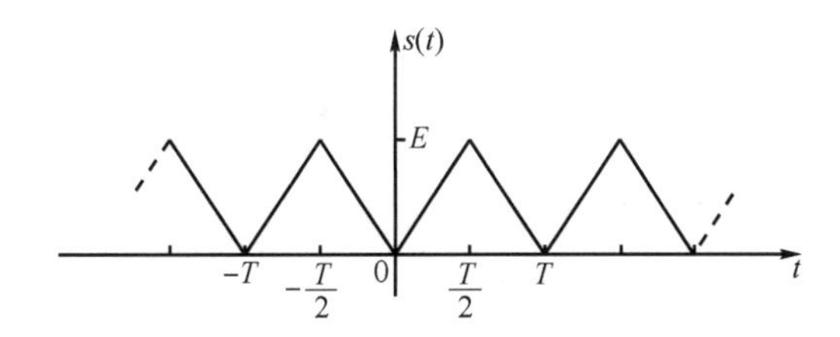

习题 2.8 图

2.9　若已知 $s(t)\leftrightarrow F(\mathrm{j}\omega)$，求下列信号的傅里叶变换。

（1） $ts(2t)$。

（2） $(t-2)s(t)$。

（3） $(t-2)s(-2t)$。

（4） $t\dfrac{\mathrm{d}s(t)}{\mathrm{d}t}$。

（5） $s(1-t)$。

（6） $(1-t)s(1-t)$。

（7） $s(2t-5)$。

（8） $tu(t)$。

2.10　求下列信号的傅里叶反变换。

(1) ω^2。

(2) $\frac{1}{\omega^2}$。

(3) $\delta(\omega-2)$。

(4) $2\cos\omega$。

(5) $e^{a\omega}u(-\omega)$。

(6) $6\pi\delta(\omega)+\frac{5}{(j\omega-2)(j\omega+3)}$。

2.11　求下列信号的拉普拉斯变换。

(1) $\sin t+2\cos t$。

(2) $e^{-t}\sin(2t)$。

(3) $[1-\cos(\alpha t)]e^{-\beta t}$。

(4) $2\delta(t)-3e^{-7t}$。

(5) $\cos^2(\Omega t)$。

(6) $e^{-(t+\alpha)}\cos(\omega t)$。

(7) $\frac{\sin(\alpha t)}{t}$。

2.12　已知信号的拉普拉斯变换如下，求原函数 $s(t)$ 的初值和终值。

(1) $F(s)=\frac{s^2+2s+1}{(s-1)(s+2)(s+3)}$。

(2) $F(s)=\frac{s^3+s^2+2s+1}{(s+1)(s+2)(s+3)}$。

(3) $F(s)=\frac{2s+1}{s(s+1)(s+2)}$。

(4) $F(s)=\frac{s^2+2s+3}{s^3+s^2+4s+4}$。

(5) $F(s)=\frac{1-e^{-2s}}{s(s^2+4)}$。

(6) $\frac{(s+6)}{(s+2)(s+5)}$。

2.13　求下列象函数的拉普拉斯反变换。

(1) $\frac{1}{s(s^2+5)}$。

(2) $\frac{3s}{(s+4)(s+2)}$。

(3) $\frac{1}{s^2+1}+1$。

(4) $\frac{(s+3)}{(s+1)^3(s+2)}$。

(5) $\frac{A}{s^2+K^2}$。

(6) $\frac{s}{(s+a)[(s+\alpha)^2+\beta^2]}$。

(7) $\frac{e^{-s}}{4s(s^2+1)}$。

(8) $\ln\left(\frac{s}{s+9}\right)$。

第 3 章 离散信号分析

教学要求与目标

- 了解常见序列的时域表示，离散傅里叶级数、离散时间傅里叶变换（Discrete Time Fourier Transform，DTFT）、离散傅里叶变换（Discrete Fourier Transform，DFT）和 Z 变换的概念。
- 理解采样定理、离散时间傅里叶变换的性质、离散傅里叶变换的性质。
- 理解 Z 变换的收敛域及性质。
- 熟悉离散信号的时域运算方法，会求离散信号的卷积和。
- 掌握离散时间傅里叶变换的运算、离散傅里叶变换的计算、离散傅里叶变换的快速算法、快速傅里叶变换（Fast Fourier Transform，FFT）的原理与应用。
- 掌握 Z 反变换的求解方法。

离散信号是指在时间上离散、幅度上连续的信号，如冲激脉冲串、股市行情走势图等均是离散信号。由于离散信号在时间上是离散的，所以也被称为序列。计算机、数字电子技术的发展为离散信号的分析与处理提供了硬件平台，为离散信号分析、处理的理论和方法的快速发展提供了支撑。本章从时域、频域和 Z 域 3 个方面讨论离散信号的分析方法，并分析它们之间的内在联系。

3.1 连续信号的离散化

3.1.1 信号的采样

实际信号往往表现出连续性，为确保数字设备能对其直接进行处理，需要将连续信号进行离散化。对连续信号进行采样，是实现离散化的主要途径。设在理想情况下，采样脉冲是宽度近似为 0、强度为 1 的周期性冲激串 $\delta_T(t)$，周期为 T_s，则连续信号的采样模型可用图 3-1 表示。

由图 3-1 可知，离散化的采样信号是连续信号 $s(t)$ 与周期性冲激串的乘积，即

$$s_s(t)=s(t)\delta_T(t)=s(t)\sum_{n=-\infty}^{\infty}\delta(t-nT_s)=\sum_{n=-\infty}^{\infty}s(nT_s)\delta(t-nT_s) \tag{3-1}$$

式中，周期性冲激串为

$$\delta_T(t)=\sum_{n=-\infty}^{\infty}\delta(t-nT_s) \tag{3-2}$$

式（3-1）表明采样信号 $s_s(t)$ 是由采样值 $s(nT_s)$ 无限长叠加而成的，它仍然是周期性冲激序列，其周期仍为 T_s，强度为 $s(nT_s)$，$s(nT_s)$ 是 $s(t)$ 在 $t=nT_s$ 时刻的值。图 3-2 给出了信号采样过程的波形，通过波形很清晰地说明了信号的采样原理。对离散信号 $s_s(t)$ 进行量化、编码处理可得到数字信号，数字信号不仅在时间上离散，在幅度上也是离散的，因此能满足数字设备处理的要求。

在信息处理系统中，往往需要研究采样信号的频谱特性与原连续信号的频谱特性，以及如何从采样信号中无失真地获取原连续信号。下面从频域角度分析采样信号的频谱特性。

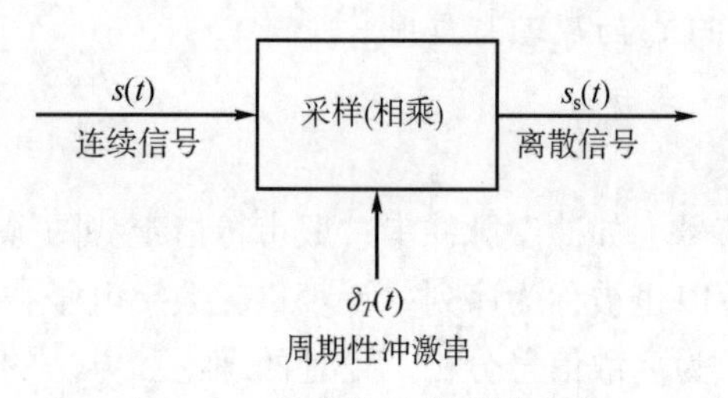

图 3-1　连续信号的采样模型

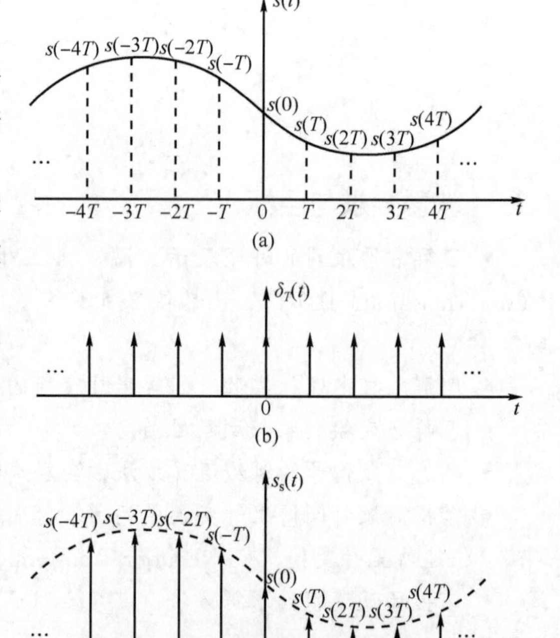

图 3-2　信号采样过程的波形

设 $F(\mathrm{j}\omega)=F[s(t)]$，$F_s(\mathrm{j}\omega)=F[s_s(t)]$，又已知 $\Delta_T(\mathrm{j}\omega)=F[\delta_T(t)]=\Omega_s\sum\limits_{n=-\infty}^{\infty}\delta(\omega-n\Omega_s)$，$\Omega_s=2\pi/T_s$ 为采样角频率，由连续傅里叶变换的频域卷积性质，并考虑到卷积运算的性质，得采样信号 $s_s(t)$ 的傅里叶变换为

$$F_s(\mathrm{j}\omega)=\frac{1}{2\pi}F(\mathrm{j}\omega)*\Delta_T(\mathrm{j}\omega)=\frac{1}{T_s}\sum_{n=-\infty}^{\infty}F[\mathrm{j}(\omega-n\Omega_s)] \tag{3-3}$$

式（3-3）表明，一个连续信号经过理想采样后，采样信号的频谱是原连续信号频谱的周期延拓，延拓周期为 Ω_s，幅度是原信号的 $1/T_s$。图 3-3 给出了 $s(t)$、$\delta_T(t)$ 与 $s_s(t)$ 信号采样过程的频谱图。

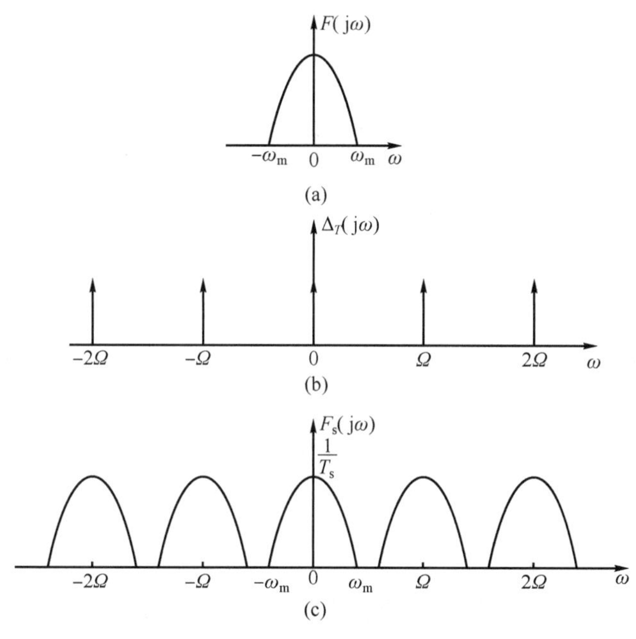

图 3-3　信号采样过程的频谱图

3.1.2　采样定理

1. 时域采样定理

时域采样定理解释了如何从采样信号中无失真地获取原连续信号，并且给出了采样频率的选择依据。

时域采样定理的内容如下：对于最高频率为 f_m 的带限信号 $s(t)$，在对其进行采样得到离散信号时，当采样频率满足 $f_s \geqslant 2f_m$（或采样周期 $T_s \leqslant 1/2f_m$）时，采样信号将包含原信号的全部信息，则可以从采样信号中无失真地恢复出原信号。

若 $f_s < 2f_m$，即不满足采样定理，则在采样信号的频谱中会出现原信号频谱混叠的现象，当然就不能无失真地恢复出原信号。

时域采样定理给出了恢复出原信号的条件。从图 3-2 可见，将采样信号通过截止角频率为 $\Omega_c \geqslant \Omega_m$、幅度大于或等于原信号幅度的理想低通滤波器，得到的频谱与原信号的频谱一致，则在时域上也就完全恢复了原信号。下面进一步分析，恢复出的原信号的数学表达式。

设理想低通滤波器的频谱函数为

$$G(j\omega)=\begin{cases}T_s, & |\omega| \leqslant \Omega_s/2\\ 0, & |\omega| > \Omega_s/2\end{cases}$$

将采样信号通过该理想低通滤波器，将原信号的频谱从采样信号的频谱中提取出来，即

$$F(j\omega)=F_s(j\omega)G(j\omega)$$

由傅里叶变换的时域卷积性质，对上式进行傅里叶反变换，得

$$s(t)=s_s(t)*g(t)$$

又因为 $g(t)=F^{-1}[G(\mathrm{j}\omega)]=Sa\left(\frac{\Omega_s}{2}t\right)$，将 $s_s(t)=\sum_{n=-\infty}^{\infty}s(nT_s)\delta(t-nT_s)$ 代入上式，得

$$s(t)=\sum_{n=-\infty}^{\infty}s(nT_s)\delta(t-nT_s)*Sa\left(\frac{\Omega_s}{2}t\right)=\sum_{n=-\infty}^{\infty}s(nT_s)Sa\left[\frac{\Omega_s}{2}(t-nT_s)\right] \tag{3-4}$$

若取 $\Omega_m=\Omega_s/2$，则上式为

$$s(t)=\sum_{n=-\infty}^{\infty}s(nT_s)Sa[\Omega_m(t-nT_s)]=\sum_{n=-\infty}^{\infty}s(nT_s)\frac{\sin[\Omega_m(t-nT_s)]}{\Omega_m(t-nT_s)}$$

上式表明，若已知原信号的最高角频率 Ω_m，且采样频率 $f_s\geqslant 2f_m$ 时，将各采样值 $s(nT_s)$ 代入式（3-4）中，则可得原信号 $s(t)$。

前面分析的是对带限信号进行采样，如果不是带限信号，或者频谱在高频段衰减较慢的信号，可采用抗混叠滤波器来解决。即在采样前，用一截止频率为 Ω_c 的低通滤波器对信号进行抗混叠滤波，去除不重要或不需要的高频成分，然后进行采样和数据处理。

2. 频域采样定理

与时域采样相对应，在频域中对连续的频谱函数进行采样，也可得到离散的频谱，并且满足一定条件时，也能无失真地恢复出原连续频谱，即频域采样定理。

频域采样定理：对于一个长度为 $2T_m$ 的时限信号，在对其连续频谱进行采样得到离散频谱时，当频域采样间隔满足 $\Omega_0\leqslant\pi/T_m$ 时，采样的离散频谱中将包含原频谱的全部信息，则可以从采样频谱中无失真地恢复出原连续频谱。

用频域中的周期性冲激串 $\delta_T(\omega)=\sum_{k=-\infty}^{\infty}\delta(\omega-k\Omega_0)$ 对原信号的频谱 $F(\mathrm{j}\omega)$ 在频域中进行采样，得采样的离散频谱为

$$F_p(\mathrm{j}\omega)=F(\mathrm{j}\omega)\delta_T(\omega)$$

$\delta_T(\omega)$ 对应的时域信号为

$$\delta_T(t)=\frac{1}{\Omega_0}\sum_{k=-\infty}^{\infty}\delta(t-2\pi k/\Omega_0)$$

由傅里叶变换的时域卷积性质，对 $F_p(\mathrm{j}\omega)$ 进行傅里叶反变换，得采样频谱对应的时域信号为

$$s_p(t)=s(t)*\delta_T(t)=s(t)*\frac{1}{\Omega_0}\sum_{k=-\infty}^{\infty}\delta(t-2\pi k/\Omega_0)=\frac{1}{\Omega_0}\sum_{k=-\infty}^{\infty}s(t-2\pi k/\Omega_0) \tag{3-5}$$

式（3-5）表明对连续频谱 $F(\mathrm{j}\omega)$ 进行采样，采样频谱对应的时域信号是原信号的周期延拓，其周期为 $T_0=2\pi/\Omega_0$，幅度是原信号的 $1/\Omega_0$。可见，频域采样与时域采样形成对偶关系。频域采样过程及其对应的时域波形如图 3-4 所示。

从图 3-4 可以看出，$s_p(t)$ 中包含 $s(t)$ 的全部信息，因此可从 $s_p(t)$ 中将 $s(t)$ 截取出来，从而无失真地恢复出原连续频谱。设矩形脉冲为

$$g_{T_0}(t)=\begin{cases}\Omega_0, & |t|\leqslant T_0/2\\ 0, & |t|>T_0/2\end{cases}$$

它与 $s(t)$ 相乘，可将 $s(t)$ 从 $s_p(t)$ 中完整地截取出来，即

$$s(t)=s_p(t)g_{T_0}(t)$$

对上式求傅里叶变换，并根据频域卷积性质，得

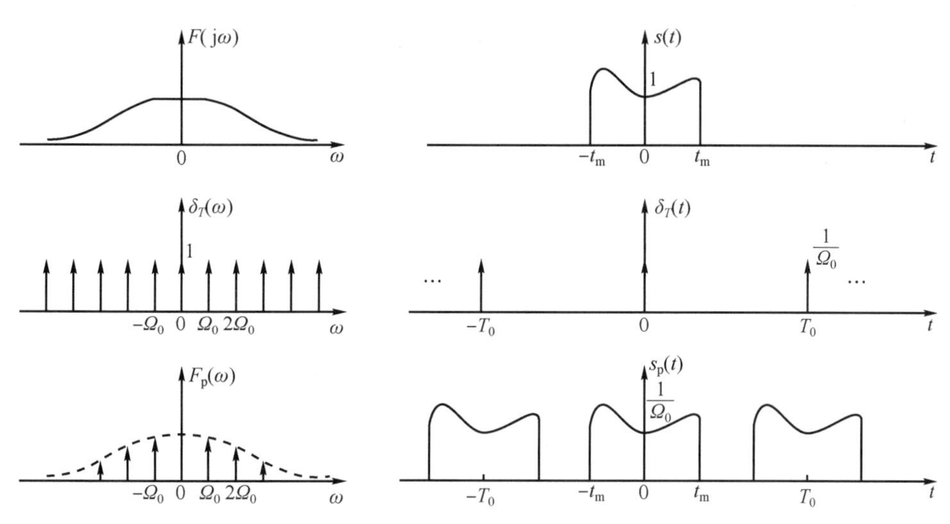

图 3-4　频域采样过程及其对应的时域波形

$$F(\mathrm{j}\omega)=\frac{1}{2\pi}F_{\mathrm{p}}(\mathrm{j}\omega)*G(\mathrm{j}\omega)$$

将 $F_{\mathrm{p}}(\mathrm{j}\omega)=\sum\limits_{k=-\infty}^{\infty}F(\mathrm{j}k\Omega_0)\delta(\omega-k\Omega_0)$， $G(\mathrm{j}\omega)=2\pi Sa\left(\frac{T_0\omega}{2}\right)$代入上式，得

$$\begin{aligned}F(\mathrm{j}\omega)&=\frac{1}{2\pi}\left[\sum_{k=-\infty}^{\infty}F(\mathrm{j}k\Omega_0)\delta(\omega-k\Omega_0)\right]*2\pi Sa\left(\frac{T_0\omega}{2}\right)\\&=\sum_{k=-\infty}^{\infty}F(\mathrm{j}k\Omega_0)Sa\left[\frac{T_0}{2}(\omega-k\Omega_0)\right]\end{aligned}\tag{3-6}$$

式（3-6）表明，在采样间隔 $\Omega_0\leqslant\pi/T_{\mathrm{m}}$ 的条件下，根据各频域采样值 $F(\mathrm{j}k\Omega_0)$，可无失真地恢复出原连续频谱。

从时域采样与频域采样的分析中可知，在时域是非时限的信号对应在频域是带限的，在时域是时限的信号对应在频域是非带限的。

3.2　离散信号的时域分析

3.2.1　离散信号的时域表示

对于时间上离散取值的离散信号而言，可以用函数解析式、图形、有序数列的集合来表示。前两种表示方法与连续时间信号类似，区别是函数值只在离散时刻取值，最后一种表示方法是离散信号特有的表示方法。因此，常常将离散信号称为序列。

例如，序列

$$s(n)=\{\cdots,0,0,1,\underset{\underset{n=0}{\uparrow}}{3},5,2,7,4,3,1,8,0,0,\cdots\}$$

式中，n 取整数，其值规定为从左向右逐一递增。显然，$s(-1)=1$、$s(0)=3$、$s(1)=5$……用集合表示序列较直观，但没有解析式而不便于计算。

基于时域采样定理，很容易从连续信号得到对应的序列，但也要注意它们的区别，下面介绍几种典型序列及其表示。

1. 单位脉冲序列

单位脉冲序列的表达式为

$$\delta(n)=\begin{cases}1, & n=0\\0, & n\neq 0\end{cases} \tag{3-7}$$

其波形如图 3-5 所示。

值得注意的是，它与单位冲激信号 $\delta(t)$ 有严格的区别：$\delta(t)$ 是广义函数，在 $t=0$ 时冲激强度为无穷大；而 $\delta(n)$ 是确知函数，在 $n=0$ 时值为 1。

单位脉冲序列具有如下取样特性

$$s(n)\delta(n)=s(0)\delta(n) \tag{3-8}$$

$$s(n)\delta(n-n_0)=s(n_0)\delta(n-n_0) \tag{3-9}$$

$$\sum_{n=-\infty}^{+\infty}s(n)\delta(n)=s(0) \tag{3-10}$$

$$\sum_{n=-\infty}^{+\infty}s(n)\delta(n-n_0)=s(n_0) \tag{3-11}$$

序列的表示方法如下：任意一个序列，可以用单位脉冲序列及其时移序列的线性加权和表示为

$$s(n)=\sum_{k=-\infty}^{+\infty}s(k)\delta(n-k) \tag{3-12}$$

对于无法用解析式表示的序列，采用上式来表示非常方便。例如，图 3-6 所示的序列可以表示为

$$s(n)=4\delta(n+1)+2\delta(n)+3\delta(n-1)+2\delta(n-2)+\delta(n-4)$$

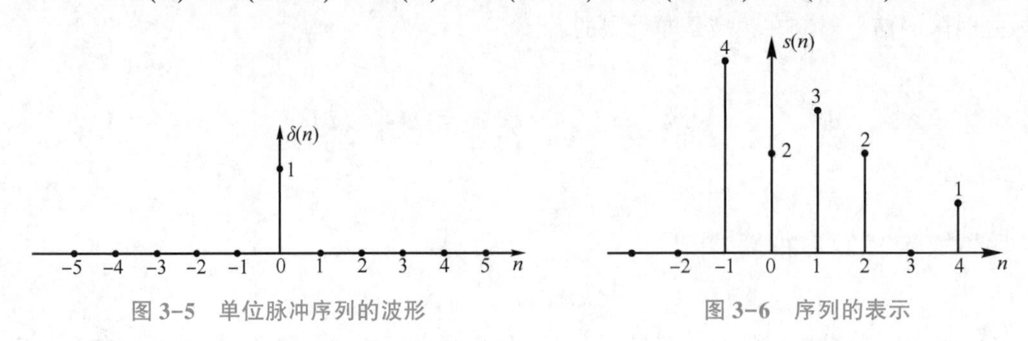

图 3-5　单位脉冲序列的波形　　图 3-6　序列的表示

2. 单位阶跃序列

单位阶跃序列的表达式为

$$u(n)=\begin{cases}1, & n\geqslant 0\\0, & n<0\end{cases} \tag{3-13}$$

其波形如图 3-7 所示。

值得注意的是，$u(n)$ 在 $n=0$ 时取值为 1，而单位阶跃信号 $u(t)$ 在 $t=0$ 处无定义，因为

$u(t)$是奇异信号。

与连续信号类似，$u(n)$与$\delta(n)$之间也有密切的关系，它们之间可以相互表示为

$$\delta(n)=u(n)-u(n-1) \tag{3-14}$$

$$u(n)=\sum_{k=0}^{+\infty}\delta(n-k)=\sum_{k=-\infty}^{n}\delta(k) \tag{3-15}$$

3. 矩形脉冲序列

矩形脉冲序列的表达式为

$$R_N(n)=\begin{cases}1, & 0 \leqslant n \leqslant N-1 \\ 0, & n<0 \text{ 或 } n>N-1\end{cases} \tag{3-16}$$

其波形如图 3-8 所示。该矩形脉冲序列是一个长度为 N 的右边序列，通过平移可以得到双边序列和左边序列。

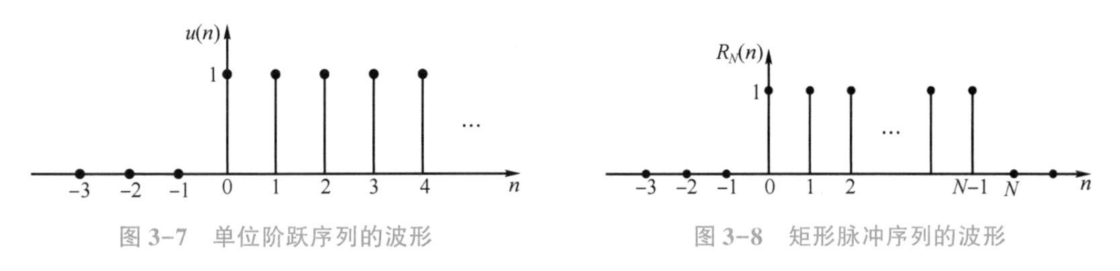

图 3-7　单位阶跃序列的波形　　图 3-8　矩形脉冲序列的波形

观察单位阶跃序列波形可以看出，从单位阶跃序列中可截取出矩形脉冲序列，即

$$R_N(n)=u(n)-u(n-N) \tag{3-17}$$

4. 正弦序列

正弦序列的表达式为

$$s(n)=A\sin(\Omega n+\varphi) \tag{3-18}$$

式中，A 为幅度；Ω 为数字角频率，单位是弧度；φ 为初相。

值得注意的是，正弦信号是周期信号，但正弦序列不一定具有周期性，只有满足一定条件时才具有周期性。根据周期性的定义，即满足 $s(n)=s(n+N)$ 时，N 为最小正周期，下面分别进行讨论。

(1) 若整数 k 的取值使得 $N=\dfrac{2\pi}{\Omega}k$ 为最小正整数，则正弦序列是周期序列，周期为

$$N=\frac{2\pi}{\Omega}k \tag{3-19}$$

(2) 若$\dfrac{2\pi}{\Omega}=\dfrac{Q}{P}$是有理数（$Q$、$P$ 是互为素数的整数），则正弦序列是周期序列，周期为

$$N=Q \tag{3-20}$$

(3) 若$\dfrac{2\pi}{\Omega}$是无理数，则正弦序列不是周期序列。

5. 实指数序列

实指数序列的表达式为

$$s(n)=a^n u(n) \tag{3-21}$$

式中，a 为常数。当$|a|<1$时，序列收敛；$|a|>1$时，序列发散。$a>0$时，序列值为正；$a<0$时，序列值正负摆动。

它是一个因果序列，通过平移可得到非因果序列。

6. 复指数序列

复指数序列的表达式为

$$s(n)=Ae^{(\sigma+j\Omega)n}=Ae^{\sigma n}[\cos(\Omega n)+j\sin(\Omega n)] \tag{3-22}$$

式中，A 为幅度；σ 为实部；Ω 为虚部，是数字角频率。当 $\sigma=0$ 时，$s(n)$是虚指数序列，它的周期性与正弦序列的周期性一样，只有当 $2\pi/\Omega$ 是有理数时，它才具有周期性。

3.2.2 离散信号的时域运算

离散信号的时域运算主要有相加、相乘、平移、翻转、累加、差分等。

1. 相加

序列的相加即序列的加法运算，k 个序列相加的表达式为

$$y(n)=s_1(n)+s_2(n)+\cdots+s_k(n) \tag{3-23}$$

2. 相乘

序列的相乘是指序列的乘法运算，k 个序列相乘的表达式为

$$y(n)=s_1(n)\cdot s_2(n)\cdot\cdots\cdot s_k(n) \tag{3-24}$$

例 3.1 求序列

$$s_1(n)=\begin{cases}2^{-(n+1)}, & n\geqslant -1\\ -n+2, & n\leqslant -2\end{cases},\quad s_2(n)=\begin{cases}2^{-n}, & n\leqslant -1\\ n+2, & n\geqslant 0\end{cases}$$

之和与之积。

解：(1) 根据 n 的取值界限进行讨论。

当 $n\leqslant -2$ 时，$s_1(n)+s_2(n)=-n+2+2^{-n}=2^{-n}-n+2$。

当 $n=-1$ 时，$s_1(n)+s_2(n)=1+2=3$。

当 $n\geqslant 0$ 时，$s_1(n)+s_2(n)=2^{-(n+1)}+n+2$。

因此，$s_1(n)$与$s_2(n)$之和为

$$s_1(n)+s_2(n)=\begin{cases}2^{-n}-n+2, & n\leqslant -2\\ 3, & n=-1\\ 2^{-(n+1)}+n+2, & n\geqslant 0\end{cases}$$

(2) 根据 n 的取值界限进行讨论。

当 $n\leqslant -2$ 时，$s_1(n)\cdot s_2(n)=(-n+2)\times 2^{-n}=2^{-n}(2-n)$。

当 $n=-1$ 时，$s_1(n)\cdot s_2(n)=1\times 2=2$。

当 $n\geqslant 0$ 时，$s_1(n)\cdot s_2(n)=2^{-(n+1)}\times(n+2)=\frac{1}{2}(n+2)2^{-n}$。

因此，$s_1(n)$与$s_2(n)$之积为

$$s_1(n)\cdot s_2(n)=\begin{cases}2^{-n}(2-n), & n\leqslant -2\\ 2, & n=-1\\ \dfrac{1}{2}(n+2)2^{-n}, & n\geqslant 0\end{cases}$$

3. 平移

序列 $s(n)$ 沿时间轴平移 m 个单位表示为 $s(n-m)$。若 $m>0$，则表示右移（延时）m 单位；若 $m<0$，则表示左移（超前）m 单位。

序列平移的一个示例如图 3-9 所示。若已知 $s(n)$ 的表达式，也可以用解析式表达序列的平移 $s(n-m)$，这里不再举例。

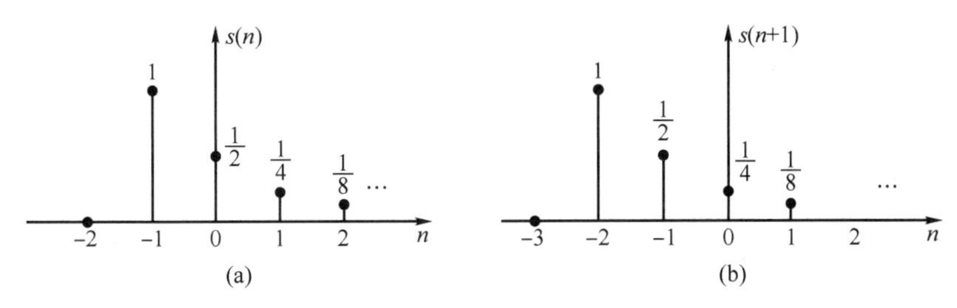

图 3-9 序列平移的一个示例

4. 翻转

将序列 $s(n)$ 以纵轴为对称轴进行翻转，得到翻转序列 $s(-n)$。图 3-9 中 $s(n)$ 的翻转序列 $s(-n)$ 的波形如图 3-10 所示。

5. 累加

序列的累加对应连续信号的积分，是对序列在区间 $(-\infty, n)$ 上求和，则序列 $s(n)$ 的累加序列 $y(n)$ 为

$$y(n)=\sum_{k=-\infty}^{n}s(k) \tag{3-25}$$

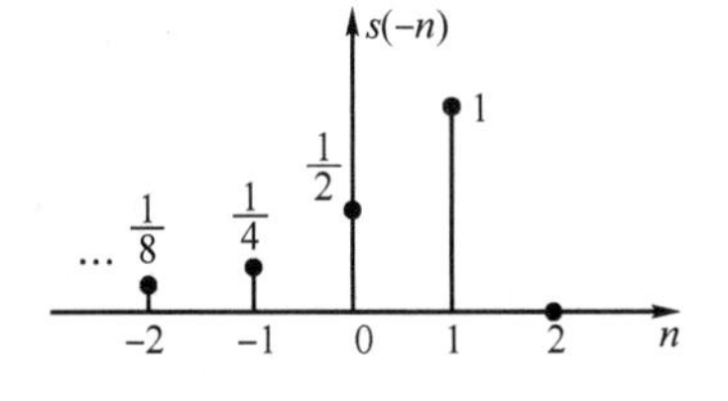

图 3-10 翻转序列 $s(-n)$ 的波形

也可表示为

$$y(n)=y(n-1)+s(n) \tag{3-26}$$

例 3.2 求序列

$$s(n)=\begin{cases}2^{-(n+1)}, & n\geqslant -1\\ 0, & n\leqslant -2\end{cases}$$

的累加序列。

解：由式（3-25）得

$$y(n)=\begin{cases}\sum\limits_{k=-1}^{n}2^{-(k+1)}, & n\geqslant -1\\ 0, & n\leqslant -2\end{cases}$$

因而有

$$y(-1)=1$$

$$y(0)=y(-1)+s(0)=\frac{3}{2}$$

$$y(1)=y(0)+s(1)=\frac{7}{4}$$

$$y(2)=y(1)+s(2)=\frac{15}{8}$$

$$\cdots$$

6. 差分

序列 $s(n)$ 的一阶前向差分和一阶后向差分分别为

$$\Delta s(n)=s(n+1)-s(n) \tag{3-27}$$

$$\nabla s(n)=s(n)-s(n-1) \tag{3-28}$$

由此可得一阶前向差分和一阶后向差分之间的关系为

$$\nabla s(n)=\Delta s(n-1) \tag{3-29}$$

3.2.3 离散信号的卷积和

1. 卷积和的运算

序列 $s_1(n)$ 与序列 $s_2(n)$ 的卷积和定义为

$$s_1(n)*s_2(n)=\sum_{m=-\infty}^{+\infty}s_1(m)s_2(n-m)=\sum_{m=-\infty}^{+\infty}s_1(n-m)s_2(m) \tag{3-30}$$

由式（3-30）可知，卷积和运算的一般步骤如下。

（1）变量替换：将 $s_1(n)$ 中的变量 n 替换成 m，得到 $s_1(m)$。

（2）翻转：将 $s_2(m)$ 以它的纵坐标为对称轴翻转成 $s_2(-m)$。

（3）平移：当取某一定值 n 时，将 $s_2(-m)$ 平移 n，即得 $s_2(n-m)$。

（4）相乘：将 $s_1(m)$ 和 $s_2(n-m)$ 相同 m 值的对应点值相乘。

（5）累加：把以上所有对应点的乘积累加起来，即得卷积和的结果。

通常，两个长度分别为 M 和 N 的序列，其卷积和的长度为 $L=M+N-1$。

根据以上步骤求卷积和适用于图解法，运用图解法求卷积和比较烦琐。实际应用中，根据式（3-30）求卷积和比较简便，其关键是要确定求和区间。根据序列的特征，可确定其求和区间，常见的有以下 3 种形式。

（1）$s_1(n)$ 为因果序列，$s_2(n)$ 是任意序列，则

$$s_1(n)*s_2(n)=\sum_{m=0}^{+\infty}s_1(m)s_2(n-m) \tag{3-31}$$

（2）$s_1(n)$ 为任意序列，$s_2(n)$ 是因果序列，则

$$s_1(n)*s_2(n)=\sum_{m=-\infty}^{n}s_1(m)s_2(n-m) \tag{3-32}$$

（3）$s_1(n)$、$s_2(n)$ 均是因果序列，则

$$s_1(n)*s_2(n)=\sum_{m=0}^{n}s_1(m)s_2(n-m) \tag{3-33}$$

例 3.3　求序列 $s_1(n)=\left(\frac{3}{4}\right)^n u(n)$，$s_2(n)=2u(n)$ 的卷积和。

解：因为$s_1(n)$、$s_2(n)$均是因果序列，则由式（3-33）得

$$s_1(n)*s_2(n)=\sum_{m=0}^{n}\left(\frac{3}{4}\right)^{m}u(m)\cdot 2u(n-m)=2\sum_{m=0}^{n}\left(\frac{3}{4}\right)^{m}$$

由等比数列求和公式得

$$2\sum_{m=0}^{n}\left(\frac{3}{4}\right)^{m}=2\times\frac{1\times[1-(3/4)^{n+1}]}{1-3/4}=8\left[1-\left(\frac{3}{4}\right)^{n+1}\right]$$

即

$$s_1(n)*s_2(n)=8\left[1-\left(\frac{3}{4}\right)^{n+1}\right]u(n)$$

2. 卷积和的性质

与连续信号的卷积积分类似，离散信号的卷积和也有对应的性质，利用这些性质可以简化卷积和的运算。常用的性质如下。

（1）交换律，有

$$s_1(n)*s_2(n)=s_2(n)*s_1(n) \tag{3-34}$$

（2）分配律，有

$$s_1(n)*[s_2(n)+s_3(n)]=s_1(n)*s_2(n)+s_1(n)*s_3(n) \tag{3-35}$$

（3）结合律，有

$$[s_1(n)*s_2(n)]*s_3(n)=s_1(n)*[s_2(n)*s_3(n)] \tag{3-36}$$

（4）时移性质。

若$s(n)=s_1(n)*s_2(n)$，则有

$$s(n-k)=s_1(n-k)*s_2(n)=s_1(n)*s_2(n-k) \tag{3-37}$$

$$s(n-k+m)=s_1(n-k)*s_2(n+m) \tag{3-38}$$

（5）与脉冲序列的卷积和，有

$$s(n)*\delta(n)=s(n) \tag{3-39}$$

$$s(n)*\delta(n-k)=s(n-k) \tag{3-40}$$

$$s(n-k)*\delta(n-m)=s(n-k-m) \tag{3-41}$$

（6）与阶跃序列的卷积和，有

$$s(n)*u(n)=\sum_{i=-\infty}^{n}s(i) \tag{3-42}$$

3.3 离散信号的频域分析

3.3.1 离散周期信号的频域分析

与连续周期信号对应，离散周期信号也可以展开成傅里叶级数，根据连续周期信号的傅里叶级数，利用定理可导出周期序列的傅里叶级数表达式。

周期为N的序列$s(n)$的傅里叶级数，即离散傅里叶级数展开式为

$$s(n)=\sum_{k=0}^{N-1}S(k\Omega_0)\mathrm{e}^{\mathrm{j}\frac{2\pi}{N}nk} \tag{3-43}$$

离散傅里叶级数的系数表达式为

$$S(k\Omega_0)=\frac{1}{N}\sum_{n=0}^{N-1}s(n)\mathrm{e}^{-\mathrm{j}\frac{2\pi}{N}kn} \tag{3-44}$$

式中，$\Omega_0=2\pi/N$ 为离散域的基波数字角频率，简称基频。

式（3-43）和式（3-44）表明，以 N 为周期的序列 $s(n)$ 含有 N 个谐波分量，基频为 $2\pi/N$。其频谱 $S(k\Omega_0)$ 位于频率 $k\Omega_0$ 处，它是以 $2\pi/N$ 为间距的离散谱，也是变量 k 的周期函数，周期为 N。

对比连续周期信号与离散周期信号的傅里叶级数可见，连续周期信号包含有无穷多个谐波分量，而离散周期信号只含有有限个谐波分量。

例 3.4 已知正弦序列 $s(n)=\sin(\Omega n)$，当 $\Omega=\sqrt{3}\pi$ 及 $\Omega=\pi/4$ 时，分别求它的傅里叶级数并画出频谱图。

解：（1）$\Omega=\sqrt{3}\pi$ 时，因为正弦序列只有在 $2\pi/\Omega$ 为有理数时才是周期序列，而 $2\pi/\Omega=2/\sqrt{3}$ 是无理数，所以该正弦序列是非周期序列，不存在傅里叶级数展示式。其频谱只有一个频率分量，即 $\sqrt{3}\pi$。

（2）$\Omega=\pi/4$ 时，$2\pi/\Omega=8$ 为有理数，所以该正弦序列是周期序列，其周期为 $N=2\pi k/\Omega=8$（取 $k=1$），$\Omega_0=2\pi/N=\pi/4$。由式（3-44）得

$$\begin{aligned}S(k\Omega_0)&=\frac{1}{8}\sum_{n=0}^{7}\sin(\pi n/4)\mathrm{e}^{-\mathrm{j}\frac{\pi}{4}kn}\\&=\frac{1}{8}\left[\frac{\sqrt{2}}{2}\mathrm{e}^{-\mathrm{j}\pi k/4}+\mathrm{e}^{-\mathrm{j}\pi k/2}+\frac{\sqrt{2}}{2}\mathrm{e}^{-\mathrm{j}3\pi k/4}-\frac{\sqrt{2}}{2}\mathrm{e}^{-\mathrm{j}5\pi k/4}-\mathrm{e}^{-\mathrm{j}3\pi k/2}-\frac{\sqrt{2}}{2}\mathrm{e}^{-\mathrm{j}7\pi k/4}\right]\\&=-\frac{1}{8}\mathrm{j}\left[\sqrt{2}\sin\left(\frac{\pi k}{4}\right)+2\sin\left(\frac{\pi k}{2}\right)+\sqrt{2}\sin\left(\frac{3\pi k}{4}\right)\right]\end{aligned}$$

因此，可得

$$S(k\Omega_0)=\begin{cases}-\mathrm{j}/2, & k=1\\ \mathrm{j}/2, & k=7\\ 0, & k=0,2,3,4,5,6\end{cases}$$

由式（3-43）得傅里叶级数展开式为

$$s(n)=\sum_{k=0}^{7}S(k\Omega_0)\mathrm{e}^{\mathrm{j}\frac{\pi}{4}nk}=\frac{\mathrm{j}}{2}(\mathrm{e}^{\mathrm{j}\frac{7\pi}{4}n}-\mathrm{e}^{\mathrm{j}\frac{\pi}{4}n})$$

其幅度谱如图 3-11 所示，是以周期为 8 的离散谱，相位谱为$\pm\frac{\pi}{2}$。

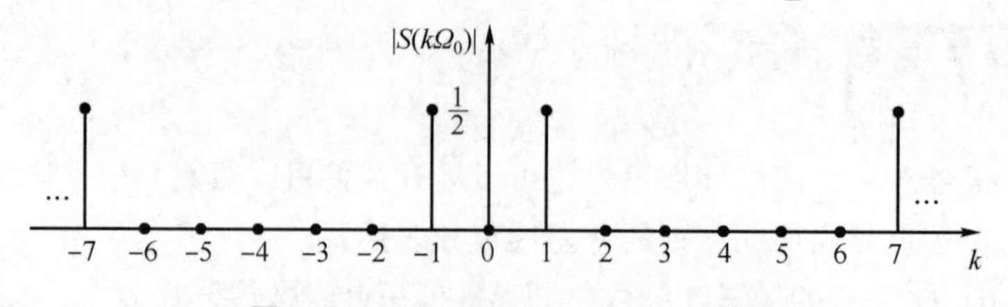

图 3-11 $s(n)=\sin(\pi n/4)$ 的幅度谱

例 3.5　已知一周期序列 $s(n)$ 的波形如图 3-12 所示，其周期为 6，求该序列的频谱 $S(k\Omega_0)$ 及时域表达式。

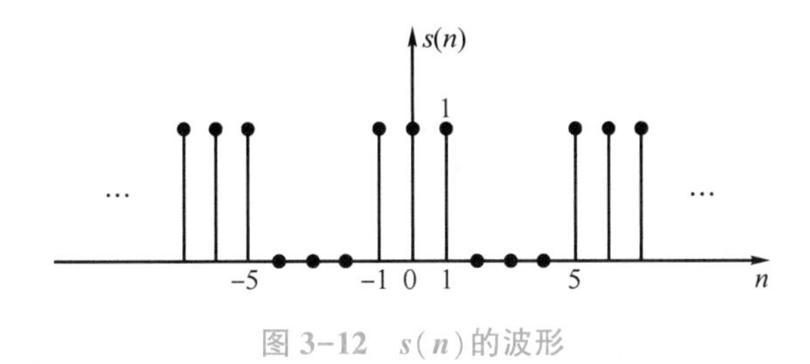

图 3-12　$s(n)$ 的波形

解：(1) 序列的基频为 $\Omega_0=2\pi/N=\pi/3$，由式（3-44）得傅里叶系数为

$$
\begin{aligned}
S(k\Omega_0) &= \frac{1}{6}\sum_{n=0}^{5} s(n)\mathrm{e}^{-\mathrm{j}\frac{\pi}{3}kn} \\
&= \frac{1}{6}[s(0)+s(1)\mathrm{e}^{-\mathrm{j}\pi k/3}+s(2)\mathrm{e}^{-\mathrm{j}2\pi k/3}+s(3)\mathrm{e}^{-\mathrm{j}\pi k}+s(4)\mathrm{e}^{-\mathrm{j}4\pi k/3}+s(5)\mathrm{e}^{-\mathrm{j}5\pi k/3}] \\
&= \frac{1}{6}(1+\mathrm{e}^{-\mathrm{j}\pi k/3}+\mathrm{e}^{-\mathrm{j}5\pi k/3}) \\
&= \frac{1}{6}\left[1+2\cos\left(\frac{\pi k}{3}\right)\right]
\end{aligned}
$$

故得 $S(k\Omega_0)$ 的取值为

$$
S(0)=\frac{1}{2},\quad S(\Omega_0)=\frac{1}{3},\quad S(2\Omega_0)=0,\quad S(3\Omega_0)=-\frac{1}{6},\quad S(4\Omega_0)=0,\quad S(5\Omega_0)=\frac{1}{3}
$$

(2) 由式（3-43）得 $s(n)$ 的表达式为

$$
\begin{aligned}
s(n) &= \sum_{k=0}^{5} S(k\Omega_0)\mathrm{e}^{\mathrm{j}\frac{\pi}{3}nk} \\
&= \frac{1}{2}+\frac{1}{3}\mathrm{e}^{\mathrm{j}\frac{\pi}{3}n}-\frac{1}{6}\mathrm{e}^{\mathrm{j}\pi n}+\frac{1}{3}\mathrm{e}^{\mathrm{j}\frac{5\pi}{3}n} \\
&= \frac{1}{2}-\frac{1}{6}\cos(\pi n)+\frac{2}{3}\cos\left(\frac{\pi}{3}n\right)
\end{aligned}
$$

3.3.2　离散非周期信号的频域分析

与连续非周期信号类似，在满足和式收敛的条件下，离散非周期信号也存在傅里叶变换，常常称为离散时间傅里叶变换，可以用它对离散非周期信号进行频域分析。

1. 离散时间傅里叶变换的定义

类似于连续时间傅里叶变换，当周期序列的周期趋于无穷大时，在周期序列的傅里叶级数基础上可推导出非周期序列的傅里叶变换。非周期序列 $s(n)$ 的离散时间傅里叶变换定义式为

$$
S(\mathrm{j}\Omega)=\sum_{n=-\infty}^{+\infty} s(n)\mathrm{e}^{-\mathrm{j}\Omega n} \tag{3-45}
$$

其离散时间傅里叶反变换定义式为

$$s(n)=\frac{1}{2\pi}\int_{0}^{2\pi}S(\mathrm{j}\Omega)\mathrm{e}^{\mathrm{j}\Omega n}\mathrm{d}\Omega \tag{3-46}$$

式（3-45）中，离散时间傅里叶变换存在的条件是 $s(n)$ 绝对可和，即

$$\sum_{n=-\infty}^{+\infty}|s(n)|<\infty \tag{3-47}$$

因此，周期序列不存在离散时间傅里叶变换，满足式（3-47）的非周期序列才存在离散时间傅里叶变换。

式（3-45）和式（3-46）构成离散时间傅里叶变换对，可简记为

$$S(\mathrm{j}\Omega)=DTFT[s(n)] \tag{3-48}$$

$$s(n)=DTFT^{-1}[S(\mathrm{j}\Omega)] \tag{3-49}$$

或

$$s(n)\leftrightarrow S(\mathrm{j}\Omega) \tag{3-50}$$

式（3-45）和式（3-46）表明，$S(\mathrm{j}\Omega)$ 表示非周期序列 $s(n)$ 的频谱密度函数，它是变量 Ω 的连续周期函数，周期为 2π。因此，式（3-46）的积分限只要满足在 2π 范围内就行，如常常取积分范围为（$-\pi$，π）。Ω 是数字角频率，其值在 0 到 2π 之间变化。$s(n)$ 可表示为频率在 0 到 2π 范围内的不同频率分量的加权和。

例 3.6 求下列典型序列的离散时间傅里叶变换。

（1）$s_1(n)=\delta(n)$。

（2）$s_2(n)=R_N(n)$。

（3）$s_3(n)=a^n u(n)$，$|a|<1$。

解：（1）由式（3-45）得，$S(\mathrm{j}\Omega)=\sum\limits_{n=-\infty}^{+\infty}\delta(n)\mathrm{e}^{-\mathrm{j}\Omega n}=1$。

（2）$S(\mathrm{j}\Omega)=\sum\limits_{n=-\infty}^{+\infty}R_N(n)\mathrm{e}^{-\mathrm{j}\Omega n}=\sum\limits_{n=0}^{N-1}\mathrm{e}^{-\mathrm{j}\Omega n}=\dfrac{1-\mathrm{e}^{-\mathrm{j}\Omega N}}{1-\mathrm{e}^{-\mathrm{j}\Omega}}=\dfrac{\sin(\Omega N/2)}{\sin(\Omega/2)}\mathrm{e}^{-\mathrm{j}\left(\frac{N-1}{2}\right)\Omega}$。

（3）$S(\mathrm{j}\Omega)=\sum\limits_{n=-\infty}^{+\infty}a^n u(n)\mathrm{e}^{-\mathrm{j}\Omega n}=\sum\limits_{n=0}^{+\infty}a^n\mathrm{e}^{-\mathrm{j}\Omega n}=\dfrac{1}{1-a\mathrm{e}^{-\mathrm{j}\Omega}}$。

2. 离散时间傅里叶变换的性质

1）线性

若

$$s_1(n)\leftrightarrow S_1(\mathrm{j}\Omega),\quad s_2(n)\leftrightarrow S_2(\mathrm{j}\Omega)$$

则

$$a_1s_1(n)+a_2s_2(n)\leftrightarrow a_1S_1(\mathrm{j}\Omega)+a_2S_2(\mathrm{j}\Omega) \tag{3-51}$$

式中，a_1、a_2 为任意常数。

2）奇偶性

设 $S(\mathrm{j}\Omega)=DTFT[s(n)]$，$S(\mathrm{j}\Omega)$ 一般是复数，可表示为

$$S(\mathrm{j}\Omega)=|S(\mathrm{j}\Omega)|\mathrm{e}^{\mathrm{j}\varphi(\Omega)}=R(\Omega)+\mathrm{j}X(\Omega) \tag{3-52}$$

则 $|S(\mathrm{j}\Omega)|$ 和 $R(\Omega)$ 均为 Ω 的偶函数，$\varphi(\Omega)$ 和 $X(\Omega)$ 均为 Ω 的奇函数。

式中，$|S(\mathrm{j}\Omega)|$、$\varphi(\Omega)$ 分别为 $S(\mathrm{j}\Omega)$ 的幅度谱和相位谱，$R(\Omega)$、$X(\Omega)$ 分别为 $S(\mathrm{j}\Omega)$

的实部和虚部。

3）时移性质

若

$$s(n)\leftrightarrow S(\mathrm{j}\Omega)$$

则

$$s(n-n_0)\leftrightarrow \mathrm{e}^{-\mathrm{j}n_0\Omega}S(\mathrm{j}\Omega) \tag{3-53}$$

式中，n_0 为常数。

例 3.7　求序列 $s(n)=u(n+2)-u(n-5)$ 的离散时间傅里叶变换。

解：分析该序列的波形可得，$s(n)=u(n+2)-u(n-5)=R_7(n+2)$，又有

$$DTFT[R_7(n)]=\sum_{n=0}^{6}\mathrm{e}^{-\mathrm{j}\Omega n}=\frac{1-\mathrm{e}^{-\mathrm{j}7\Omega}}{1-\mathrm{e}^{-\mathrm{j}\Omega}}$$

则由时移性质，得

$$DTFT[s(n)]=DTFT[R_7(n+2)]=\mathrm{e}^{\mathrm{j}2\Omega}\frac{1-\mathrm{e}^{-\mathrm{j}7\Omega}}{1-\mathrm{e}^{-\mathrm{j}\Omega}}=\frac{\sin(7\Omega/2)}{\sin(\Omega/2)}\mathrm{e}^{-\mathrm{j}\Omega}$$

此题也可以通过定义求解，这里不再赘述。

4）频移性质

若

$$s(n)\leftrightarrow S(\mathrm{j}\Omega)$$

则

$$s(n)\mathrm{e}^{\mathrm{j}n\Omega_0}\leftrightarrow S[\mathrm{j}(\Omega-\Omega_0)] \tag{3-54}$$

式中，Ω_0 为常数。

例 3.8　已知序列 $s(n)=a^n\sin(\Omega_0 n)u(n)$（$|a|<1$），求它的频谱。

解：用欧拉公式将 $s(n)$ 展开得

$$s(n)=\frac{\mathrm{e}^{\mathrm{j}\Omega_0 n}-\mathrm{e}^{-\mathrm{j}\Omega_0 n}}{2\mathrm{j}}a^n u(n)=\frac{1}{2\mathrm{j}}[\mathrm{e}^{\mathrm{j}\Omega_0 n}a^n u(n)-\mathrm{e}^{-\mathrm{j}\Omega_0 n}a^n u(n)]$$

又因为

$$DTFT[a^n u(n)]=\frac{1}{1-a\mathrm{e}^{-\mathrm{j}\Omega}}$$

则由频移性质，得

$$DTFT[s(n)]=\frac{1}{2\mathrm{j}}\left[\frac{1}{1-a\mathrm{e}^{-\mathrm{j}(\Omega-\Omega_0)}}-\frac{1}{1-a\mathrm{e}^{-\mathrm{j}(\Omega+\Omega_0)}}\right]=\frac{a\sin(\Omega_0)\mathrm{e}^{-\mathrm{j}\Omega}}{1-2a\cos(\Omega_0)\mathrm{e}^{-\mathrm{j}\Omega}+a^2\mathrm{e}^{-\mathrm{j}2\Omega}}$$

5）时域卷积定理

若

$$s_1(n)\leftrightarrow S_1(\mathrm{j}\Omega),\quad s_2(n)\leftrightarrow S_2(\mathrm{j}\Omega)$$

则

$$s_1(n)*s_2(n)\leftrightarrow S_1(\mathrm{j}\Omega)S_2(\mathrm{j}\Omega) \tag{3-55}$$

时域卷积定理表明，时域中两序列的卷积和的傅里叶变换等于频域中对应的两个频谱函数的乘积。该定理是离散系统频域分析的理论基础，为离散系统分析带来方便。

6）频域卷积定理

若

$$s_1(n) \leftrightarrow S_1(\mathrm{j}\Omega), \quad s_2(n) \leftrightarrow S_2(\mathrm{j}\Omega)$$

则

$$s_1(n)s_2(n) \leftrightarrow \frac{1}{2\pi}S_1(\mathrm{j}\Omega) * S_2(\mathrm{j}\Omega) \tag{3-56}$$

7）频域微分性质

若

$$s(n) \leftrightarrow S(\mathrm{j}\Omega)$$

则

$$ns(n) \leftrightarrow \mathrm{j}\frac{\mathrm{d}S(\mathrm{j}\Omega)}{\mathrm{d}\Omega} \tag{3-57}$$

8）共轭性质

若

$$s(n) \leftrightarrow S(\mathrm{j}\Omega)$$

则

$$s^*(n) \leftrightarrow S^*(-\mathrm{j}\Omega) \tag{3-58}$$

9）时间翻转性质

若

$$s(n) \leftrightarrow S(\mathrm{j}\Omega)$$

则

$$s(-n) \leftrightarrow S(-\mathrm{j}\Omega) \tag{3-59}$$

10）帕斯瓦尔定理

若

$$s(n) \leftrightarrow S(\mathrm{j}\Omega)$$

则

$$\sum_{n=-\infty}^{+\infty} |s(n)|^2 = \frac{1}{2\pi}\int_0^{2\pi} |S(\mathrm{j}\Omega)|^2 \mathrm{d}\Omega \tag{3-60}$$

例 3.9　已知序列 $s(n)=(n+2)a^n u(n)(|a|<1)$，求它的频谱。

解：将原序列改写为

$$s(n) = na^n u(n) + 2a^n u(n)$$

又因为

$$DTFT[a^n u(n)] = \frac{1}{1 - a\mathrm{e}^{-\mathrm{j}\Omega}}$$

则由频域微分性质，得

$$DTFT[na^n u(n)] = \mathrm{j}\frac{\mathrm{d}}{\mathrm{d}\Omega}\left[\frac{1}{1 - a\mathrm{e}^{-\mathrm{j}\Omega}}\right] = \frac{a\mathrm{e}^{-\mathrm{j}\Omega}}{(1 - a\mathrm{e}^{-\mathrm{j}\Omega})^2}$$

所以该序列的频谱为

$$DTFT[s(n)] = DTFT[na^n u(n)] + 2DTFT[a^n u(n)]$$

$$= \frac{a\mathrm{e}^{-\mathrm{j}\Omega}}{(1-a\mathrm{e}^{-\mathrm{j}\Omega})^2} + \frac{2}{1-a\mathrm{e}^{-\mathrm{j}\Omega}}$$

$$= \frac{2-a\mathrm{e}^{-\mathrm{j}\Omega}}{(1-a\mathrm{e}^{-\mathrm{j}\Omega})^2}$$

离散时间傅里叶变换的性质对频谱分析具有重要作用，为方便分析计算，表 3-1 列出了它的常用性质，表 3-2 给出了常见序列的离散时间傅里叶变换。

表 3-1　离散时间傅里叶变换常用的性质

性质	序列	离散时间傅里叶变换
定义	$s(n)$	$S(\mathrm{j}\Omega)$
线性	$a_1 s_1(n) + a_2 s_2(n)$	$a_1 S_1(\mathrm{j}\Omega) + a_2 S_2(\mathrm{j}\Omega)$
时移	$s(n-n_0)$	$\mathrm{e}^{-\mathrm{j}n_0\Omega} S(\mathrm{j}\Omega)$
频移	$s(n)\mathrm{e}^{\mathrm{j}n\Omega_0}$	$S[\mathrm{j}(\Omega-\Omega_0)]$
时域卷积	$s_1(n) * s_2(n)$	$S_1(\mathrm{j}\Omega) S_2(\mathrm{j}\Omega)$
频域卷积	$s_1(n) s_2(n)$	$\frac{1}{2\pi} S_1(\mathrm{j}\Omega) * S_2(\mathrm{j}\Omega)$
频域微分	$ns(n)$	$\mathrm{j}\frac{\mathrm{d}S(\mathrm{j}\Omega)}{\mathrm{d}\Omega}$
共轭	$s^*(n)$	$S^*(-\mathrm{j}\Omega)$
时间翻转	$s(-n)$	$S(-\mathrm{j}\Omega)$
帕斯瓦尔定理	$\sum_{n=-\infty}^{+\infty} \lvert s(n) \rvert^2 = \frac{1}{2\pi}\int_0^{2\pi} \lvert S(\mathrm{j}\Omega) \rvert^2 \mathrm{d}\Omega$	

表 3-2　常见序列的离散时间傅里叶变换

序列	离散时间傅里叶变换
1	$2\pi \sum_{k=-\infty}^{+\infty} \delta(\Omega - 2\pi k)$
$\delta(n)$	1
$u(n)$	$\frac{1}{1-\mathrm{e}^{-\mathrm{j}\Omega}} + \pi \sum_{k=-\infty}^{+\infty} \delta(\Omega - 2\pi k)$
$R_N(n)$	$\frac{\sin(\Omega N/2)}{\sin(\Omega/2)} \mathrm{e}^{-\mathrm{j}\left(\frac{N-1}{2}\right)\Omega}$
$a^n u(n)$，$\lvert a \rvert < 1$	$\frac{1}{1-a\mathrm{e}^{-\mathrm{j}\Omega}}$
$-a^n u(-n-1)$，$\lvert a \rvert > 1$	$\frac{1}{1-a\mathrm{e}^{-\mathrm{j}\Omega}}$
$\mathrm{sgn}(n)$	$-\mathrm{j}\frac{\sin\Omega}{1-\cos\Omega}$

续表

序列	离散时间傅里叶变换
$e^{j\Omega_0 n}$	$2\pi\sum_{k=-\infty}^{+\infty}\delta(\Omega-\Omega_0-2\pi k)$
$\cos(\Omega_0 n)$	$\pi\sum_{k=-\infty}^{+\infty}[\delta(\Omega-\Omega_0-2\pi k)+\delta(\Omega+\Omega_0-2\pi k)]$
$\sin(\Omega_0 n)$	$j\pi\sum_{k=-\infty}^{+\infty}[\delta(\Omega+\Omega_0-2\pi k)-\delta(\Omega-\Omega_0-2\pi k)]$
$\delta(n-n_0)$	$e^{-jn_0\Omega}$

3. 4 种频域分析的比较

我们已讨论了 4 种不同类型信号的频域分析，分析了 4 种频域分析方法，即周期信号的傅里叶级数、非周期信号的傅里叶变换、周期序列的傅里叶级数、非周期序列的傅里叶变换。为便于对它们的理解和应用，归纳出它们的表达式和特点，如表 3-3 所示。

表 3-3　不同类型信号的频域分析比较

时域表达式	信号特点	频谱表达式	频谱特点
$s(t)=\sum_{n=-\infty}^{\infty}F_n e^{jn\Omega_0 t}$	连续周期，周期为 T_0	$F_n=\frac{1}{T_0}\int_{t_0}^{t_0+T_0}s(t)e^{-jn\Omega_0 t}dt$	离散非周期
$s(t)=\frac{1}{2\pi}\int_{-\infty}^{+\infty}F(j\omega)e^{j\omega t}d\omega$	连续非周期	$F(j\omega)=\int_{-\infty}^{+\infty}s(t)e^{-j\omega t}dt$	连续非周期
$s(n)=\sum_{k=0}^{N-1}S(k\Omega_0)e^{j\frac{2\pi}{N}nk}$	离散周期，周期为 N	$S(k\Omega_0)=\frac{1}{N}\sum_{n=0}^{N-1}s(n)e^{-j\frac{2\pi}{N}kn}$	离散周期，周期为 N
$s(n)=\frac{1}{2\pi}\int_0^{2\pi}S(j\Omega)e^{j\Omega n}d\Omega$	离散非周期	$S(j\Omega)=\sum_{n=-\infty}^{+\infty}s(n)e^{-j\Omega n}$	连续周期，周期为 2π

3.3.3 离散傅里叶变换

1. 离散傅里叶变换的定义

计算机的输入、输出信号均为数字信号，而离散非周期信号的频谱是连续周期信号，不满足计算机对信号形式的要求。因此，为了方便用计算机进行信号处理，需要得到离散的频谱，即构造一种时域和频域均是离散的傅里叶变换对，称这种变换为离散傅里叶变换。它与前面 4 种频域分析方法具有不同的特点，更重要的是，它有独特的快速算法。

离散傅里叶级数变换对的时域和频域均是离散信号，因此由它导出离散傅里叶变换对比较方便，而且物理意义也很明确，这里直接给出离散傅里叶变换对的定义式。长度为 N 的序列 $s(n)$ 的离散傅里叶变换的定义式为

$$S(k)=\sum_{n=0}^{N-1}s(n)e^{-j\frac{2\pi}{N}kn} \tag{3-61}$$

$S(k)$ 的离散傅里叶反变换的定义式为

$$s(n)=\frac{1}{N}\sum_{k=0}^{N-1}S(k)\mathrm{e}^{\mathrm{j}\frac{2\pi}{N}nk} \tag{3-62}$$

式（3-61）和式（3-62）构成离散傅里叶变换对，可简记为

$$S(k)=DFT[s(n)] \tag{3-63}$$

$$s(n)=DFT^{-1}[S(k)] \tag{3-64}$$

或

$$s(n)\leftrightarrow S(k) \tag{3-65}$$

2. 离散傅里叶变换的性质

1）线性性质

若

$$s_1(n)\leftrightarrow S_1(k),\quad s_2(n)\leftrightarrow S_2(k)$$

则

$$a_1s_1(n)+a_2s_2(n)\leftrightarrow a_1S_1(k)+a_2S_2(k) \tag{3-66}$$

式中，a_1、a_2 为任意常数。值得注意的是，应用该性质时，要求两序列的长度相同，若长度不同，则对长度短的序列补零，以使其长度等于另一序列。

2）周期性质

若

$$s(n)\leftrightarrow S(k)$$

则

$$s(n)=s(n+N) \tag{3-67}$$

$$S(k)=S(k+N) \tag{3-68}$$

值得说明的是，$s(n)$和 $S(k)$并不是真的周期序列，该周期性体现在离散傅里叶变换的相位因子上。因为相位因子的周期是 N，则在离散傅里叶变换的定义式中表现出周期性。

3）循环移位性质

（1）序列的循环移位。

在 $0\leqslant n\leqslant N-1$ 内的有限长序列 $s(n)$，经过时移 n_0 后的序列为 $s(n-n_0)$，但位置移至 $n_0\leqslant n\leqslant N+n_0-1$，其定义不在 $0\leqslant n\leqslant N-1$ 范围内，这给移位序列的离散傅里叶变换的研究带来不便。因此，需要定义另一种类型的移位，确保移位序列的定义在 $0\leqslant n\leqslant N-1$ 范围内，这种移位就称为循环移位或圆周移位。

序列 $s(n)$的 n_0 个单位的循环移位 $y(n)$表示为

$$y(n)=s((n-n_0))_NR_N(n) \tag{3-69}$$

式中，$((n-n_0))_N$表示$(n-n_0)$对 N 取模值，即（$n-n_0$）被 N 整除，整除后所得的余数就是$((n-n_0))_N$；$R_N(n)$是长度为 N 的矩形序列，这里乘以 $R_N(n)$表示取主值区间［0，$N-1$］。

可见，循环移位的实质是将 $s(n)$左移或右移 n_0 个单位，其移出主值区间的序列依次从右侧或左侧进入主值区间内，即在主值区间内循环移动。

（2）时域循环移位性质。

若

$$s(n)\leftrightarrow S(k)$$

则

$$y(n)=s((n-n_0))_N R_N(n)\leftrightarrow S(k)\mathrm{e}^{-\mathrm{j}2\pi n_0 k/N} \tag{3-70}$$

证明：由离散傅里叶变换的定义，得

$$DFT[y(n)]=\sum_{n=0}^{N-1}[s((n-n_0))_N R_N(n)]\mathrm{e}^{-\mathrm{j}2\pi kn/N}$$
$$=\sum_{n=0}^{n_0-1}[s((n-n_0))_N R_N(n)]\mathrm{e}^{-\mathrm{j}2\pi kn/N}+\sum_{n=n_0}^{N-1}[s((n-n_0))_N R_N(n)]\mathrm{e}^{-\mathrm{j}2\pi kn/N}$$

令 $l=n-n_0$，则

$$DFT[y(n)]=\sum_{l=N-n_0}^{N-1}s(l)\mathrm{e}^{-\mathrm{j}2\pi k(n_0+l)/N}+\sum_{l=0}^{N-n_0-1}s(l)\mathrm{e}^{-\mathrm{j}2\pi k(n_0+l)/N}$$
$$=\sum_{l=0}^{N-1}s(l)\mathrm{e}^{-\mathrm{j}2\pi k(n_0+l)/N}$$
$$=\sum_{l=0}^{N-1}s(l)\mathrm{e}^{-\mathrm{j}2\pi kl/N}\cdot\mathrm{e}^{-\mathrm{j}2\pi kn_0/N}$$
$$=S(k)\mathrm{e}^{-\mathrm{j}2\pi n_0 k/N}$$

（3）频域循环移位性质。

类似地，若 $S(k)$ 在频域中循环移位 k_0 个单位，得到循环移位为 $S((k-k_0))_N R_N(k)$，则有下面的频域循环移位性质。

若

$$s(n)\leftrightarrow S(k)$$

则

$$s(n)\mathrm{e}^{\mathrm{j}2\pi k_0 n/N}\leftrightarrow S((k-k_0))_N R_N(k) \tag{3-71}$$

4）圆周卷积性质

（1）时域圆周卷积性质。

长度均为 N 的序列 $s_1(n)$ 和 $s_2(n)$ 的时域圆周卷积定义为

$$s_1(n)\circledast s_2(n)=\sum_{m=0}^{N-1}s_1(m)s_2((n-m))_N R_N(n)$$
$$=\sum_{m=0}^{N-1}s_2(m)s_1((n-m))_N R_N(n) \tag{3-72}$$

式中，$s_1(n)\circledast s_2(n)$ 表示时域圆周卷积。下面给出时域圆周卷积性质。

若

$$s_1(n)\leftrightarrow S_1(k),\ s_2(n)\leftrightarrow S_2(k)$$

则

$$s_1(n)\circledast s_2(n)\leftrightarrow S_1(k)S_2(k) \tag{3-73}$$

证明：设 $S(k)=S_1(k)S_2(k)$，则 $S(k)$ 的离散傅里叶反变换为

$$s(n)=\frac{1}{N}\sum_{k=0}^{N-1}S_1(k)S_2(k)\mathrm{e}^{\mathrm{j}\frac{2\pi}{N}nk}$$
$$=\frac{1}{N}\sum_{k=0}^{N-1}\left[\sum_{m=0}^{N-1}s_1(m)\mathrm{e}^{-\mathrm{j}\frac{2\pi}{N}mk}\right]S_2(k)\mathrm{e}^{\mathrm{j}\frac{2\pi}{N}nk}$$
$$=\sum_{m=0}^{N-1}s_1(m)\left\{\frac{1}{N}\sum_{k=0}^{N-1}\left[S_2(k)\mathrm{e}^{-\mathrm{j}\frac{2\pi}{N}mk}\right]\mathrm{e}^{\mathrm{j}\frac{2\pi}{N}nk}\right\}$$

$$= \sum_{m=0}^{N-1} s_1(m) s_2((n-m))_N R_N(n)$$

$$= s_1(n) ⊛ s_2(n)$$

则有

$$s_1(n) ⊛ s_2(n) \leftrightarrow S_1(k) S_2(k)$$

例 3.10 已知序列 $s_1(n)=[1,2,1,0]$，$s_2(n)=[2,4,2,1]$，$0 \leqslant n \leqslant 3$，求这两个序列的圆周卷积。

解：解法一，利用时域圆周卷积的定义，有

$$s(n) = s_1(n) ⊛ s_2(n) = \sum_{m=0}^{N-1} s_1(m) s_2((n-m))_N R_N(n)$$

$$= \sum_{m=0}^{3} s_1(m) s_2((n-m))_4 R_4(n)$$

则

$$s(0) = s_1(0)s_2((0))_4 R_4(0) + s_1(1)s_2((-1))_4 R_4(0) + s_1(2)s_2((-2))_4 R_4(0) + s_1(3)s_2((-3))_4 R_4(0)$$

$$= s_1(0)s_2(0) + s_1(1)s_2(3) + s_1(2)s_2(2) + s_1(3)s_2(1)$$

$$= 1 \times 2 + 2 \times 1 + 1 \times 2 + 0 \times 4$$

$$= 6$$

$$s(1) = s_1(0)s_2(1) + s_1(1)s_2(0) + s_1(2)s_2(3) + s_1(3)s_2(2)$$

$$= 1 \times 4 + 2 \times 2 + 1 \times 1 + 0 \times 2$$

$$= 9$$

$$s(2) = s_1(0)s_2(2) + s_1(1)s_2(1) + s_1(2)s_2(0) + s_1(3)s_2(3)$$

$$= 1 \times 2 + 2 \times 4 + 1 \times 2 + 0 \times 1$$

$$= 12$$

$$s(3) = s_1(0)s_2(3) + s_1(1)s_2(2) + s_1(2)s_2(1) + s_1(3)s_2(0)$$

$$= 1 \times 1 + 2 \times 2 + 1 \times 4 + 0 \times 2$$

$$= 9$$

因此，这两个序列的圆周卷积为 $s(n)=[6,9,12,9]$，$0 \leqslant n \leqslant 3$。

解法二，由离散傅里叶变换的定义得

$$S_1(k) = \sum_{n=0}^{N-1} s_1(n) e^{-j\frac{2\pi}{N}kn} = \sum_{n=0}^{3} s_1(n) e^{-j\frac{\pi}{2}kn}$$

$$= 1 \times 1 + 2 \times e^{-j\frac{\pi}{2}k} + 1 \times e^{-j\pi k} + 0 \times e^{-j\frac{3\pi}{2}k}$$

$$= 1 + 2e^{-j\frac{\pi}{2}k} + e^{-j\pi k}$$

可得 $S_1(0)=4$，$S_1(1)=-j2$，$S_1(2)=0$，$S_1(3)=j2$

同理可得

$$S_2(k) = \sum_{n=0}^{3} s_2(n) e^{-j\frac{\pi}{2}kn} = 2 + 4e^{-j\frac{\pi}{2}k} + 2e^{-j\pi k} + e^{-j\frac{3\pi}{2}k}$$

可得 $S_2(0)=9$，$S_2(1)=-j3$，$S_2(2)=-1$，$S_2(3)=j3$

则

$$S(k)=S_1(k)S_2(k)=[36,\ -6,0,\ -6],\quad 0\leqslant k\leqslant 3$$

它的离散傅里叶反变换为

$$\begin{aligned}s(n)&=\frac{1}{N}\sum_{k=0}^{N-1}S(k)\mathrm{e}^{\mathrm{j}\frac{2\pi}{N}nk}=\frac{1}{4}\sum_{k=0}^{3}S(k)\mathrm{e}^{\mathrm{j}\frac{\pi}{2}nk}\\&=\frac{1}{4}(36\times 1-6\times \mathrm{e}^{\mathrm{j}\frac{\pi}{2}n}+0-6\times \mathrm{e}^{\mathrm{j}\frac{3\pi}{2}n})\\&=9-3\cos\left(\frac{\pi}{2}n\right)\end{aligned}$$

可得 $s(0)=6$，$s(1)=9$，$s(2)=12$，$s(3)=9$

根据时域圆周卷积性质，这两个序列的圆周卷积为 $s_1(n)\circledast s_2(n)=s(n)=[6,9,12,9]$，$0\leqslant n\leqslant 3$。

前面的时域圆周卷积中假定两序列的长度相等，这样经圆周卷积后所得序列的长度与原序列的相同。但当两序列的长度不等时，处理方法是取两序列长度的最大值作为圆周卷积的长度，且对较短序列补零，使其长度等于较长序列的长度，这样就得到两个等长序列。

(2) 频域圆周卷积性质。

在频域中，定义频域圆周卷积为

$$\begin{aligned}S_1(k)\circledast S_2(k)&=\sum_{l=0}^{N-1}S_1(l)S_2((k-l))_N R_N(k)\\&=\sum_{l=0}^{N-1}S_2(l)S_1((k-l))_N R_N(k)\end{aligned}\tag{3-74}$$

式中，$S_1(k)\circledast S_2(k)$ 表示频域圆周卷积。下面给出频域圆周卷积性质。

若

$$s_1(n)\leftrightarrow S_1(k),\quad s_2(n)\leftrightarrow S_2(k)$$

则

$$s_1(n)s_2(n)\leftrightarrow \frac{1}{N}S_1(k)\circledast S_2(k)\tag{3-75}$$

证明：设 $s(n)=s_1(n)s_2(n)$，则 $s(n)$ 的离散傅里叶变换为

$$\begin{aligned}S(k)&=\sum_{n=0}^{N-1}s_1(n)s_2(n)\mathrm{e}^{-\mathrm{j}\frac{2\pi}{N}kn}\\&=\sum_{n=0}^{N-1}\left[\frac{1}{N}\sum_{l=0}^{N-1}S_1(l)\mathrm{e}^{\mathrm{j}\frac{2\pi}{N}ln}\right]s_2(n)\mathrm{e}^{-\mathrm{j}\frac{2\pi}{N}kn}\\&=\frac{1}{N}\sum_{l=0}^{N-1}S_1(l)\left\{\sum_{n=0}^{N-1}[s_2(n)\mathrm{e}^{\mathrm{j}\frac{2\pi}{N}ln}]\mathrm{e}^{-\mathrm{j}\frac{2\pi}{N}kn}\right\}\\&=\frac{1}{N}\sum_{l=0}^{N-1}S_1(l)S_2((k-l))_N R_N(k)\\&=\frac{1}{N}S_1(k)\circledast S_2(k)\end{aligned}$$

即得

$$s_1(n)s_2(n) \leftrightarrow \frac{1}{N}S_1(k) \circledast S_2(k)$$

5）时间翻转性质

若

$$s(n) \leftrightarrow S(k)$$

则

$$s(-n) \leftrightarrow S(-k) \tag{3-76}$$

6）共轭性质

若

$$s(n) \leftrightarrow S(k)$$

则

$$s^*(n) \leftrightarrow S^*(N-k) \tag{3-77}$$

7）帕斯瓦尔定理

若

$$s(n) \leftrightarrow S(k)$$

则

$$\sum_{n=0}^{N-1} |s(n)|^2 = \frac{1}{N}\sum_{k=0}^{N-1} |S(k)|^2 \tag{3-78}$$

为方便计算，表3-4列出了离散傅里叶变换的常用性质，表3-5列出了奇、偶、实、虚序列的离散傅里叶变换的特性。

表3-4　离散傅里叶变换的常用性质

性质	序列	离散傅里叶变换
定义	$s(n)$	$S(k)$
线性	$a_1s_1(n)+a_2s_2(n)$	$a_1S_1(k)+a_2S_2(k)$
周期性	$s(n)=s(n+N)$	$S(k)=S(k+N)$
时域循环移位	$s((n-n_0))_NR_N(n)$	$S(k)\mathrm{e}^{-\mathrm{j}2\pi n_0 k/N}$
频域循环移位	$s(n)\mathrm{e}^{\mathrm{j}2\pi k_0 n/N}$	$S((k-k_0))_NR_N(k)$
时域圆周卷积	$s_1(n)\circledast s_2(n)$	$S_1(k)S_2(k)$
频域圆周卷积	$s_1(n)s_2(n)$	$\frac{1}{N}S_1(k)\circledast S_2(k)$
时间翻转	$s(-n)$	$S(-k)$
共轭	$s^*(n)$	$S^*(N-k)$
帕斯瓦尔定理	$\sum_{n=0}^{N-1}\|s(n)\|^2=\frac{1}{N}\sum_{k=0}^{N-1}\|S(k)\|^2$	

表 3-5　奇、偶、实、虚序列的离散傅里叶变换的特性

$s(n)$	$S(k)$	$s(n)$	$S(k)$
实函数	实部为偶函数，虚部为奇函数	虚函数	实部为奇函数，虚部为偶函数
实偶函数	实偶函数	实奇函数	虚奇函数
虚偶函数	虚偶函数	虚奇函数	实奇函数

3. 离散傅里叶变换与离散时间傅里叶变换的关系

因为非周期序列 $s(n)$ 的离散时间傅里叶变换 $S(\mathrm{j}\Omega)$ 是周期为 2π 的连续函数，那么在主周期区间 $[0, 2\pi]$ 内以采样间隔 $2\pi/N$ 对 $S(\mathrm{j}\Omega)$ 进行均匀采样，且 $s(n)$ 的长度取 N，得

$$S(\mathrm{j}\Omega)\Big|_{\Omega=\frac{2\pi}{N}k}=\sum_{n=0}^{N-1}s(n)\mathrm{e}^{-\mathrm{j}\frac{2\pi}{N}kn}=DFT[s(n)]=S(k) \tag{3-79}$$

可见，通过对 $S(\mathrm{j}\Omega)$ 进行频域采样，可得到 $s(n)$ 的离散傅里叶变换，当然要求满足频域采样定理。

3.3.4　离散傅里叶变换的快速算法

由离散傅里叶变换的定义式可知，直接计算离散傅里叶变换的运算量相当大，而且随着长度 N 的增大，运算量呈平方级增大，这给离散傅里叶变换算法的实际应用带来困难。直到离散傅里叶变换的快速算法——快速傅里叶变换的出现，对推动离散傅里叶变换算法的实际应用起到关键作用。

1. 快速傅里叶变换算法的基本思路

序列 $s(n)$ 的 N 点离散傅里叶变换为

$$S(k)=\sum_{n=0}^{N-1}s(n)\mathrm{e}^{-\mathrm{j}\frac{2\pi}{N}kn}$$

令旋转因子为

$$W_N=\mathrm{e}^{-\mathrm{j}\frac{2\pi}{N}} \tag{3-80}$$

则 $S(k)$ 可写为

$$S(k)=\sum_{n=0}^{N-1}s(n)W_N^{nk} \tag{3-81}$$

因而 $S(k)$ 是以 W_N^{kn} 为加权系数的 $s(n)$ 的线性组合。离散傅里叶变换是一种线性变换，可展开成线性方程组或矩阵来表示。将式（3-81）展开，得

$$S(0)=W_N^{0\cdot0}s(0)+W_N^{1\cdot0}s(1)+\cdots+W_N^{(N-1)\cdot0}s(N-1)$$
$$S(1)=W_N^{0\cdot1}s(0)+W_N^{1\cdot1}s(1)+\cdots+W_N^{(N-1)\cdot1}s(N-1)$$
$$S(2)=W_N^{0\cdot2}s(0)+W_N^{1\cdot2}s(1)+\cdots+W_N^{(N-1)\cdot2}s(N-1)$$
$$\cdots$$
$$S(N-1)=W_N^{0\cdot(N-1)}s(0)+W_N^{1\cdot(N-1)}s(1)+\cdots+W_N^{(N-1)\cdot(N-1)}s(N-1)$$

通过分析发现，每完成一个频谱点 k 的计算，需要 N 次复数乘法和（$N-1$）次复数加法。那么完成 N 个频谱点的计算，则需要 N^2 次复数乘法和 $N(N-1)$ 次复数加法。当 N 较大

时，运算量相当大，计算耗时多，不利于离散傅里叶变换算法的实际应用。

从离散傅里叶变换与离散傅里叶反变换（Inverse Discrete Fourier Transform，IDFT）的数学表达式可知，它们包含相同类型的计算，计算量相同，因此下面讨论的关于离散傅里叶变换的快速算法也适用于离散傅里叶反变换。

分析离散傅里叶变换的数学表达式可知，加权系数 W_N^{kn} 参与运算很频繁，因此有必要研究它的特性，从而找到减少运算量的规律。W_N^{kn} 具有以下特性。

1）周期性

W_N^m 的周期为 N，即

$$W_N^m = W_N^{m+lN} \tag{3-82}$$

式中，m 为正整数，l 为整数。

2）对称性

$$W_N^{(m+N/2)} = -W_N^m \tag{3-83}$$

式中，m 为正整数。

3）可约性

$$W_N^{mn} = W_{N/m}^n \tag{3-84}$$

式中，m、n 均为正整数。

4）其他常用的结论

$$W_N^0 = W_N^N = 1,\quad W_N^{N/2} = -1,\quad W_N^{N/4} = -\mathrm{j},\quad W_N^{3N/4} = \mathrm{j}$$

基于前述分析，快速傅里叶变换算法的基本思路是将长序列分解成若干级短序列，并利用旋转因子的性质和结论进行组合和合并，求出这些短序列的离散傅里叶变换，从而删除重复运算、减少乘法运算，最终提高运算速度。快速傅里叶变换算法正是基于上述思路被提出来的，基 2 快速傅里叶变换算法是最常用的快速算法，包括两类：时域分解基 2 快速傅里叶变换算法（也称为库里-图基算法）和频域分解基 2 快速傅里叶变换算法（也称为桑德-图基算法）。“基 2”的含义是指序列的长度 N 为 2 的正整数次幂。

2. 时域分解基 2 快速傅里叶变换算法

按 n 的奇偶，将长度为 N 的序列 $s(n)$ 分成两个子序列，每个子序列长度为 $N/2$，即

$$\begin{cases} s_1(r) = s(2r), & r = 0,1,\cdots,N/2-1 \quad (3\text{-}85) \\ s_2(r) = s(2r+1), & r = 0,1,\cdots,N/2-1 \quad (3\text{-}86) \end{cases}$$

则由离散傅里叶变换的定义，得

$$\begin{aligned} S(k) &= \sum_{n=0}^{N-1} s(n) W_N^{kn} \\ &= \sum_{r=0}^{N/2-1} s(2r) W_N^{2kr} + \sum_{r=0}^{N/2-1} s(2r+1) W_N^{k(2r+1)} \\ &= \sum_{r=0}^{N/2-1} s_1(r) W_N^{2kr} + W_N^k \sum_{r=0}^{N/2-1} s_2(r) W_N^{2kr} \\ &= \sum_{r=0}^{N/2-1} s_1(r) W_{N/2}^{kr} + W_N^k \sum_{r=0}^{N/2-1} s_2(r) W_{N/2}^{kr} \end{aligned}$$

上式右边第一项和式是 $s_1(r)$ 的 $N/2$ 点离散傅里叶变换，第二项和式是 $s_2(r)$ 的 $N/2$ 点离散傅里叶变换，即

$$S_1(k) = \sum_{r=0}^{N/2-1} s_1(r) W_{N/2}^{kr}, \quad S_2(k) = \sum_{r=0}^{N/2-1} s_2(r) W_{N/2}^{kr}$$

则有

$$S(k) = S_1(k) + W_N^k S_2(k), \ k = 0, 1, \cdots, N-1 \tag{3-87}$$

由于 $S_1(k)$ 和 $S_2(k)$ 的周期均为 $N/2$，即

$$S_1(k) = S_1\left(k + \frac{N}{2}\right), \quad S_2(k) = S_2\left(k + \frac{N}{2}\right)$$

再根据对称性 $W_N^{(k+N/2)} = -W_N^k$，则式（3-87）又可表示为

$$S(k) = S_1(k) + W_N^k S_2(k), \quad k = 0, 1, \cdots, N/2-1 \tag{3-88}$$

$$S\left(k + \frac{N}{2}\right) = S_1(k) - W_N^k S_2(k), \quad k = 0, 1, \cdots, N/2-1 \tag{3-89}$$

可见，序列的 N 点离散傅里叶变换被分成长度相等的两部分，每一部分是两个 $N/2$ 点离散傅里叶变换的线性组合。这样，将 N 点离散傅里叶变换的计算转换成 $N/2$ 点离散傅里叶变换的计算，运算量大大减小。根据式（3-88）和式（3-89），按此规律依次分解下去，可完成 N 点离散傅里叶变换的运算。下面以 $N=8$ 为例，第一次分解的运算流图如图 3-13 所示。

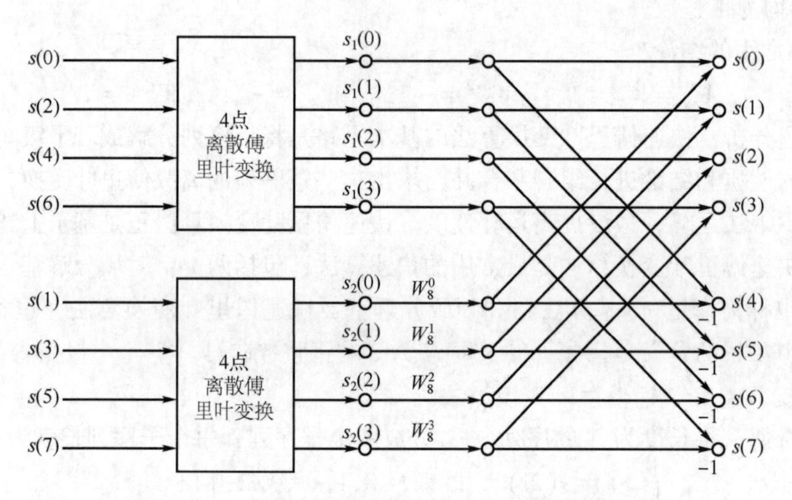

图 3-13　8 点离散傅里叶变换第一次分解的运算流图

经过一次分解后，对上述两个 4 点离散傅里叶变换按照式（3-88）和式（3-89）分别进行分解，得到第二次分解的运算流图，如图 3-14 所示。

经过两次分解后，得到 4 个 2 点离散傅里叶变换，用同样的方法可将每个两点离散傅里叶变换分解成两个 1 点离散傅里叶变换，最终将 8 点离散傅里叶变换分解成 8 个 1 点离散傅里叶变换，而 1 点离散傅里叶变换就是序列本身。这样可得到 8 点离散傅里叶变换完整的运算流图，如图 3-15 所示。

上述是对 8 点离散傅里叶变换进行分解，对于 N 点离散傅里叶变换的情况，经过不断地分解，每分解一次，离散傅里叶变换的计算长度减半，最后成为 1 点离散傅里叶变换运算。因此，一个长度为 N 的序列可以分解为 $\log_2 N$ 级运算，而每一次分解的运算都由 $N/2$ 个蝶形运算单元完成，蝶形运算单元如图 3-16 所示，它有两个输入数据和两个输出数据，它

按照信号流图的运算规则进行运算，输出节点处进行加法运算。

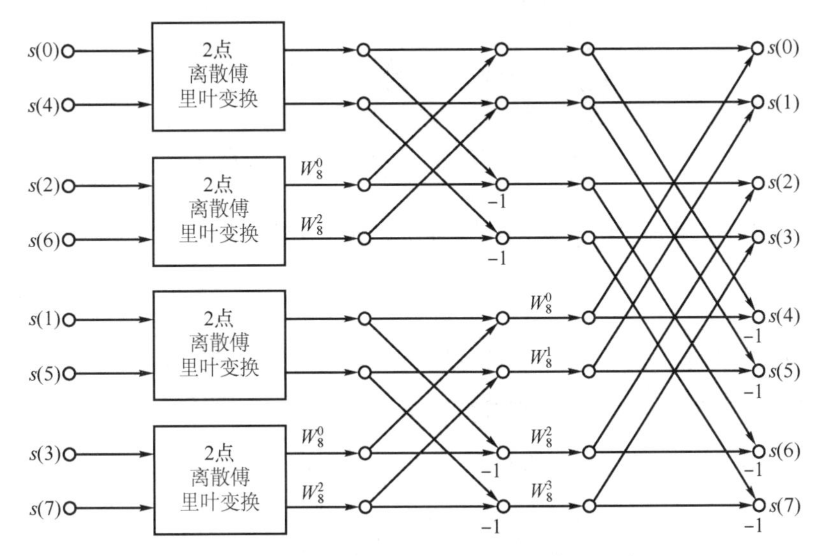

图 3-14　8 点离散傅里叶变换第二次分解的运算流图

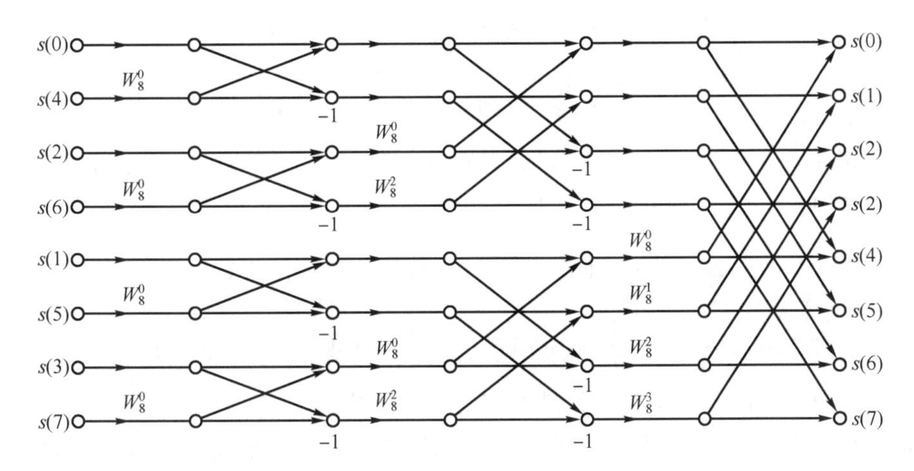

图 3-15　8 点离散傅里叶变换完整的运算流图

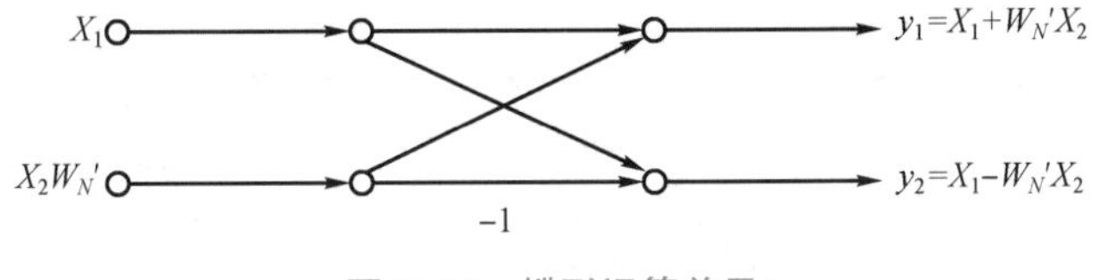

图 3-16　蝶形运算单元

3. 频域分解基 2 快速傅里叶变换算法

与时域分解基 2 快速傅里叶变换算法对应，频域分解基 2 快速傅里叶变换算法是在频域中将 $S(k)$ 按 k 的奇偶进行分解，而时域序列按 n 的顺序对半分开成两部分。

根据离散傅里叶变换的定义得

$$
\begin{aligned}
S(k) &= \sum_{n=0}^{N-1} s(n) W_N^{kn} \\
&= \sum_{n=0}^{N/2-1} s(n) W_N^{kn} + \sum_{n=N/2}^{N-1} s(n) W_N^{kn} \\
&= \sum_{n=0}^{N/2-1} s(n) W_N^{kn} + \sum_{n=0}^{N/2-1} s(n+N/2) W_N^{k(n+N/2)} \\
&= \sum_{n=0}^{N/2-1} \left[s(n) + W_N^{kN/2} s(n+N/2) \right] W_N^{kn}
\end{aligned}
$$

将 $W_N^{kN/2}=(-1)^k$ 代入上式中，得

$$
S(k) = \sum_{n=0}^{N/2-1} \left[s(n) + (-1)^k s(n+N/2) \right] W_N^{kn}, \quad k=0,\ 1,\ \cdots,\ N-1 \tag{3-90}
$$

按 k 的奇偶将式（3-90）的 $S(k)$ 分解成两部分，得

$$
\begin{aligned}
S(2r) &= \sum_{n=0}^{N/2-1} \left[s(n) + s(n+N/2) \right] W_N^{2rn} \\
&= \sum_{n=0}^{N/2-1} \left[s(n) + s(n+N/2) \right] W_{N/2}^{rn}
\end{aligned} \tag{3-91}
$$

$$
\begin{aligned}
S(2r+1) &= \sum_{n=0}^{N/2-1} \left[s(n) - s(n+N/2) \right] W_N^{(2r+1)n} \\
&= \sum_{n=0}^{N/2-1} \left[s(n) - s(n+N/2) \right] W_N^{n} W_{N/2}^{rn}
\end{aligned} \tag{3-92}
$$

令 $s_1(n)=s(n)+s(n+N/2)$，$s_2(n)=[s(n)-s(n+N/2)]W_N^n$，$n=0,\ 1,\ \cdots,\ N/2-1$，将其分别代入式（3-91）和式（3-92）中，得

$$
S(2r) = \sum_{n=0}^{N/2-1} s_1(n) W_{N/2}^{rn}, \quad r=0,\ 1,\ \cdots,\ N/2-1 \tag{3-93}
$$

$$
S(2r+1) = \sum_{n=0}^{N/2-1} s_2(n) W_{N/2}^{rn}, \quad r=0,\ 1,\ \cdots,\ N/2-1 \tag{3-94}
$$

可见，通过频域分解将 N 点离散傅里叶变换的计算分解成 $N/2$ 点离散傅里叶变换的计算，运算量大大减小。$S(k)$ 的偶数部分是 $s_1(n)$ 的 $N/2$ 点离散傅里叶变换，奇数部分是 $s_2(n)$ 的 $N/2$ 点离散傅里叶变换，而 $s_1(n)$ 和 $s_2(n)$ 是 $s(n)$ 的前一半与后一半的线性组合，它们之间的运算关系可用图 3-17 所示的蝶形运算流图表示。

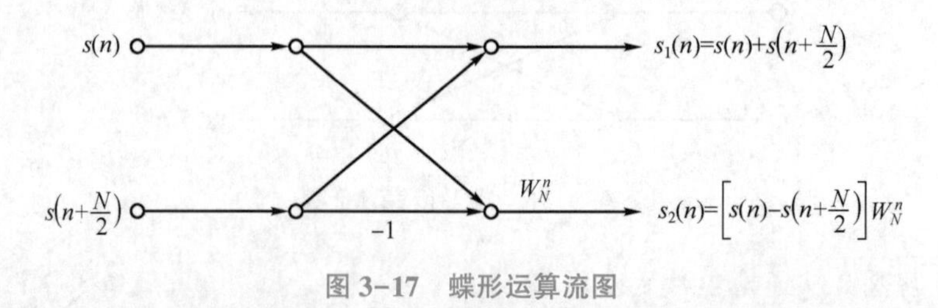

图 3-17　蝶形运算流图

按照上述的分解原理，可完成 N 点离散傅里叶变换的快速运算。这里以 $N=8$ 为例，第一次分解的运算流图如图 3-18 所示。

同理，对图 3-18 中的两个 4 点离散傅里叶变换进一步分解，得到第二次分解的运算流图，如图 3-19 所示。

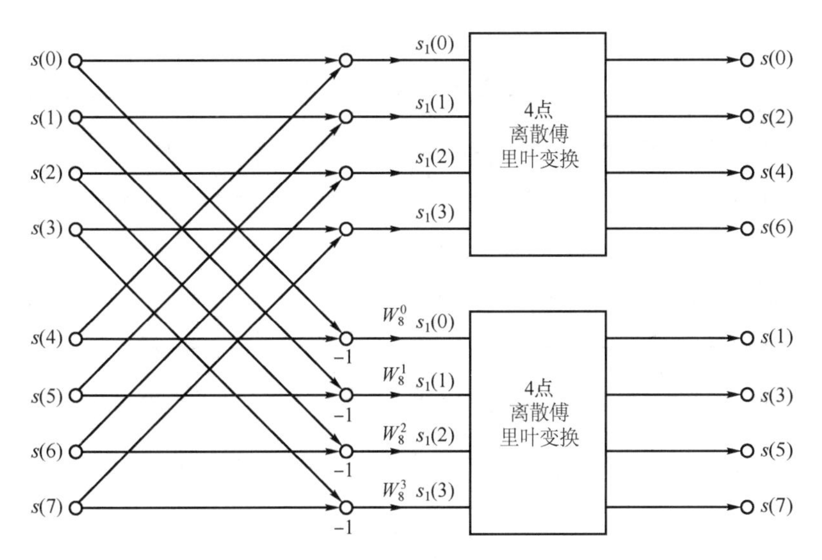

图 3-18　8 点离散傅里叶变换第一次分解的运算流图

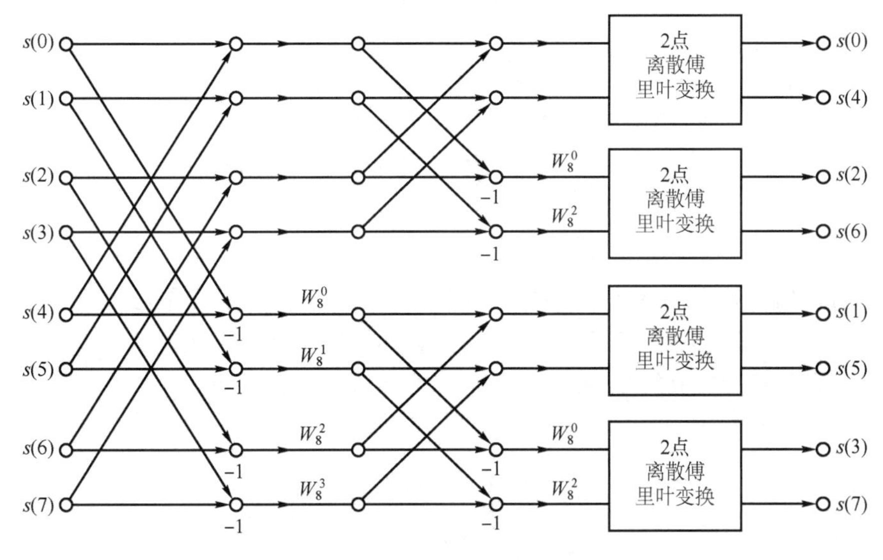

图 3-19　8 点离散傅里叶变换第二次分解的运算流图

再对 2 点离散傅里叶变换进行分解，可得到 8 点离散傅里叶变换完整的运算流图，如图 3-20所示。

4. 快速傅里叶变换算法与直接计算离散傅里叶变换的运算量比较

在快速傅里叶变换算法中，每一个蝶形运算只需要一次复数乘法和两次复数加法，每一级运算则有 $N/2$ 次复数乘法和 N 次复数加法，一共有 $\log_2 N$ 级运算，因此整个 N 点离散傅里叶变换运算共有$(N\log_2 N)/2$ 次复数乘法和 $N\log_2 N$ 次复数加法。而直接计算 N 点离散傅里叶变换需要 N^2 次复数乘法和 $N(N-1)$ 次复数加法。

快速傅里叶变换算法与直接计算离散傅里叶变换的复数乘法次数、复数加法次数之比分别为

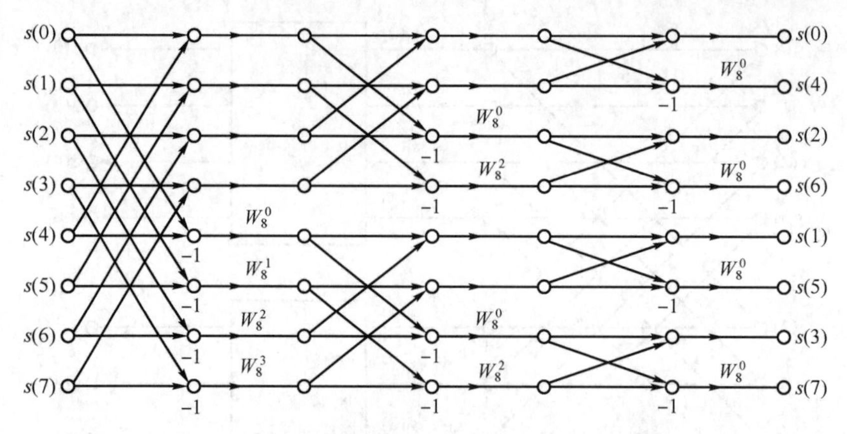

图 3-20　8 点离散傅里叶变换完整的运算流图

$$\frac{(N\log_2 N)/2}{N^2}=\frac{\log_2 N}{2N}$$

$$\frac{N\log_2 N}{N(N-1)}=\frac{\log_2 N}{N-1}$$

当 $N>>1$ 时，上面两式的比值远远小于 1。例如，$N=1\ 024$ 时

$$\frac{(N\log_2 N)/2}{N^2}=\frac{\log_2 N}{2N}=\frac{\log_2 1\ 024}{2\times 1\ 024}\approx\frac{1}{205}$$

$$\frac{N\log_2 N}{N(N-1)}=\frac{\log_2 N}{N-1}=\frac{\log_2 1\ 024}{1\ 024-1}\approx\frac{1}{102}$$

可见，采用快速傅里叶变换算法比直接计算离散傅里叶变换的复数乘法运算速度提高了约 204 倍，复数加法运算速度提高了约 101 倍，总体运算速度有极大地提高，特别是随着 N 的进一步增大，运算速度提高得更快。

3.4　离散信号的 Z 域分析

离散信号也可以采用复频域方法进行分析，其复频域分析工具是 Z 变换。Z 变换也是离散时间傅里叶变换的推广，它解决了不满足绝对可和的离散信号的傅里叶变换问题，拓宽了离散时间傅里叶变换的应用范围。

3.4.1　离散信号的 Z 变换

1. Z 变换的定义

序列 $s(n)$ 的双边 Z 变换定义为

$$S(z)=\sum_{n=-\infty}^{+\infty}s(n)z^{-n} \tag{3-95}$$

其双边 Z 反变换定义为

$$s(n)=\frac{1}{2\pi j}\oint_c S(z)z^{n-1}dz \tag{3-96}$$

式中，z 是一个复变量，$S(z)$ 为 $s(n)$ 的 Z 变换，它是关于 z 的幂级数；$\oint_c$ 表示在以 r 为半径、原点为圆心的圆周上沿逆时针方向的曲线积分。$S(z)$ 也被称为 $s(n)$ 的象函数，$s(n)$ 为 $S(z)$ 的原函数。

这里的“双边”是指 n 的取值范围为（$-\infty$，$+\infty$），如果没有特别说明，Z 变换指的就是双边 Z 变换。式（3-95）和式（3-96）构成 Z 变换对，可记为

$$S(z)=Z[s(n)] \tag{3-97}$$

$$s(n)=Z^{-1}[S(z)] \tag{3-98}$$

或

$$s(n)\leftrightarrow S(z) \tag{3-99}$$

Z 变换及反变换的定义式中对序列 $s(n)$ 没有须满足绝对可和的要求，这样就扩大了 $s(n)$ 的变换域，从频域扩展到复频域。因此，Z 变换是离散时间傅里叶变换的推广，就如拉普拉斯变换是连续傅里叶变换的推广一样。

若 Z 变换中的求和下限为零，则称之为单边 Z 变换，其定义为

$$S(z)=\sum_{n=0}^{+\infty}s(n)z^{-n} \tag{3-100}$$

其单边 Z 反变换定义为

$$s(n)=\begin{cases}0, & n<0\\ \dfrac{1}{2\pi j}\oint_c S(z)z^{n-1}dz, & n\geqslant 0\end{cases} \tag{3-101}$$

从以上定义可知，因果序列的双边 Z 变换与单边 Z 变换是相同的。在实际应用中，序列常常是因果序列，对于因果序列，可以不用区分是单边还是双边 Z 变换。

2. Z 变换的收敛域

在 Z 变换中，虽然对 $s(n)$ 是否满足绝对可和不做要求，但 Z 变换是 z 的幂级数，只有当该幂级数收敛时，Z 变换才存在，因此对幂级数的收敛性提出了要求。

Z 变换的收敛域是指幂级数收敛时在 z 平面上 z 的取值区域。收敛域常用 ROC 表示。根据级数收敛的判定方法，得到幂级数收敛的充要条件是

$$\sum_{n=-\infty}^{+\infty}|s(n)z^{-n}|<\infty \tag{3-102}$$

不同类型的序列具有不同的收敛域，下面以双边 Z 变换为例分几种情况进行讨论，对于单边 Z 变换的收敛域，可按照相同的方法求解。

1）有限长序列

有限长序列 $s(n)$ 在区间［n_1，n_2］内具有非零值，且求和项有限，根据收敛域的概念可知，除收敛域是否包含 $z=0$ 和 $z=\infty$ 与 n_1、n_2 的取值有关之外，在整个 z 平面均收敛。具体有 3 种情况。

（1）若 $n_1<0$，$n_2>0$，则收敛域不包含 $z=0$ 和 $z=\infty$，即 $0<|z|<\infty$。

（2）若 $n_1 \geqslant 0$，则收敛域不包含 $z=0$，即 $0<|z| \leqslant \infty$。

（3）若 $n_2 \leqslant 0$，则收敛域不包含 $z=\infty$，即 $0 \leqslant |z|<\infty$。

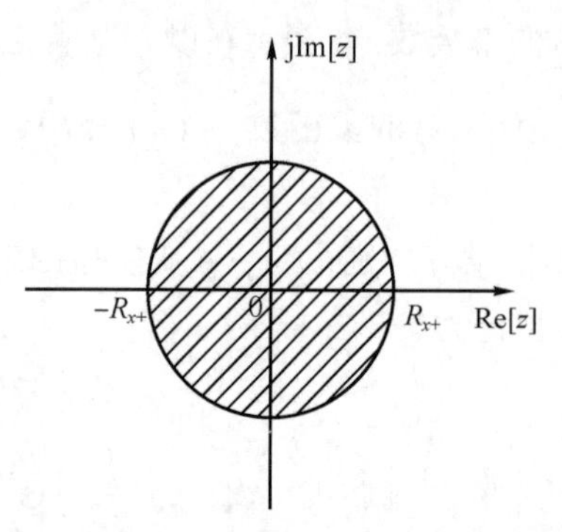

图 3-21 左边序列 Z 变换的收敛域

2）左边序列

左边序列 $s(n)$ 在区间（$-\infty$，n_2］内有非零值，可以推导，左边序列 Z 变换的收敛域为 $0<|z|<R_{x+}$，这里 R_{x+} 表示收敛半径，即在半径为 R_{x+} 的圆内收敛。若 $n_2 \leqslant 0$，则收敛域为 $0 \leqslant |z|<R_{x+}$，也可写为 $|z|<R_{x+}$。特别地，当 $n_2=-1$ 时，$s(n)$ 是反因果序列，因此反因果序列 Z 变换的收敛域为 $|z|<R_{x+}$。在 z 平面上画出收敛域的示意图，如图 3-21 所示，用阴影部分表示收敛区域。

例 3.11 求反因果序列 $s(n)=-a^n u(-n-1)$ 的 Z 变换及其收敛域，其中 $a \neq 0$。

解：根据 Z 变换的定义，得

$$S(z)=\sum_{n=-\infty}^{+\infty} s(n) z^{-n}=\sum_{n=-\infty}^{+\infty}\left[-a^n u(-n-1)\right] z^{-n}=-\sum_{n=-\infty}^{-1}\left(a z^{-1}\right)^n$$

上式是等比级数，只有满足 $|az^{-1}|>1$ 时，该级数才收敛，即收敛域为 $|z|<|a|$，此时 Z 变换为

$$S(z)=-\sum_{n=-\infty}^{-1}\left(a z^{-1}\right)^n=-\frac{a z^{-1}}{1-a z^{-1}}=\frac{z}{z-a}$$

3）右边序列

右边序列 $s(n)$ 在区间［n_1，$+\infty$）内有非零值，则右边序列 Z 变换的收敛域为 $R_{x-}<|z|<+\infty$，R_{x-} 为收敛半径。若 $n_1 \geqslant 0$，则收敛域为 $R_{x-}<|z| \leqslant +\infty$，或者写为 $|z|>R_{x-}$。特别地，当 $n_1=0$ 时，$s(n)$ 为因果序列，因此因果序列 Z 变换的收敛域为 $|z|>R_{x-}$，即在半径为 R_{x-} 的圆外收敛。收敛域示意图如图 3-22 所示。

例 3.12 求因果序列 $s(n)=a^n u(n)$ 的 Z 变换及其收敛域，其中 $a \neq 0$。

解：根据 Z 变换的定义，得

$$S(z)=\sum_{n=-\infty}^{+\infty} s(n) z^{-n}=\sum_{n=-\infty}^{+\infty}\left[a^n u(n)\right] z^{-n}=\sum_{n=0}^{+\infty}\left(a z^{-1}\right)^n$$

上式等比级数中，只有满足 $|az^{-1}|<1$ 时，该级数才收敛，即收敛域为 $|z|>|a|$，此时 Z 变换为

$$S(z)=\sum_{n=0}^{+\infty}\left(a z^{-1}\right)^n=\frac{1}{1-a z^{-1}}=\frac{z}{z-a}$$

4）双边序列

双边序列 $s(n)$ 在区间（$-\infty$，$+\infty$）内有非零值，可以看成是左边序列与右边序列之和，因此收敛域是左边序列与右边序列收敛域的重叠部分，即收敛域为 $R_{x-}<|z|<R_{x+}$，它是一个圆环区域，如图 3-23 所示。

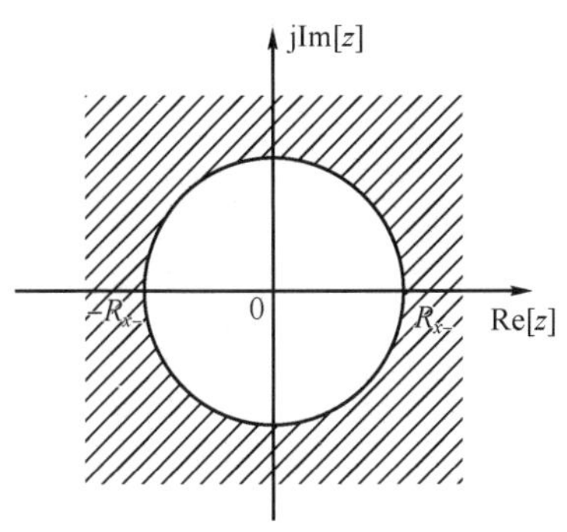

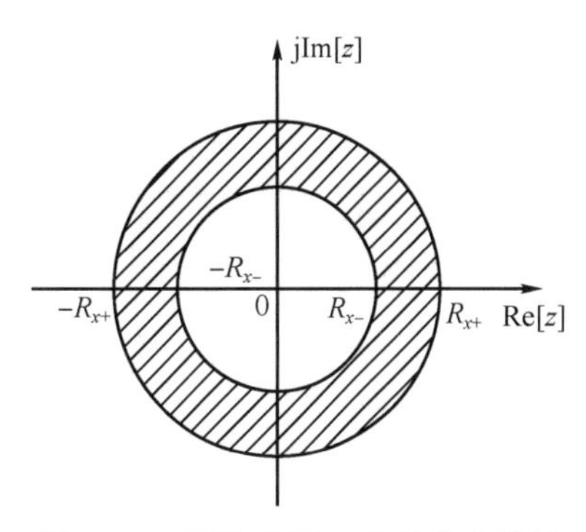

图 3-22　右边序列 Z 变换的收敛域

图 3-23　双边序列 Z 变换的收敛域

例 3.13　求序列 $s(n)=a^{|n|}$的 Z 变换及其收敛域，其中 $a\neq 0$。

解：根据 Z 变换的定义，得

$$S(z)=\sum_{n=-\infty}^{+\infty} a^{|n|}z^{-n}=\sum_{n=-\infty}^{-1}(az)^{-n}+\sum_{n=0}^{+\infty}(az^{-1})^{n}$$

上式等号右边第一项中，当$|az|<1$时该部分收敛，即收敛域为$|z|<1/|a|$，此部分的 Z 变换为

$$S_1(z)=\sum_{n=-\infty}^{-1}(az)^{-n}=\frac{az}{1-az}$$

等号右边第二项中，当$|az^{-1}|<1$时该部分收敛，即收敛域为$|z|>|a|$，此部分的 Z 变换为

$$S_2(z)=\sum_{n=0}^{+\infty}(az^{-1})^{n}=\frac{1}{1-az^{-1}}$$

收敛域取第一项与第二项的公共部分，存在两种情况。

（1）$|a|\geqslant 1$ 时，第一项与第二项的收敛域无公共部分，因此不收敛、$s(n)$的 Z 变换不存在。

（2）$|a|<1$ 时，第一项与第二项的收敛域的公共部分是$|a|<|z|<1/|a|$，因此收敛域为$|a|<|z|<1/|a|$，则 $s(n)$的 Z 变换为

$$S(z)=S_1(z)+S_2(z)=\frac{az}{1-az}+\frac{1}{1-az^{-1}}=\frac{1-a^2}{1+a^2-az-az^{-1}}$$

由以上讨论可得出如下结论。

（1）对于双边序列，它的单边 Z 变换与双边 Z 变换不相同，收敛域也不相同，双边 Z 变换的收敛域为圆环区域，而单边 Z 变换的收敛域为圆的外部区域。

（2）对于因果序列，它的单边 Z 变换与双边 Z 变换相同，收敛域也相同，均为圆的外部区域。

（3）对于反因果序列，它的双边 Z 变换的收敛域为圆的内部区域，而单边 Z 变换为零。

（4）双边 Z 变换与收敛域一起确定对应的时域序列，而单边 Z 变换与时域因果序列总是一一对应的，因此对于单边 Z 变换，可不标出收敛域。这一特点在求 Z 反变换时将会用到。

3. 典型序列的 Z 变换

为求 Z 变换及 Z 反变换时方便查找，表 3-6 给出了典型序列的 Z 变换。

表 3-6　典型序列的 Z 变换

序列	Z 变换	收敛域
$\delta(n)$	1	$0 \leqslant \|z\| \leqslant +\infty$
$u(n)$	$\frac{z}{z-1}$	$\|z\| > 1$
$-u(-n-1)$	$\frac{z}{z-1}$	$\|z\| < 1$
$a^n u(n)$	$\frac{z}{z-a}$	$\|z\| > \|a\|$
$-a^n u(-n-1)$	$\frac{z}{z-a}$	$\|z\| < \|a\|$
$nu(n)$	$\frac{z}{(z-1)^2}$	$\|z\| > 1$
$-nu(-n-1)$	$\frac{z}{(z-1)^2}$	$\|z\| < 1$
$\frac{(n+1)(n+2)\cdots(n+m)}{m!}a^n u(n)$	$\frac{z^{m+1}}{(z-a)^{m+1}}$	$\|z\| > \|a\|$
$\frac{(n+1)(n+2)\cdots(n+m)}{m!}a^n u(-n-1)$	$\frac{z^{m+1}}{(z-a)^{m+1}}$	$\|z\| < \|a\|$
$\frac{n(n-1)(n-2)\cdots(n-m+1)}{m!}a^{n-m}u(n)$	$\frac{z}{(z-a)^{m+1}}$	$\|z\| > \|a\|$
$-\frac{n(n-1)(n-2)\cdots(n-m+1)}{m!}a^{n-m}u(-n-1)$	$\frac{z}{(z-a)^{m+1}}$	$\|z\| < \|a\|$
$\sin(\Omega n)u(n)$	$\frac{z\sin\Omega}{z^2-2z\cos\Omega+1}$	$\|z\| > 1$
$\cos(\Omega n)u(n)$	$\frac{z(z-\cos\Omega)}{z^2-2z\cos\Omega+1}$	$\|z\| > 1$
$a^n\sin(\Omega n)u(n)$	$\frac{az\sin\Omega}{z^2-2az\cos\Omega+a^2}$	$\|z\| > \|a\|$
$a^n\cos(\Omega n)u(n)$	$\frac{z(z-a\cos\Omega)}{z^2-2az\cos\Omega+a^2}$	$\|z\| > \|a\|$
$e^{j\Omega n}u(n)$	$\frac{z}{z-e^{j\Omega}}$	$\|z\| > 1$
$e^{-j\Omega n}u(n)$	$\frac{z}{z-e^{-j\Omega}}$	$\|z\| > 1$

3.4.2　Z 变换的性质

熟悉和掌握 Z 变换的一些基本性质，对求 Z 变换和 Z 反变换非常重要，在离散信号处理中也有重要应用。单边 Z 变换与双边 Z 变换的性质大多数相同，以下讨论中，若没有单独区分的性质则适用于单、双边 Z 变换，若性质不同则分别说明。

1. 线性

若

$$s_1(n) \leftrightarrow S_1(z), \quad s_2(n) \leftrightarrow S_2(z)$$

且 a、b 为常数，则

$$as_1(n) + bs_2(n) \leftrightarrow aS_1(z) + bS_2(z) \tag{3-103}$$

其收敛域至少是 $S_1(z)$ 与 $S_2(z)$ 的收敛域的相交部分。

2. 移位性

单边 Z 变换与双边 Z 变换的求和下限不同，因此它们的移位性也不同。下面分别给出它们的移位性。

1）双边 Z 变换的移位性

若

$$s(n) \leftrightarrow S(z)$$

且 n_0 为整数，则

$$s(n-n_0) \leftrightarrow z^{-n_0}S(z) \tag{3-104}$$

其收敛域与 n_0 的正负取值有关系。

例 3.14　求序列 $s(n)=2^n u(n-1)+3^n u(n+2)$ 的 Z 变换及其收敛域。

解：将 $s(n)$ 改写为

$$s(n) = 2 \cdot 2^{n-1}u(n-1) + 3^{-2} \cdot 3^{n+2}u(n+2)$$

因为

$$Z[2^n u(n)] = \frac{z}{z-2}, \quad |z| > 2$$

$$Z[3^n u(n)] = \frac{z}{z-3}, \quad |z| > 3$$

根据双边 Z 变换的移位性，得

$$Z[2 \cdot 2^{n-1}u(n-1)] = 2z^{-1}\frac{z}{z-2} = \frac{2}{z-2}, \quad |z| > 2$$

$$Z[3^{-2} \cdot 3^{n+2}u(n+2)] = \frac{1}{9}z^2\frac{z}{z-3} = \frac{z^3}{9(z-3)}, \quad 3 < |z| < +\infty$$

由线性特性，得 $s(n)$ 的 Z 变换及其收敛域为

$$Z[s(n)] = \frac{2}{z-2} + \frac{z^3}{9(z-3)} = \frac{z^4 - 2z^3 + 18z - 54}{9(z^2 - 5z + 6)}, \quad 3 < |z| < +\infty$$

2）单边 Z 变换的移位性

若

$$s(n) \leftrightarrow S(z)$$

且 n_0 为正整数，则

$$s(n-n_0) \leftrightarrow z^{-n_0}S(z) + \sum_{n=0}^{n_0-1} s(n-n_0)z^{-n} \tag{3-105}$$

$$s(n+n_0) \leftrightarrow z^{n_0}S(z) - \sum_{n=0}^{n_0-1} s(n)z^{n_0-n} \tag{3-106}$$

其收敛域与 $S(z)$ 的收敛域相同。

例 3.15 求序列 $s_1(n)=2^{n-2}$ 与 $s_2(n)=2^{n+2}$ 的单边 Z 变换。

解：根据单边 Z 变换的定义，得 2^n 的单边 Z 变换为

$$Z[2^n]=\sum_{n=0}^{+\infty}2^n z^{-n}=\sum_{n=0}^{+\infty}(2/z)^n=\frac{z}{z-2},\quad |z|>2$$

则由式（3-105）得 $s_1(n)$ 的单边 Z 变换为

$$Z[2^{n-2}]=z^{-2}\frac{z}{z-2}+2^{-2}+2^{-1}z^{-1}=\frac{z}{4(z-2)},\quad |z|>2$$

则由式（3-106）得 $s_2(n)$ 的单边 Z 变换为

$$Z[2^{n+2}]=z^2\frac{z}{z-2}-2^0z^2-2z=\frac{4z}{z-2},\quad |z|>2$$

3. 周期性

若 $s(n)$ 是定义域为 $0\leqslant n<N$ 的有限长序列，且

$$s(n)\leftrightarrow S(z),\quad |z|>0$$

则

$$s_T(n)=\sum_{k=0}^{+\infty}s(n-kN)\leftrightarrow\frac{S(z)}{1-z^{-N}},\quad |z|>1 \tag{3-107}$$

式中，$s_T(n)$ 为单边周期序列，它是 $s(n)$ 以 N 为周期向正方向的周期延拓；$(1-z^{-N})$ 被称为 Z 域周期因子。

4. 尺度变换性

若

$$s(n)\leftrightarrow S(z)$$

且 $a\neq0$，则

$$a^n s(n)\leftrightarrow S\left(\frac{z}{a}\right) \tag{3-108}$$

其收敛域在 $S(z)$ 的收敛域上进行缩放，收敛半径为 $S(z)$ 的收敛半径的 $|a|$ 倍。

例 3.16 求指数型正弦序列 $s(n)=a^n\sin(\Omega n)u(n)\ (a\neq0)$ 的 Z 变换。

解：由于 $\sin(\Omega n)=\frac{1}{2\mathrm{j}}(\mathrm{e}^{\mathrm{j}\Omega n}-\mathrm{e}^{-\mathrm{j}\Omega n})$，根据线性特性得

$$Z[\sin(\Omega n)u(n)]=\frac{1}{2\mathrm{j}}\{Z[\mathrm{e}^{\mathrm{j}\Omega n}u(n)]-Z[\mathrm{e}^{-\mathrm{j}\Omega n}u(n)]\}$$

将表 3-6 中的结果代入上式，得

$$Z[\sin(\Omega n)u(n)]=\frac{1}{2\mathrm{j}}\left[\frac{z}{z-\mathrm{e}^{\mathrm{j}\Omega}}-\frac{z}{z-\mathrm{e}^{-\mathrm{j}\Omega}}\right]=\frac{z\sin\Omega}{z^2-2z\cos\Omega+1},\quad |z|>1$$

由尺度变换性得 $s(n)$ 的 Z 变换为

$$Z[a^n\sin(\Omega n)u(n)]=\frac{z/a\cdot\sin\Omega}{(z/a)^2-2z/a\cdot\cos\Omega+1}=\frac{az\sin\Omega}{z^2-2az\cos\Omega+a^2},\quad |z|>|a|$$

5. 时间翻转性

若

$$s(n)\leftrightarrow S(z)$$

则

$$s(-n)\leftrightarrow S(z^{-1}) \tag{3-109}$$

其收敛半径是 $S(z)$ 的收敛半径的倒数，再交换上下限即它的收敛域。

6. 微分性

若

$$s(n)\leftrightarrow S(z)$$

则

$$ns(n)\leftrightarrow -z\frac{\mathrm{d}}{\mathrm{d}z}S(z) \tag{3-110}$$

$$n^k s(n)\leftrightarrow \left[-z\frac{\mathrm{d}}{\mathrm{d}z}\right]^k S(z) \tag{3-111}$$

式中，k 为正整数，$\left[-z\frac{\mathrm{d}}{\mathrm{d}z}\right]^k S(z)$ 表示的运算为 $-z\frac{\mathrm{d}}{\mathrm{d}z}\left(\cdots\left(-z\frac{\mathrm{d}}{\mathrm{d}z}\left(-z\frac{\mathrm{d}}{\mathrm{d}z}S(z)\right)\right)\cdots\right)$，共求 k 次导和 k 次乘以（$-z$）的运算，其收敛域与 $S(z)$ 的收敛域相同。

例 3.17　求序列 $n^2u(n)$ 和 $\frac{n(n+1)}{2}u(n)$ 的 Z 变换。

解：(1) 由于 $Z[u(n)]=\frac{z}{z-1}$，利用微分性得

$$Z[nu(n)]=\frac{z}{(z-1)^2}$$

再利用微分性得

$$Z[n^2u(n)]=-z\frac{\mathrm{d}}{\mathrm{d}z}\left[\frac{z}{(z-1)^2}\right]=\frac{z(z+1)}{(z-1)^3},\qquad |z|>1$$

(2) 因为

$$\frac{n(n+1)}{2}u(n)=\frac{1}{2}n^2u(n)+\frac{1}{2}nu(n)$$

根据线性特性和 (1) 中的结果，得

$$\begin{aligned}Z\left[\frac{n(n+1)}{2}u(n)\right]&=\frac{1}{2}Z[n^2u(n)]+\frac{1}{2}Z[nu(n)]\\&=\frac{1}{2}\frac{z(z+1)}{(z-1)^3}+\frac{1}{2}\frac{z}{(z-1)^2},\quad |z|>1\\&=\frac{z^2}{(z-1)^3}\end{aligned}$$

7. 积分性

若

$$s(n)\leftrightarrow S(z)$$

k 为整数，且 $n+k>0$，则

$$\frac{s(n)}{n+k}\leftrightarrow z^k\int_z^{+\infty}\frac{S(\eta)}{\eta^{k+1}}\mathrm{d}\eta \tag{3-112}$$

其收敛域与 $S(z)$ 的收敛域相同。

例 3.18 已知 $s(n)=\dfrac{3^n}{n+1}u(n)$，求 $s(n)$ 的 Z 变换。

解：由于

$$Z[3^n u(n)]=\frac{z}{z-3},\qquad |z|>3$$

根据积分性得 $s(n)$ 的 Z 变换为

$$Z[s(n)]=z\int_z^{+\infty}\frac{\frac{\eta}{\eta-3}}{\eta^2}\mathrm{d}\eta=z\int_z^{+\infty}\frac{1}{\eta(\eta-3)}\mathrm{d}\eta=\frac{z}{3}\ln\frac{\eta-3}{\eta}\bigg|_z^{+\infty}=\frac{z}{3}\ln\frac{z}{z-3},\qquad |z|>3$$

8. 时域卷积定理

若

$$s_1(n)\leftrightarrow S_1(z),\qquad s_2(n)\leftrightarrow S_2(z)$$

则

$$s_1(n)*s_2(n)\leftrightarrow S_1(z)S_2(z) \tag{3-113}$$

其收敛域至少是 $S_1(z)$ 与 $S_2(z)$ 的收敛域的相交部分。

例 3.19 已知 $s_1(n)=2^n u(n+1)$，$s_2(n)=(-1)^n u(n-2)$，$s(n)=s_1(n)*s_2(n)$，求 $s(n)$ 的 Z 变换。

解：由于

$$s_1(n)=\frac{1}{2}\cdot 2^{n+1}u(n+1)$$

$$Z[2^n u(n)]=\frac{z}{z-2}$$

则由双边 Z 变换的移位性得

$$Z[s_1(n)]=\frac{1}{2}z\cdot Z[2^n u(n)]=\frac{1}{2}z\frac{z}{z-2}=\frac{z^2}{2(z-2)},\qquad 2<|z|<+\infty$$

$$Z[u(n-2)]=z^{-2}\frac{z}{z-1}=\frac{1}{z(z-1)}$$

由尺度变换性得

$$Z[s_2(n)]=Z[(-1)^n u(n-2)]=\frac{1}{-z(-z-1)}=\frac{1}{z(z+1)},\qquad |z|>1$$

根据时域卷积定理，得 $s(n)$ 的 Z 变换为

$$Z[s(n)]=\frac{z^2}{2(z-2)}\cdot\frac{1}{z(z+1)}=\frac{z}{2(z^2-z-2)},\qquad 2<|z|<+\infty$$

9. 初值定理

若 $n<m$ 时 $s(n)=0$，m 为整数，且

$$s(n)\leftrightarrow S(z)$$

则序列的初值为

$$s(m)=\lim_{z\to+\infty}z^m S(z) \tag{3-114}$$

若 $m=0$，即 $s(n)$ 为因果序列，则序列的初值为

$$s(0)=\lim_{z\to+\infty}S(z) \tag{3-115}$$

序列的任意值为

$$s(k)=\lim_{z\to+\infty}z^{k}\left[S(z)-\sum_{i=0}^{k-1}s(i)z^{-i}\right],\quad k=1,2,3,\cdots \tag{3-116}$$

初值定理表明，序列的初值及任意值可由象函数求得，而不必通过原序列求。初值定理适用于右边序列。

10. 终值定理

若 $n<m$ 时 $s(n)=0$，m 为整数，且

$$s(n)\leftrightarrow S(z),\quad R_{x-}<|z|<+\infty$$

则序列的终值为

$$s(\infty)=\lim_{n\to+\infty}s(n)=\lim_{z\to1}[(z-1)S(z)] \tag{3-117}$$

终值定理表明可由象函数直接求序列的终值，它适用于右边序列。值得注意的是，只有当 $(z-1)S(z)$ 的收敛域包含单位圆，或者 $S(z)$ 除有 $z=1$ 的一阶极点外，其他极点均位于单位圆内时，取 $z\to1$ 的极限才存在，此时终值定理才可应用。

例 3.20 已知因果序列 $s_1(n)$、$s_2(n)$ 的 Z 变换分别为 $S_1(z)=\dfrac{z(3z-1)}{z^2-1.5z+0.5}$、$S_2(z)=\dfrac{z}{z+1}$。求：(1) $s_1(0)$、$s_2(0)$、$s_1(1)$；(2) $s_1(\infty)$、$s_2(\infty)$。

解：(1) 由初值定理和式 (3-116)，得

$$s_1(0)=\lim_{z\to+\infty}S_1(z)=\lim_{z\to+\infty}\frac{z(3z-1)}{z^2-1.5z+0.5}=3$$

$$s_2(0)=\lim_{z\to+\infty}S_2(z)=\lim_{z\to+\infty}\frac{z}{z+1}=1$$

$$s_1(1)=\lim_{z\to+\infty}z\left[\frac{z(3z-1)}{z^2-1.5z+0.5}-s_1(0)\right]=\lim_{z\to+\infty}z\left[\frac{z(3z-1)}{z^2-1.5z+0.5}-3\right]=3.5$$

(2) 因为 $S_1(z)=\dfrac{z(3z-1)}{z^2-1.5z+0.5}=\dfrac{4z}{z-1}-\dfrac{z}{z-0.5}$ 的极点为 $z_1=0.5$、$z_2=1$，终值定理适用，所以

$$s_1(\infty)=\lim_{z\to1}[(z-1)S_1(z)]=\lim_{z\to1}\left[(z-1)\left(\frac{4z}{z-1}-\frac{z}{z-0.5}\right)\right]=4$$

$S_2(z)=\dfrac{z}{z+1}$ 的极点 $z=-1$ 不在单位圆内，故终值定理不适用，即不存在终值。

11. 部分和性

若

$$s(n)\leftrightarrow S(z)$$

则

$$g(n)=\sum_{k=-\infty}^{n}s(k)\leftrightarrow\frac{z}{z-1}S(z) \tag{3-118}$$

若 $s(n)$ 是因果序列，则

$$g(n) = \sum_{k=0}^{n} s(k) \leftrightarrow \frac{z}{z-1} S(z) \tag{3-119}$$

式中，$g(n) = \sum_{k=-\infty}^{n} s(k)$ 被称为 $s(n)$ 的部分和序列。其收敛域的收敛半径下限是取 $S(z)$ 的收敛半径与 1 的最大值，收敛半径上限与 $S(z)$ 的收敛半径上限相同。

最后，将 Z 变换的性质列于表 3-7 中，以便查找。表中省略了收敛域，使用时应明确所有性质对应的收敛域。

表 3-7　Z 变换的主要性质

名称		序列	Z 变换
线性		$as_1(n) + bs_2(n)$	$aS_1(z) + bS_2(z)$
移位性	双边变换	$s(n-n_0)$	$z^{-n_0}S(z)$
	单边变换	$s(n-n_0)$，$n_0 > 0$	$z^{-n_0}S(z) + \sum_{n=0}^{n_0-1} s(n-n_0) z^{-n}$
		$s(n+n_0)$，$n_0 > 0$	$z^{n_0}S(z) - \sum_{n=0}^{n_0-1} s(n) z^{n_0-n}$
周期性		$\sum_{k=0}^{+\infty} s(n-kN)$	$\frac{S(z)}{1-z^{-N}}$
尺度变换性		$a^n s(n)$，$a \neq 0$	$S\left(\frac{z}{a}\right)$
时间翻转性		$s(-n)$	$S(z^{-1})$
微分性		$n^k s(n)$，$k = 1, 2, 3, \cdots$	$\left[-z\frac{\mathrm{d}}{\mathrm{d}z}\right]^k S(z)$
积分性		$\frac{s(n)}{n+k}$，$n+k > 0$	$z^k \int_z^{+\infty} \frac{S(\eta)}{\eta^{k+1}} \mathrm{d}\eta$
时域卷积定理		$s_1(n) * s_2(n)$	$S_1(z)S_2(z)$
部分和性		$\sum_{k=-\infty}^{n} s(k)$	$\frac{z}{z-1}S(z)$
		$\sum_{k=0}^{n} s(k)$	$\frac{z}{z-1}S(z)$
初值定理		$s(0) = \lim_{z \to +\infty} S(z)$ $s(k) = \lim_{z \to +\infty} z^k \left[S(z) - \sum_{i=0}^{k-1} s(i) z^{-i}\right]$，$k = 1, 2, 3, \cdots$	
终值定理		$s(\infty) = \lim_{z \to 1}[(z-1)S(z)]$	

3.4.3 Z 反变换

Z 反变换解决的是求时域序列的问题，在离散系统分析中有重要的应用。求 Z 反变换的方法主要有直接法、部分分式展开法、幂级数展开法和留数法，部分分式展开法因简单便捷和适用范围广而应用最广泛。无论采用哪一种方法，都要考虑收敛域对Z反变换结果的影响。

1. 直接法

对于某些结构简单的象函数，可直接利用Z变换对和Z变换性质求得原序列。下面通过例题说明。

例3.21 求下列象函数的Z反变换。

(1) $S_1(z)=\dfrac{1}{3z-1}$，$|z|>\dfrac{1}{3}$；(2) $S_2(z)=\dfrac{1+z^{-1}}{1-z^{-4}}$，$|z|>0$。

解：(1) 将 $S_1(z)$ 改写为

$$S_1(z)=\frac{1}{3z-1}=\frac{z^{-1}}{3}\frac{z}{z-1/3}$$

利用Z变换对 $a^n u(n)\leftrightarrow\dfrac{z}{z-a}$，$|z|>|a|$，结合Z变换的线性、移位性质，得 $S_1(z)$ 的Z反变换为

$$s_1(n)=Z^{-1}[S_1(z)]=\frac{1}{3}\cdot\left(\frac{1}{3}\right)^{n-1}u(n-1)=\left(\frac{1}{3}\right)^{n}u(n-1)$$

(2) 由 $\delta(n)\leftrightarrow 1$，Z变换的线性、移位性质，得

$$1+z^{-1}\leftrightarrow\delta(n)+\delta(n-1)$$

再根据周期性质得 $S_2(z)$ 的Z反变换为

$$s_2(n)=Z^{-1}[S_2(z)]=\sum_{k=0}^{+\infty}[\delta(n-4k)+\delta(n-1-4k)]$$

2. 部分分式展开法

若 $S(z)$ 为有理分式，则 $S(z)$ 可表示为

$$S(z)=\frac{B(z)}{A(z)}=\frac{b_m z^m+b_{m-1}z^{m-1}+\cdots+b_1 z+b_0}{a_n z^n+a_{n-1}z^{n-1}+\cdots+a_1 z+a_0}\tag{3-120}$$

式中，$A(z)$、$B(z)$ 分别为 $S(z)$ 的分母和分子多项式，其系数均是实数，m、n 为整数。

为利用指数序列的Z变换对求 $S(z)$ 的反变换，常常是先将 $S(z)/z$ 进行部分分式展开，然后乘以因子 z，即可得到由形式为 $z/(z-a)$ 的若干项叠加而成的真分式，最后利用指数序列的Z变换对求得 $S(z)$ 的反变换。通常 $S(z)$ 中 $m<n$，即 $S(z)$ 为有理真分式，此时 $S(z)/z$ 可直接展开成部分分式。但若 $m\geqslant n$，如果 $S(z)/z$ 仍为假分式，可用多项式除法将 $S(z)/z$ 分为整式和真分式两部分，再将真分式展开成部分分式；如果 $S(z)/z$ 为真分式，就直接将 $S(z)/z$ 展开成部分分式。

称方程 $A(z)=0$ 的根 z_1，z_2，…，z_n 为 $S(z)$ 的极点，针对极点的不同类型，$S(z)/z$ 的展开式存在不同，下面分别进行讨论。

1) 极点为单实极点

单实极点即各个极点是实数且互不相等，且不等于0，则 $S(z)/z$ 可展开为

$$\frac{S(z)}{z}=\frac{K_0}{z}+\frac{K_1}{z-z_1}+\cdots+\frac{K_n}{z-z_n}=\sum_{i=0}^{n}\frac{K_i}{z-z_i}\tag{3-121}$$

式中，$z_0=0$，K_0 表示 $S(z)$ 除以 z 后可能引入的零值极点对应的系数。

各待定系数为

$$K_i=(z-z_i)\frac{S(z)}{z}\bigg|_{z=z_i} \tag{3-122}$$

式（3-121）两端同乘以 z 得 $S(z)$ 为

$$S(z)=K_0+\sum_{i=1}^{n}\frac{K_i z}{z-z_i} \tag{3-123}$$

再根据给定的收敛域和已知的变换对，可求得原序列 $s(n)$。

例 3.22　已知 $S(z)=\dfrac{z^2+2}{(z-1)(z-2)}$，求收敛域分别为 $|z|<1$、$1<|z|<2$、$|z|>2$ 时的 Z 反变换 $s(n)$。

解：（1）$S(z)/z$ 可展开为

$$\frac{S(z)}{z}=\frac{z^2+2}{z(z-1)(z-2)}=\frac{K_0}{z}+\frac{K_1}{z-1}+\frac{K_2}{z-2}$$

由式（3-122）得系数为

$$K_0=z\frac{S(z)}{z}\bigg|_{z=0}=1$$

$$K_1=(z-1)\frac{S(z)}{z}\bigg|_{z=1}=-3$$

$$K_2=(z-2)\frac{S(z)}{z}\bigg|_{z=2}=3$$

则有

$$S(z)=\frac{z^2+2}{(z-1)(z-2)}=1-\frac{3z}{z-1}+\frac{3z}{z-2}$$

由

$$\delta(n)\leftrightarrow 1,\quad 0\leqslant |z|\leqslant +\infty$$

$$-u(-n-1)\leftrightarrow\frac{z}{z-1},\quad |z|<1$$

$$-2^n u(-n-1)\leftrightarrow\frac{z}{z-2},\quad |z|<2$$

得收敛域为 $|z|<1$ 时的 Z 反变换为

$$\begin{aligned}s(n)&=\delta(n)+3u(-n-1)-3\cdot 2^n u(-n-1)\\&=\delta(n)+3(1-2^n)u(-n-1)\end{aligned}$$

（2）同理得 $S(z)$ 的展开式为

$$S(z)=1-\frac{3z}{z-1}+\frac{3z}{z-2}$$

因为

$$u(n)\leftrightarrow\frac{z}{z-1},\quad |z|>1$$

收敛域为 $1<|z|<2$，则原序列是双边序列，得 Z 反变换为

$$s(n)=\delta(n)-3u(n)-3\cdot 2^n u(-n-1)$$

（3）$S(z)$的展开式与前面一样，由于收敛域为$|z|>2$，则原序列是因果序列。由于

$$2^n u(n) \leftrightarrow \frac{z}{z-2}, \qquad |z|>2$$

则Z反变换为

$$\begin{aligned} s(n) &= \delta(n) - 3u(n) + 3 \cdot 2^n u(n) \\ &= \delta(n) - 3(1-2^n)u(n) \end{aligned}$$

例 3.23　已知$S(z)=\dfrac{z^2+2z}{(z+1)(z-1)(z-2)(z-3)}$，收敛域为$1<|z|<2$，求原序列$s(n)$。

解：$S(z)/z$可展开为

$$\frac{S(z)}{z} = \frac{z+2}{(z+1)(z-1)(z-2)(z-3)} = \frac{K_1}{z+1} + \frac{K_2}{z-1} + \frac{K_3}{z-2} + \frac{K_4}{z-3}$$

由式（3-122）得系数为

$$K_1 = (z+1)\frac{S(z)}{z}\bigg|_{z=-1} = -\frac{1}{24}$$

同理，可求得$K_2=\dfrac{3}{4}$、$K_3=-\dfrac{4}{3}$、$K_4=\dfrac{5}{8}$，则$S(z)$的展开式为

$$S(z) = -\frac{1}{24}\frac{z}{z+1} + \frac{3}{4}\frac{z}{z-1} - \frac{4}{3}\frac{z}{z-2} + \frac{5}{8}\frac{z}{z-3}$$

因为收敛域为$1<|z|<2$，上式的前两项的收敛域满足$|z|>1$，故原函数是因果序列，后两项的收敛域满足$|z|<2$，故原函数是反因果序列。则由表3-6可得原序列$s(n)$为

$$\begin{aligned} s(n) &= -\frac{1}{24}(-1)^n u(n) + \frac{3}{4}u(n) + \frac{4}{3}\cdot 2^n u(-n-1) - \frac{5}{8}\cdot 3^n u(-n-1) \\ &= \left[\frac{3}{4} - \frac{1}{24}(-1)^n\right]u(n) + \left(\frac{4}{3}\cdot 2^n - \frac{5}{8}\cdot 3^n\right)u(-n-1) \end{aligned}$$

2）极点为单复极点

这里只讨论单复极点是一对共轭复数的情况，即$z_{1,2}=a\pm jb$，关于极点包含多对共轭复数时的展开方法与之相同，则$S(z)/z$可展开为

$$\frac{S(z)}{z} = \frac{K_0}{z} + \frac{K_1}{z-z_1} + \frac{K_2}{z-z_2} = \frac{K_0}{z} + \frac{K_1}{z-a-jb} + \frac{K_2}{z-a+jb} \tag{3-124}$$

式中，K_1、K_2是复数，且$K_1=K_2^*$，系数的求法与单实极点时系数的求法相同。

将$S(z)$的极点写成指数形式为

$$z_{1,2} = a \pm jb = re^{\pm j\varphi} \tag{3-125}$$

式中，$r=\sqrt{a^2+b^2}$，$\varphi=\arctan(\dfrac{b}{a})$。

令$K_1=|K_1|e^{j\theta}$，则$K_2=|K_1|e^{-j\theta}$，式（3-124）可改写为

$$\frac{S(z)}{z} = \frac{K_0}{z} + \frac{|K_1|e^{j\theta}}{z-re^{j\varphi}} + \frac{|K_1|e^{-j\theta}}{z-re^{-j\varphi}} \tag{3-126}$$

则

$$S(z)=K_0+\frac{|K_1|\mathrm{e}^{\mathrm{j}\theta}z}{z-r\mathrm{e}^{\mathrm{j}\varphi}}+\frac{|K_1|\mathrm{e}^{-\mathrm{j}\theta}z}{z-r\mathrm{e}^{-\mathrm{j}\varphi}} \tag{3-127}$$

根据不同的收敛域，对上式取 Z 反变换，得原函数为

$$s(n)=2|K_1|r^n\cos(\varphi n+\theta)u(n),\quad |z|>r \tag{3-128}$$

$$s(n)=-2|K_1|r^n\cos(\varphi n+\theta)u(-n-1),\quad |z|<r \tag{3-129}$$

例 3.24　求象函数

$$S(z)=\frac{z^3+6}{(z+1)(z^2+4)},\qquad |z|<1$$

的原函数 $s(n)$。

解：$S(z)$的极点为 $z_1=-1$，$z_{2,3}=\pm\mathrm{j}2=2\mathrm{e}^{\pm\mathrm{j}\pi/2}$，则 $S(z)/z$ 可展开为

$$\frac{S(z)}{z}=\frac{K_0}{z}+\frac{K_1}{z+1}+\frac{K_2}{z-\mathrm{j}2}+\frac{K_2^*}{z+\mathrm{j}2}$$

由式（3-122）求得系数为

$$K_0=z\frac{S(z)}{z}\bigg|_{z=0}=1.5$$

$$K_1=(z+1)\frac{S(z)}{z}\bigg|_{z=-1}=-1$$

$$K_2=(z-\mathrm{j}2)\frac{S(z)}{z}\bigg|_{z=\mathrm{j}2}=\frac{1+\mathrm{j}2}{4}=\frac{\sqrt{5}}{4}\mathrm{e}^{\mathrm{j}63.4^\circ}$$

则 $S(z)$的展开式为

$$S(z)=1.5-\frac{z}{z+1}+\frac{\frac{\sqrt{5}}{4}\mathrm{e}^{\mathrm{j}63.4^\circ}z}{z-2\mathrm{e}^{\mathrm{j}\pi/2}}+\frac{\frac{\sqrt{5}}{4}\mathrm{e}^{-\mathrm{j}63.4^\circ}z}{z-2\mathrm{e}^{-\mathrm{j}\pi/2}}$$

因为收敛域为$|z|<1$，则对 $S(z)$取 Z 反变换和由式（3-129）得原函数为

$$\begin{aligned}s(n)&=1.5\delta(n)-(-1)^nu(n)-2\cdot\frac{\sqrt{5}}{4}\cdot 2^n\cos\left(\frac{\pi}{2}n+63.4^\circ\right)u(-n-1)\\&=1.5\delta(n)-(-1)^nu(n)-\sqrt{5}\cdot 2^{n-1}\cos\left(\frac{\pi}{2}n+63.4^\circ\right)u(-n-1)\end{aligned}$$

3）极点为重极点

若 $S(z)$有 r 重实数极点 $z=a$，则 $S(z)/z$ 可展开为

$$\frac{S(z)}{z}=\frac{K_0}{z}+\frac{K_{11}}{(z-a)^r}+\frac{K_{12}}{(z-a)^{r-1}}+\cdots+\frac{K_{1r}}{z-a} \tag{3-130}$$

重极点对应的系数 $K_{1i}(i=1,2,\cdots,r)$为

$$K_{1i}=\frac{1}{(i-1)!}\frac{\mathrm{d}^{i-1}}{\mathrm{d}z^{i-1}}\left[(z-a)^r\frac{S(z)}{z}\right]\bigg|_{z=a} \tag{3-131}$$

式（3-130）两端同乘以 z，得 $S(z)$为

$$S(z)=K_0+\frac{K_{11}z}{(z-a)^r}+\frac{K_{12}z}{(z-a)^{r-1}}+\cdots+\frac{K_{1r}z}{z-a} \tag{3-132}$$

再根据给定的收敛域和已知的变换对，可求得上式的原序列 $s(n)$。

如果 $S(z)$ 有二重复数极点，同样利用式（3-131）求系数 K_{11} 和 K_{12}，再根据给定的收敛域和已知的变换对求其 Z 反变换。

例 3.25　求象函数

$$S(z)=\frac{z^3+z^2}{(z-1)^3},\qquad |z|>1$$

的原函数 $s(n)$。

解：$S(z)$ 的三重极点为 $z=1$，则 $S(z)/z$ 可展开为

$$\frac{S(z)}{z}=\frac{K_{11}}{(z-1)^3}+\frac{K_{12}}{(z-1)^2}+\frac{K_{13}}{z-1}$$

由式（3-131）求得系数为

$$K_{11}=(z-1)^3\frac{S(z)}{z}\bigg|_{z=1}=2$$

$$K_{12}=\frac{\mathrm{d}}{\mathrm{d}z}\left[(z-1)^3\frac{S(z)}{z}\right]\bigg|_{z=1}=3$$

$$K_{13}=\frac{1}{2}\frac{\mathrm{d}^2}{\mathrm{d}z^2}\left[(z-1)^3\frac{S(z)}{z}\right]\bigg|_{z=1}=1$$

则有

$$S(z)=\frac{2z}{(z-1)^3}+\frac{3z}{(z-1)^2}+\frac{z}{z-1}$$

因为收敛域为 $|z|>1$，则由表 3-6 可得原函数为

$$s(n)=\left[\frac{2}{2!}n(n-1)+3n+1\right]u(n)=(n+1)^2u(n)$$

例 3.26　已知 $S(z)=\dfrac{z+2}{(z-1)(z-2)^2}$，收敛域为 $1<|z|<2$，求 $S(z)$ 的 Z 反变换。

解：$S(z)/z$ 的展开式为

$$\frac{S(z)}{z}=\frac{K_0}{z}+\frac{K_{11}}{(z-2)^2}+\frac{K_{12}}{z-2}+\frac{K_2}{z-1}$$

由式（3-131）求得系数为

$$K_{11}=\left[(z-2)^2\frac{S(z)}{z}\right]\bigg|_{z=2}=2$$

$$K_{12}=\frac{\mathrm{d}}{\mathrm{d}z}\left[(z-2)^2\frac{S(z)}{z}\right]\bigg|_{z=2}=-\frac{5}{2}$$

由式（3-122）求得系数为

$$K_0=z\frac{S(z)}{z}\bigg|_{z=0}=-\frac{1}{2}$$

$$K_2=(z-1)\frac{S(z)}{z}\bigg|_{z=1}=3$$

则有

$$S(z)=-\frac{1}{2}+\frac{3z}{z-1}+\frac{2z}{(z-2)^2}-\frac{5z}{2(z-2)}$$

由于收敛域为 $1<|z|<2$，则得 $S(z)$ 的 Z 反变换为

$$s(n)=-\frac{1}{2}\delta(n)+3u(n)-2n\cdot 2^{n-1}u(-n-1)+\frac{5}{2}\cdot 2^n u(-n-1)$$

$$=-\frac{1}{2}\delta(n)+3u(n)-\left(n-\frac{5}{2}\right)2^n u(-n-1)$$

3. 幂级数展开法

前面讨论的部分分式展开法适用于象函数是有理分式且已知极点的情况，能够方便求得原函数的解析式。但对于象函数不是有理分式或象函数的极点未知时，可采用幂级数展开法来求解原函数。特别是只需要求序列的部分值时，该方法非常方便，但也存在难以求得序列的解析式的缺点。

由 Z 变换的定义可知，象函数 $S(z)$ 是 z 或 z^{-1} 的幂级数，因此根据给定的收敛域，利用长除法可将 $S(z)$ 展开成幂级数，长除结果的商为 $S(z)$ 的幂级数展开式，它的系数就是原序列的值。下面通过例题说明幂级数展开法的应用。

例 3.27 已知象函数 $S(z)=\frac{z}{(z-1)^2}$，应用幂级数展开法求收敛域分别为 $|z|<1$、$|z|>1$ 时的原函数 $s(n)$。

解：(1) 因为 $|z|<1$，则 $s(n)$ 是反因果序列，所以 $S(z)$ 是 z 的幂级数，将 $S(z)$ 的分子、分母按 z 的升幂排列进行长除，$S(z)$ 改写为

$$S(z)=\frac{z}{(z-1)^2}=\frac{z}{1-2z+z^2}$$

长除结果为

$$\begin{array}{r}
z+2z^2+3z^3+\cdots \\
1-2z+z^2\,\overline{\big)\,z\qquad\qquad\qquad} \\
z-2z^2+z^3 \\
\cdots
\end{array}$$

则有

$$S(z)=z+2z^2+3z^3+\cdots=\sum_{n=-\infty}^{-1}-nz^{-n}$$

得原函数为

$$s(n)=-nu(-n-1)$$

(2) 因为 $|z|>1$，则 $s(n)$ 是因果序列，所以 $S(z)$ 是 z^{-1} 的幂级数，将 $S(z)$ 的分子、分母按 z 的降幂排列进行长除，$S(z)$ 改写为

$$S(z)=\frac{z}{(z-1)^2}=\frac{z}{z^2-2z+1}$$

长除结果为

$$\begin{array}{r}
z^{-1}+2z^{-2}+3z^{-3}+\cdots \\
z^2-2z+1\,\overline{\big)\,z\qquad\qquad\qquad\qquad}
\end{array}$$

$$z - 2 + z^{-1}$$

$$\cdots$$

则有

$$S(z) = z^{-1} + 2z^{-2} + 3z^{-3} + \cdots = \sum_{n=0}^{+\infty} nz^{-n}$$

得原函数为

$$s(n) = nu(n)$$

例 3.28　求 $S(z)=\mathrm{e}^{\frac{a}{z}}+1$，$|z|>0$，$a\neq0$ 的 Z 反变换。

解：指数函数 e^x 展开成幂级数为

$$\mathrm{e}^x = \sum_{n=0}^{+\infty} \frac{x^n}{n!}, \qquad |x| < +\infty$$

令 $x=\frac{a}{z}$，则有

$$S(z) = \mathrm{e}^{\frac{a}{z}} + 1 = 1 + \sum_{n=0}^{+\infty} \frac{\left(\frac{a}{z}\right)^n}{n!} = 1 + \sum_{n=0}^{+\infty} \frac{a^n}{n!} z^{-n}, \qquad |z| > 0$$

则得 $S(z)$ 的 Z 反变换为

$$s(n) = \delta(n) + \frac{a^n}{n!} u(n)$$

本章要点

(1) 连续信号的离散化，信号的采样及采样定理。离散信号可通过对连续信号采样得到，要从采样信号中无失真地恢复出原信号，必须满足采样定理。采样分为时域采样与频域采样。在时域是非时限的信号对应在频域是带限的，在时域是时限的信号对应在频域是非带限的。

(2) 离散信号的时域分析，包括离散信号的时域表示、离散信号的时域运算、离散信号的卷积和。可以用解析式、图形、有序数列的集合来表示离散信号。时域运算能直观反映离散信号的运算特征，通过波形更能表达运算过程和结果。卷积和是离散信号处理与离散系统时域分析的工具。

(3) 离散信号的频域分析，包括离散周期信号的频域分析、离散非周期信号的频域分析、离散傅里叶变换、离散傅里叶变换的快速算法。离散周期信号的频域分析工具是离散傅里叶级数，离散非周期信号的频域分析工具是离散时间傅里叶变换。离散傅里叶级数得到的是真正的频谱，而离散时间傅里叶变换得到的是频谱密度。离散傅里叶变换是为了实现数字信号处理而导出的变换，没有明确的物理意义。离散傅里叶变换的快速算法提高了运算速度，便于计算机等处理器实现。

(4) 离散信号的 Z 域分析，包括离散信号的 Z 变换及 Z 反变换、Z 变换的性质。Z 变换是离散信号的 Z 域分析工具，它将离散信号从时域映射到复频域，它没有实际的物理意义。

序列的 Z 变换和它的收敛域一起与该序列构成一一对应的关系。Z 变换及 Z 反变换是离散系统分析的有力工具，通过它将系统的差分方程转换成代数方程，为系统响应的求解带来方便。通过 Z 变换可求系统函数，Z 变换将系统的时域、频域与复频域描述联系起来，揭示了这 3 种信号分析方法间的关系。Z 变换的性质为求解 Z 变换及 Z 反变换带来便利。

习题 3

3.1 画出下列各序列的图形。

(1) $s(n)=nu(n)$。　(2) $s(n)=nu(n+3)$。

(3) $s(n)=(n+3)u(n+3)$。　(4) $s(n)=(n-3)u(n+3)$。

(5) $s(n)=(n-3)u(n-3)$。　(6) $s(n)=\delta(n+2)+2\delta(n-2)-3\delta(n-3)$。

3.2 写出下图所示各序列的表达式。

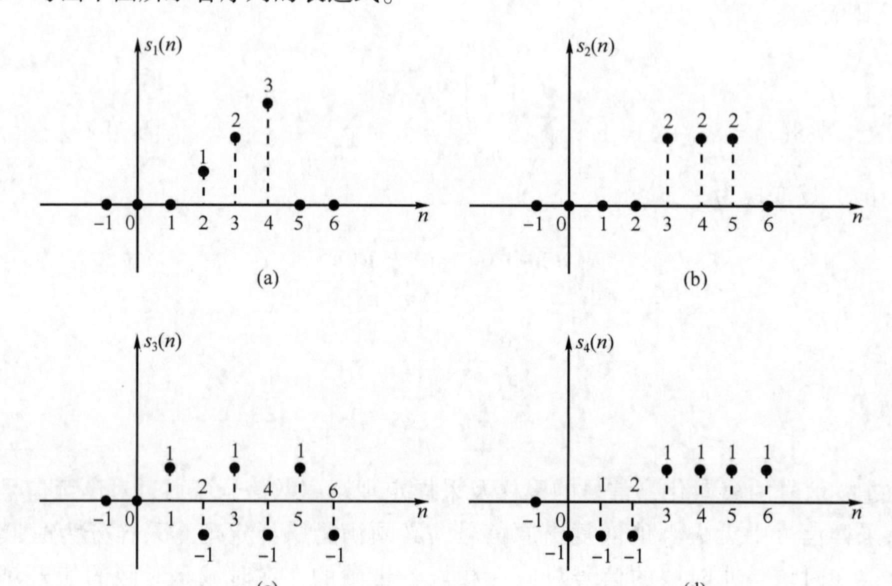

习题 3.2 图

3.3 计算下列信号的卷积和。

(1) $\left(\frac{1}{3}\right)^n u(n) * u(n)$。　(2) $R_3(n) * R_4(n)$。

(3) $3^n u(n) * 4^n u(n)$。　(4) $u(n) * 3^n u(-n+1)$。

3.4 求下列离散周期信号的傅里叶系数。

(1) $s(n)=\sin\left[\frac{(n-1)\pi}{4}\right]$。

(2) $s(n)=\left(\frac{1}{3}\right)^n$，$0\leqslant n\leqslant 4$。

3.5 求下列信号的离散时间傅里叶变换。

(1) $s_1(n)=u(n)-u(n-4)$。

（2）$s_2(n)=\left(\frac{1}{3}\right)^n u(n)$。

（3）$s_3(n)=a^n\sin(n\omega_0)u(n)$。

3.6　求下列信号的离散傅里叶变换。

（1）$s_1(n)=u(n+2)-u(n-3)$。

（2）$s_2(n)=\delta(n+1)+\frac{1}{3}\delta(n)+\delta(n-1)+\frac{1}{3}\delta(n-2)$。

（3）$s_3(n)=a^n R_N(n)$。

（4）$s_4(n)=n[u(n+N)-u(n-N-1)]$。

3.7　求下列信号的离散傅里叶反变换。

（1）$S_1(k)=\cos^2\left(\frac{2\pi}{N}k\right)$。

（2）$S_2(k)=\cos\left(\frac{\pi k}{N}\right)+\mathrm{j}\sin\left(\frac{2\pi k}{N}\right)$，$-\pi\leqslant\frac{2\pi k}{N}\leqslant\pi$。

3.8　已知一个有限长序列 $s(n)=\delta(n)+3\delta(n-4)$，完成下面各题。

（1）求它的 8 点离散傅里叶变换 $S(k)$。

（2）已知序列 $y(n)$ 的 8 点离散傅里叶变换为 $Y(k)=W_8^{2k}S(k)$，求序列 $y(n)$。

（3）已知序列 $m(n)$ 的 8 点离散傅里叶变换为 $M(k)=Y(k)S(k)$，求序列 $m(n)$。

3.9　求下列信号的双边 Z 变换及收敛域。

（1）$s_1(n)=\left(\frac{1}{3}\right)^n u(n-3)$。

（2）$s_2(n)=\delta(n+1)-\delta(n-3)$。

（3）$s_3(n)=a^n u(n+2)$。

（4）$s_4(n)=n(n-2)u(n-1)$。

（5）$s_5(n)=\left(\frac{1}{2}\right)^{n+3} u(n)$。

（6）$s_6(n)=\left(\frac{1}{3}\right)^n u(n)+3^n u(n-1)$。

（7）$s_7(n)=\left[\left(\frac{1}{3}\right)^n+\left(\frac{1}{2}\right)^{-n}\right]u(n)$。

（8）$s_8(n)=\left(\frac{1}{3}\right)^{|n|}$。

3.10　利用 Z 变换的性质和常用的 Z 变换对，求下列信号的单边 Z 变换。

（1）$s_1(n)=\delta(n-2)+3\delta(n-3)$。

（2）$s_2(n)=n(n-2)u(n-2)$。

（3）$s_3(n)=n\left(\frac{1}{3}\right)^n u(n-3)$。

（4）$s_4(n)=u(n-2)-u(n-3)$。

（5）$s_5(n)=\frac{a^n}{n+2}u(n)$。

（6） $s_6(n)=n\sin\left(\frac{n\pi}{2}\right)u(n)$。

3.11　求下列象函数的Z反变换。

（1） $S_1(z)=\frac{1}{1-0.5z^{-1}}$，$|z|>0.5$。

（2） $S_2(z)=\frac{1}{z^2+1}$，$|z|>1$。

（3）$S_3(z)=\frac{z(z-1)}{(z+1)\left(z+\frac{1}{2}\right)}$，$\frac{1}{2}<|z|<1$。

（4） $S_4(z)=\frac{z}{(z-1)(z^2-1)}$，$|z|>1$。

（5） $S_5(z)=\frac{z^2+z}{(z-1)(z^2-z+1)}$，$|z|>1$。

（6） $S_6(z)=\frac{z^2+az}{(z-a)^3}$，$|z|>|a|$。

3.12　因果序列 $s(n)$ 的Z变换分别如下，分别求 $s(0)$、$s(1)$、$s(\infty)$。

（1） $S_1(z)=\frac{z^2}{(z-2)(z-1)}$。

（2） $S_2(z)=\frac{z^2+z+1}{\left(z+\frac{1}{3}\right)(z-1)}$。

（3） $S_3(z)=\frac{z}{\left(z+\frac{1}{2}\right)^2\left(z-\frac{1}{4}\right)}$。

第4章 连续信号处理

教学要求与目标

- 了解连续信号的时域响应、频域响应和复频域响应。
- 理解信号的零输入响应和零状态响应，掌握简单系统的响应形式。
- 根据系统特性，选用适当的分析方法求解系统的响应。

连续信号响应的求解方法是连续信号处理的基础，其适用范围非常广泛。本章从系统角度出发，介绍系统初始条件，按照信号与线性系统基本理论，分析连续系统零输入响应和零状态响应的定义与计算方法。本章还从时域、频域和复频域3个方面讨论连续信号的经典微分方程时域解、频域解和复频域解，并综合分析3种经典信号处理方法的优势，它们之间的关系如图4-1所示。

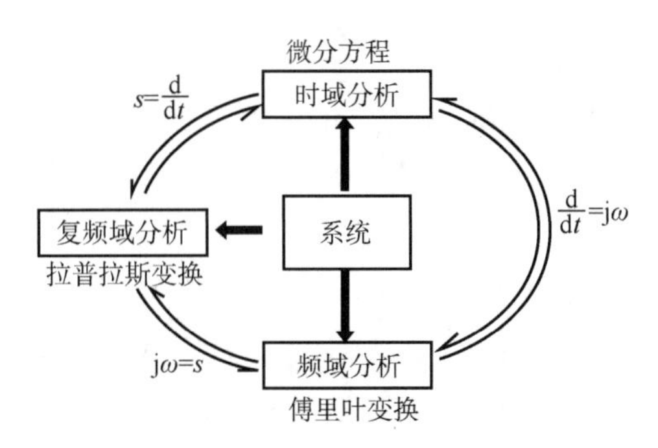

图4-1　3种信号处理方法之间的关系

4.1　连续系统的时域零输入响应

4.1.1　系统描述

本章节描述的系统多为因果系统。因果系统又称非超前系统，该系统输出不会在输入到达之前出现。如果一个连续时间系统，任意时刻的响应与该时刻以后的输入无关，那么该系统为因果系统或系统具有因果性，否则为非因果系统。

设连续系统响应为 $y(t)$，输入为 $f(t)$，传输算子为 $H(p)$，则有

$$H(p)=\frac{B(p)}{A(p)}=\frac{b_m p^m+b_{m-1}p^{m-1}+\cdots+b_1p+b_0}{a_np^n+a_{n-1}p^{n-1}+\cdots+a_1p+a_0} \tag{4-1}$$

式中，$A(p)=a_np^n+a_{n-1}p^{n-1}+\cdots+a_1p+a_0$ 为 p 的 n 次多项式，通常称为系统的特征多项式；方程 $A(p)=0$ 被称为系统的特征方程，其根为系统的特征根；$B(p)=b_mp^m+b_{m-1}p^{m-1}+\cdots+b_1p+b_0$ 为 p 的 m 次多项式。对于因果系统，有 $n>m$，当 $m\geqslant n$ 时，$H(p)$ 为假分式，利用长除法，总可以将它表示成一个 p 的多项式与一个真分式之和的形式。

由式（4-1），$y(t)$ 与 $f(t)$ 满足方程

$$y(t)=\frac{B(p)}{A(p)}f(t)=H(p)f(t) \tag{4-2}$$

4.1.2 系统初始条件

计算连续系统的响应时，涉及微分方程求解，此时需要用到系统初始条件。如果作为一个纯数学问题，通常将初始条件假设为一组已知的数据，但在实际进行系统分析时，往往要求分析者根据系统实际情况确定。

设系统初始运行/观察时刻为 $t=0$；考虑到系统在外部激励作用下，响应 $y(t)$ 及其各阶导数在 $t=0$ 处可能发生跳变或出现冲激信号，分别考察 $y(t)$ 及其各阶导数在初始观察时刻前一瞬间 $t=0^+$ 和后一瞬间 $t=0^-$ 时的情况。

根据线性系统叠加原理，系统响应 $y(t)$ 可分解为零输入响应 $y_x(t)$ 和零状态响应 $y_r(t)$，即

$$y(t)=y_x(t)+y_f(t) \tag{4-3}$$

在式（4-3）中，分别令 $t=0^-$ 和 $t=0^+$，可得

$$y(0^-)=y_x(0^-)+y_f(0^-) \tag{4-4}$$

$$y(0^+)=y_x(0^+)+y_f(0^+) \tag{4-5}$$

根据因果系统的定义，当激励在 $t=0$ 时刻接入系统，有 $y_f(0^-)=0$；对于系统内部参数不随时间变化的时不变系统，有 $y_x(0^+)=y_x(0^-)$。因此，式（4-4）和（4-5）可以改写成

$$y(0^-)=y_x(0^-)=y_x(0^+) \tag{4-6}$$

$$y(0^+)=y_x(0^+)+y_f(0^+)=y(0^-)+y_f(0^+) \tag{4-7}$$

同理可推得 $y(t)$ 的各阶导数满足

$$y^{(j)}(0^-)=y_x^{(j)}(0^-)=y_x^{(j)}(0^+) \tag{4-8}$$

$$y^{(j)}(0^+)=y^{(j)}(0^-)+y_f^{(j)}(0^+) \tag{4-9}$$

对于 n 阶系统，$y^{(j)}(0^-)$（$j=0, 1, \cdots, n-1$）和 $y^{(j)}(0^+)$（$j=0,1,\cdots,n-1$）分别被称为系统的 0^- 和 0^+ 初始条件。

式（4-9）给出了系统 0^- 和 0^+ 初始条件之间的相互关系，可以通过 0^- 初始条件和零状态响应及其各阶导数的初始值来确定系统 0^+ 初始条件。根据状态和状态变量系统在任意时刻的响应都由这一时刻的状态和激励共同决定可知，由于在 $t=0^-$ 时刻，输入激励没有接入系统，故 0^- 初始条件是完全由系统在 0^- 时刻的状态所决定的。或者说，0^- 初始条件反映了

系统初始状态的作用效果。

在现代系统理论中，常采用 0^-初始条件，这是因为一方面，它直接体现了历史输入信号的作用，另一方面，对于实际的系统，其 0^-初始条件也比较容易求得。与之相反，在传统微分方程经典解法中，通常采用 0^+初始条件，这时 $y^{(j)}(0^+)(j=0,1,\cdots,n-1)$ 可以利用式（4-9），由 0^-初始条件和 $y_f^{(j)}(0^+)(j=0,1,\cdots,n-1)$ 来确定。

4.1.3　系统的零输入响应

根据系统零输入响应 $y_x(t)$ 的定义，它是输入为零的前提下，仅由系统的初始状态（或历史输入信号）所引起的响应。因此，$y_x(t)$ 满足算子方程

$$A(p)y_x(t)=0, \quad t \geqslant 0 \tag{4-10}$$

即零输入响应 $y_x(t)$ 是式（4-10）齐次算子方程满足 0^-初始条件的解。

一般情况下，设系统为 n 阶线性时不变系统，特征方程 $A(p)=0$ 具有 l 个特征根 $\lambda_i(i=1,2,\cdots,l)$，且 λ_i 是 r_i 阶重根，那么，$A(p)$ 可以因式分解为

$$A(p)=\prod_{i=1}^{l}(p-\lambda_i)^{r_i} \tag{4-11}$$

式中，$r_1+r_2+\cdots+r_l=n$。显然，方程

$$(p-\lambda_i)^{r_i}y_{xi}(t)=0, \quad i=1,\ 2,\ \cdots,\ l \tag{4-12}$$

的解 $y_{xi}(t)$ 也一定满足方程

$$A(p)y_{xi}(t)=0, \quad i=1,\ 2,\ \cdots,\ l \tag{4-13}$$

根据线性微分方程解的结构定理，令 $i=1,\ 2,\ \cdots,\ l$，将相应方程求和，便得

$$A(p)\left[\sum_{i=1}^{l}y_{xi}(t)\right]=0 \tag{4-14}$$

所以方程 $A(p)y_x(t)=0$ 的解为

$$y_x(t)=\sum_{i=1}^{l}y_{xi}(t) \tag{4-15}$$

根据以上计算可推广，对于一般 n 阶线性时不变系统连续系统零输入响应的求解步骤如下。

（1）将 $A(p)$ 进行因式分解，即

$$A(p)=\prod_{i=1}^{l}(p-\lambda_i)^{r_i} \tag{4-16}$$

式中，λ_i 和 r_i 分别是系统特征方程的第 i 个根及其相应的重根阶数。

（2）根据式（4-12），求出第 i 个根 λ_i 及对应的零输入响应 $y_{xi}(t)$，即

$$y_{xi}(t)=[c_{i0}+c_{i1}t+c_{i2}t^2+\cdots+c_{i(r_i-1)}t^{r_i-1}]\mathrm{e}^{\lambda_i t}, \quad i=1,\ 2,\ \cdots,\ l$$

（3）将所有的 $y_{xi}(t)(i=1,2,\cdots,l)$ 相加，得到系统的零输入响应，即

$$y_x(t)=\sum_{i=1}^{l}y_{xi}(t), \quad t \geqslant 0 \tag{4-17}$$

（4）根据给定的零输入响应初始条件 $y_x^{(j)}(0^-)(j=0,1,\cdots,n-1)$ 或系统的 0^-初始条件 $y_x^{(j)}(0^-)(j=0,1,\cdots,n-1)$ 确定常数 $c_{i0},c_{i1,\cdots,}c_{i(r_i-1)}(i=1,2,\cdots,l)$。

例 4.1　有一简单系统 $A(p)=(p-\lambda)^2$，求系统的零输入响应 $y_x(t)$。

解：系统在 $p=\lambda$ 处具有一个二重根，将 $A(p)=(p-\lambda)^2$ 代入式（4-10）可得 $(p-\lambda)^2y_x(t)=0$。此式可改写为 $(p-\lambda)[(p-\lambda)y_x(t)]=0$，若 $A(p)=p-\lambda$ 对应的特征方程 $A(p)=0$ 仅有一个特征根 $p=\lambda$，将 $A(p)=p-\lambda$ 代入式（4-10）可得

$$(p-\lambda)y_x(t)=0$$

$$y'_x(t)-\lambda y_x(t)=0$$

等式左右同乘 $e^{-\lambda t}$，经整理后，左右同取积分 $\int_{0^-}^{t}(\cdot)\mathrm{d}x$，可求得

$$y_x(t)=y(0^-)e^{\lambda t}=c_0 e^{\lambda t},\quad t\geqslant 0$$

因此可得 $A(p)=p-\lambda$ 对应 $y_x(t)=c_0 e^{\lambda t}$，即 $A(p)=p-\lambda$ 对应的零输入响应 $y_x(t)$ 为 $c_0 e^{\lambda t}$。

将此结论代入本例题，则有 $(p-\lambda)y_x(t)=c_0 e^{\lambda t}$，左右同乘 $e^{-\lambda t}$，经整理后，左右同取积分 $\int_{0^-}^{t}(\cdot)\mathrm{d}x$，得

$$y_x(t)=(c_0+c_1t)e^{\lambda t},\quad t\geqslant 0 \tag{4-18}$$

式中，c_0 和 c_1 是与 $y_x(0^-)$ 有关的两个常数。

此结论可推广至一般情况，$A(p)=(p-\lambda)^r$ 对应有 $y_x(t)=(c_0+c_1t+c_2t^2+\cdots+c_{r-1}t^{r-1})e^{\lambda t},t\geqslant 0$，式（4-18）中系数 c 由 $y_x(t)$ 的初始条件确定。

例 4.2　已知系统输入输出关系的微分算子方程为 $f(t)=(p+1)y(t)$，其初始条件为 $y(0^-)=1$，$y'(0^-)=-1$，求系统的零输入响应 $y_x(t)$。

解：依题意可知 $A(p)=(p+1)$，由前一例题可知此时

$$y_x(t)=c_0 e^{\lambda t}=c_0 e^{-t}$$

其一阶导数

$$y'_x(t)=-c_0 e^{-t}$$

令式中 $t=0^-$，并同时考虑 $y^{(j)}(0^-)(j=0,1,2)$，将已知条件代入并整理得 $c_0=1$。此时系统的零输入响应为 $y_x(t)=e^{-t}$，$t\geqslant 0$。

4.2　连续系统的时域零状态响应

4.2.1　单位冲激信号激励下的零状态响应

根据单位冲激信号的定义及性质可知，任意连续信号与单位冲激信号卷积运算的结果等于信号本身。从信号的时域分解角度出发，任何一个连续信号都可以分解为单位冲激信号的线性组合。

1. 冲激响应

一个初始状态为零的线性时不变连续系统，当输入为单位冲激信号时所产生的响应被称为单位冲激响应，简称冲激响应，记为 $h(t)$。即

$$h(t)=T\{x(0^-)=0,f(t)=\delta(t)\}=H(p)\delta(t)\big|_{x(0^-)=0} \tag{4-19}$$

2. 冲激响应的计算

以控制系统为例，常用 $h(t)$ 表示冲激响应，此时对应的传输算子为 $H(p)$。现将讨论利用传输算子 $H(p)$，从简单系统冲激响应推导一般系统冲激响应的计算步骤。

例 4.3　已知简单系统传输算子为 $H(p)=\dfrac{K}{p-\lambda}$，求该系统的冲激响应 $h(t)$。

解：如题所示，此时系统响应 $y(t)$ 与输入 $f(t)$ 之间应满足微分关系

$$y'(t)-\lambda y(t)=Kf(t)$$

根据 $h(t)$ 的定义，若在上式中令 $f(t)=\delta(t)$，则 $y_f(t)=h(t)$，有

$$h'(t)-\lambda h(t)=K\delta(t)$$

这是关于 $h(t)$ 的一阶微分方程，推导可得

$$h(t)=K\mathrm{e}^{\lambda t}\varepsilon(t)$$

因此，与 $H(p)=\dfrac{K}{p-\lambda}$ 相对应的冲激响应信号为

$$h(t)=K\mathrm{e}^{\lambda t}\varepsilon(t) \tag{4-20}$$

例 4.4　已知简单系统传输算子为 $H(p)=\dfrac{K}{(p-\lambda)^2}$，求该系统的冲激响应 $h(t)$。

解：如题所示，冲激响应 $h(t)$ 应满足的算子方程为

$$(p-\lambda)[(p-\lambda)h(t)]=K\delta(t)$$

由前一例题中结论式（4-20）可知

$$(p-\lambda)h(t)=K\mathrm{e}^{\lambda t}\varepsilon(t)$$

此时系统响应 $y(t)$ 与输入 $f(t)$ 之间满足的微分关系为

$$h'(t)-\lambda h(t)=K\mathrm{e}^{\lambda t}\varepsilon(t)$$

上式两边乘以 e^{-x}，再取积分 $\int_{-\infty}^{t}(\cdot)\mathrm{d}x$ 代入 $h(-\infty)=0$，最后得

$$h(t)=Kt\mathrm{e}^{\lambda t}\varepsilon(t)$$

传输算子 $H(p)=\dfrac{K}{(p-\lambda)^2}$ 相对应的冲激响应信号为 $h(t)=Kt\mathrm{e}^{\lambda t}\varepsilon(t)$。将以上范例进行推广，若特征方程 $A(p)=0$ 在 $p=\lambda$ 处有 r 重根，则 $H(p)=\dfrac{K}{(p-\lambda)^r}$ 对应的时域响应为

$$h(t)=\frac{K}{(r-1)!}t^{r-1}\mathrm{e}^{\lambda t}\varepsilon(t) \tag{4-21}$$

对于一般的传输算子 $H(p)$，当 $H(p)$ 为 p 的真分式时，可将它展开成如下形式的部分分式之和，即

$$H(p)=\sum_{j=1}^{l}\frac{K_j}{(p-\lambda_j)^{r_j}} \tag{4-22}$$

设第 j 个分式

$$\frac{K_j}{(p-\lambda_j)^{r_j}},\quad j=1,2,\cdots,l$$

对应的冲激响应分量为 $h_j(t)$，则应满足如下方程

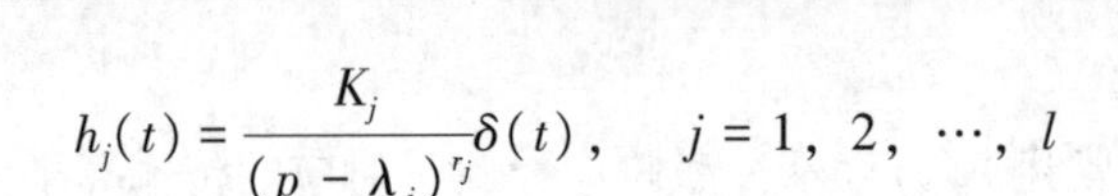

$$h_j(t)=\frac{K_j}{(p-\lambda_j)^{r_j}}\delta(t),\quad j=1,\ 2,\ \cdots,\ l$$

对 j 求和，有

$$\sum_{j=1}^{l}h_j(t)=\sum_{j=1}^{l}\frac{K_j}{(p-\lambda_j)^{r_j}}\delta(t)=H(p)\delta(t)$$

因此，系统 $H(p)$ 相应的冲激响应 $h(t)$ 可表示为

$$h(t)=\sum_{j=1}^{l}h_j(t) \tag{4-23}$$

综上所述，可以得到计算系统冲激响应 $h(t)$ 的一般步骤如下。

（1）确定系统的传输算子 $H(p)$。

（2）将 $H(p)$ 进行部分分式展开，写成如下形式

$$H(p)=\sum_{i=1}^{q}K_ip^i+\sum_{j=1}^{l}\frac{K_j}{(p-\lambda_j)^{r_j}} \tag{4-24}$$

（3）根据式（4-21）推断各分式对应的冲激响应分量 $h_i(t)$。

（4）将所有的 $h_i(t)$ 相加，得到系统的冲激响应 $h(t)$。

4.2.2　一般信号激励下的零状态响应

1. 方法一

在前面的讨论中，已经得到了连续信号 $f(t)$ 的 $\delta(t)$ 分解表达式，还有系统在基本信号 $\delta(t)$ 激励下的零状态响应，即冲激响应 $h(t)$ 的计算方法。在此部分，将进一步利用线性时不变系统的线性和时不变性，推导一般信号 $f(t)$ 激励下系统零状态响应的求解方法。

设线性时不变连续系统中，$h(t)$ 为系统的单位冲激响应，$y_f(t)$ 为系统在一般信号 $f(t)$ 激励下的响应（即系统的输入信号为 $f(t)$ 下产生的零状态响应）。下面给出求零状态响应公式的简单推导过程。

（1）系统在 $f(t)$ 激励下产生的零状态响应是 $y_f(t)$。

（2）冲激信号 $\delta(t)$ 的响应为 $h(t)$。

（3）由线性时不变原则有 $\delta(t-\tau)$ 信号的响应为 $h(t-\tau)$。

（4）根据系统齐次性有 $f(\tau)\delta(t-\tau)\mathrm{d}\tau\to f(\tau)h(t-\tau)\mathrm{d}\tau$。

（5）由系统叠加原理有 $\int_{-\infty}^{\infty}f(\tau)\delta(t-\tau)\mathrm{d}\tau\to\int_{-\infty}^{\infty}f(\tau)h(t-\tau)\mathrm{d}\tau$。

（6）根据卷积定义及其性质得 $f(t)*\delta(t)=f(t)$，进而得 $y_f(t)=f(t)*h(t)$。因此，线性时不变连续系统在一般信号 $f(t)$ 激励下产生的零状态响应为

$$y_f(t)=f(t)*h(t) \tag{4-25}$$

即系统的零状态响应为一般信号 $f(t)$ 与冲激响应 $h(t)$ 的卷积积分。

2. 方法二

除上述方法外，求取一般信号 $f(t)$ 的零状态响应还可用另外一种方法。定义符号 $\varepsilon(t)$ 为单位阶跃信号，根据卷积运算的微积分性质和其运算定义，可以将信号 $f(t)$ 分解为单位阶跃信号 $\varepsilon(t)$ 的线性组合

$$f(t) = \int_{-\infty}^{\infty} f'(\tau)\varepsilon(t-\tau)\mathrm{d}\tau \tag{4-26}$$

一个线性时不变连续系统，在基本信号 $\varepsilon(t)$ 激励下产生的零状态响应被称为系统的阶跃响应，通常记为 $g(t)$。

按照 $g(t)$ 的定义可知

$$g(t) = \varepsilon(t) * h(t)$$

由卷积的微积分性质及冲激函数 $\delta(t)$ 性质可得

$$g(t) = \frac{\mathrm{d}}{\mathrm{d}t}\varepsilon(t) * \int_{-\infty}^{t} h(\tau)\mathrm{d}\tau = \delta(t) * \int_{-\infty}^{t} h(\tau)\mathrm{d}\tau = \int_{-\infty}^{t} h(\tau)\mathrm{d}\tau$$

因此，阶跃响应 $g(t)$ 与冲激响应 $h(t)$ 之间的关系可以表示为

$$g(t) = \int_{-\infty}^{t} h(\tau)\mathrm{d}\tau \tag{4-27}$$

或

$$h(t) = \frac{\mathrm{d}}{\mathrm{d}t}[g(t)] \tag{4-28}$$

因此利用 $g(t)$ 计算零状态响应的方法可总结如下。

根据信号 $f(t)$ 的 $\varepsilon(t)$ 分解式(4－26) 和线性时不变系统的线性、时不变性，定义阶跃函数 $\varepsilon(t)$ 的响应即阶跃响应 $g(t)$，根据系统的时不变性，$\varepsilon(t-\tau)$ 对应的响应为 $g(t-\tau)$；根据系统的齐次性，$f'(\tau)\varepsilon(t-\tau)\mathrm{d}\tau$ 对应的响应为 $f'(\tau)g(t-\tau)\mathrm{d}\tau$；根据系统的叠加性，$\int_{-\infty}^{\infty} f'(\tau)\varepsilon(t-\tau)\mathrm{d}\tau$ 对应的响应为 $\int_{-\infty}^{\infty} f'(\tau)g(t-\tau)\mathrm{d}\tau$，由卷积定义与式(4－26)，可推断 $f(t)=f'(t) * \varepsilon(t)$ 对应响应为 $f'(t) * g(t)$。因此，系统在一般信号 $f(t)$ 激励下产生的零状态响应为

$$y_f(t) = f'(t) * g(t) \tag{4-29}$$

实际上，应用卷积运算的微积分性质，并考虑到式（4-27）中给出的 $h(t)$ 与 $g(t)$ 的关系，同样可以得到式（4-29）的结果。

例 4.5　已知一个线性时不变连续时间系统为因果系统，其微分方程为

$$y''(t) + 3y'(t) + 2y(t) = f'(t) + 2f(t)$$

且系统初始条件为 $y(0^-)=1$，$y'(0^-)=1$，输入为 $f(t)=t^2\varepsilon(t)$。求系统的零输入响应 $y_x(t)$ 和零状态响应 $y_f(t)$。

解：系统特征方程为 $\lambda^2+3\lambda+2=0$，解得特征根 $\lambda_1=-1$，$\lambda_1=-2$。因此，方程齐次解为

$$y(t) = A_1\mathrm{e}^{-t} + A_2\mathrm{e}^{-2t}$$

代入系统初始条件 $y(0^-)=1$，$y'(0^-)=1$，解得系统零输入响应为

$$y_x(t) = 3\mathrm{e}^{-t} - 2\mathrm{e}^{-2t},\ t \geqslant 0$$

当 $t\geqslant 0$ 时，原方程右侧为 $2t^2+2t$，微分方程的特解为同阶多项式

$$y(t) = at^2 + bt + c$$

特解的一阶、二阶导数均可求得，经整理为

$$2at^2 + (6a + 2b)t + 2a + 3b + 2c = 2t^2 + 2t$$

等式两侧系数对应相等得

$$\begin{cases} a = 1 \\ b = -2 \\ c = 2 \end{cases}$$

系统特征根已得，此时系统零状态响应为

$$y_f(t)=A_{1f}\mathrm{e}^{-t}+A_{2f}\mathrm{e}^{-2t}+t^2-2t+2$$

由零初始条件可得

$$\begin{cases}y_f(0^+)=A_{1f}+A_{2f}+2\\y_f'(0^+)=-A_{1f}-2A_{2f}-2\end{cases}$$

$$\begin{cases}A_{1f}=-2\\A_{2f}=-0\end{cases}$$

因此，系统零状态响应为

$$y_f(t)=-2\mathrm{e}^{-t}+t^2-2t+2,\quad t>0$$

4.2.3 系统的全响应

由系统的线性时不变性质可知，系统全响应等于系统的零输入响应 $y_x(t)$ 与零状态响应 $y_f(t)$ 之和。

$$y(t)=y_x(t)+y_f(t)\tag{4-30}$$

例 4.6 已知条件如例 4.5 所示，求系统全响应。

解：解法一，由式（4-30）可知系统全响应为系统的零输入响应与零状态响应之和

$$y(t)=y_x(t)+y_f(t)$$

可直接用上一例题中得到的结果相加

$$y_x(t)=3\mathrm{e}^{-t}-2\mathrm{e}^{-2t},\quad t\geqslant 0$$

$$\begin{aligned}y(t)&=y_x(t)+y_f(t)\\&=3\mathrm{e}^{-t}-2\mathrm{e}^{-2t}-2\mathrm{e}^{-t}+t^2-2t+2\\&=-2\mathrm{e}^{-2t}+\mathrm{e}^{-t}+t^2-2t+2,\quad t\geqslant 0\end{aligned}$$

解法二，系统微分方程的特征方程为 $\lambda^2+3\lambda+2=0$，解得特征根 $\lambda_1=-1$，$\lambda_1=-2$。因此，方程齐次解为

$$y(t)=A_1\mathrm{e}^{-t}+A_2\mathrm{e}^{-2t}$$

当 $t\geqslant 0$ 时，原方程右侧为 $2t^2+2t$，微分方程的特解为同阶多项式

$$y(t)=at^2+bt+c$$

特解的一阶、二阶导数均可求得，经整理为

$$2at^2+(6a+2b)t+2a+3b+2c=2t^2+2t$$

等式两侧系数对应相等得

$$\begin{cases}a=1\\b=-2\\c=2\end{cases}$$

当 $t\geqslant 0$ 时，微分方程特解形式可写为

$$y_x(t)=(at^2+bt+c)\varepsilon(t)$$

$$y(t)=A_1\mathrm{e}^{-t}+A_2\mathrm{e}^{-2t}+t^2-2t+2,\ t\geqslant 0$$

因微分方程右侧不包含冲激函数及其导数项，故系统

$$y(0^-)=y(0^+)=1$$
$$y'(0^-)=y'(0^-)=1$$

代入系统全响应表达式（4-30）得

$$\begin{cases}y(0^+)=A_1+A_2+2=1\\ y'(0^-)=-A_1-2A_2-2=1\end{cases}$$

$$\begin{cases}A_1=1\\ A_2=-2\end{cases}$$

得到系统的全响应为

$$y(t)=-2\mathrm{e}^{-2t}+\mathrm{e}^{-t}+t^2-2t+2,\quad t\geqslant 0$$

4.3 连续系统的频域响应

前两节介绍了系统的时域零输入与零状态响应的求解方法，它是以单位冲激信号$\delta(t)$和单位阶跃信号$\varepsilon(t)$作为基本信号，基于系统的线性和时不变性导出的一种分析方法。由前两节的讨论可知，连续时间信号可以表示为基本信号的线性组合（冲激函数等）。根据线性叠加原理，利用外加信号与线性时不变系统的单位冲激响应的卷积，即可求得线性时不变系统的零状态响应。因此，线性时不变系统单位冲激响应可以表征该系统特性。

表征系统特性也可以用其他方法。本节将介绍一种将连续信号分解为一系列正交函数（如正弦函数$\sin\omega t$、余弦函数$\cos\omega t$或虚指数函数$\mathrm{e}^{\mathrm{j}\omega t}$）的分解方法，利用傅里叶变换这一工具，将连续信号表示为一些不同频率的正弦函数或虚指数函数之和（针对周期信号）或积分（针对非周期信号）。接下来将以虚指数信号$\mathrm{e}^{\mathrm{j}\omega t}$为基本信号，基于系统的线性叠加性质导出此种分析方法，这种方法也被称为频域分析方法。

从系统的时域分析可知，对一个线性时不变系统外加激励信号$f(t)$，该系统的零状态响应为$y_f(t)$，$y_f(t)$等于$f(t)$与系统单位冲激响应$h(t)$的卷积，即

$$y_f(t)=f(t)*h(t)\tag{4-31}$$

可见用时域分析法求解系统响应时，需要解决如何求卷积积分的数学问题。此时，若从傅里叶变换的时域卷积性质出发，对式（4-31）两端求傅里叶变换，可得

$$Y_f(\mathrm{j}\omega)=F(\mathrm{j}\omega)\cdot H(\mathrm{j}\omega)\tag{4-32}$$

式中，$H(\mathrm{j}\omega)$为该系统单位冲激响应$h(t)$的傅里叶变换。对照式（4-31），可得

$$y_f(t)=F^{-1}[Y_f(\mathrm{j}\omega)]=F^{-1}[F(\mathrm{j}\omega)\cdot H(\mathrm{j}\omega)]\tag{4-33}$$

直接应用式（4-32）求解系统零状态响应$y_f(t)$的方法的实质就是频率域分析法。频域分析法将时域分析法中的卷积运算变换成频域的相乘关系，这给系统响应的求解带来很大方便。当式（4-32）中的傅里叶变换的正变换及反变换均易求得时，用系统的频域分析法求解系统零状态响应是一种较方便的方法。然而，频域分析法有一定的局限性，因为运用频域分析法只能求系统的零状态响应，而不能求零输入响应。

接下来将根据信号的可分解和线性叠加性质，讨论系统的频域分析方法。

4.3.1 基本信号激励下的零状态响应

根据信号$f(t)$的傅里叶变换定义及性质可知，任意信号$f(t)$均可以表示为无穷多个虚指数信号 $e^{j\omega t}$的线性组合，注意，$f(t)$信号的傅里叶变换必须存在。

$$f(t)=\frac{1}{2\pi}\int_{-\infty}^{\infty}F(j\omega)e^{j\omega t}d\omega \tag{4-34}$$

式中，各个虚指数信号 $e^{j\omega t}$的系数大小可以看作是$\frac{F(j\omega)d\omega}{2\pi}$；$F(j\omega)$表示$f(t)$的傅里叶变换，即

$$F(j\omega)=\int_{-\infty}^{\infty}f(t)e^{-j\omega t}dt$$

既然任意信号$f(t)$是由无穷多个基本信号 $e^{j\omega t}$组合而成的，那么在求信号$f(t)$激励下系统的零状态响应$y_f(t)$时，应首先分析在基本信号 $e^{j\omega t}$激励下系统的零状态响应$y_{1f}(t)$。

设线性时不变系统的单位冲激响应为$h(t)$，根据时域分析式（4-31），系统对基本信号 $e^{j\omega t}$的零状态响应可改写为

$$y_{1f}(t)=e^{j\omega t}*h(t)$$

据卷积积分的定义，有

$$\begin{aligned}y_{1f}(t)&=e^{j\omega t}*h(t)=\int_{-\infty}^{\infty}h(\tau)e^{j\omega(t-\tau)}d\tau\\&=e^{j\omega t}\cdot\int_{-\infty}^{\infty}h(\tau)e^{-j\omega t}d\tau\end{aligned}$$

上式中的积分$\int_{-\infty}^{\infty}h(\tau)e^{-j\omega t}d\tau$ 正好是$h(t)$的傅里叶变换，记为$H(j\omega)$，即

$$H(j\omega)=\int_{-\infty}^{\infty}h(t)e^{-j\omega t}dt \tag{4-35}$$

于是

$$y_{1f}(t)=H(j\omega)\cdot e^{j\omega t} \tag{4-36}$$

上式表明，对于一个线性时不变系统，其基本信号 $e^{j\omega t}$的零状态响应是基本信号 $e^{j\omega t}$本身乘上一个与时间t无关的常系数$H(j\omega)$，而$H(j\omega)$为该系统单位冲激响应$h(t)$的傅里叶变换。式（4-36）是频域分析的基础。

4.3.2 一般信号激励下的零状态响应

由于任意信号$f(t)$可以表示为无穷多个基本信号 $e^{j\omega t}$的线性组合，所以应用线性叠加性质不难得到任意信号$f(t)$激励下系统的零状态响应，其推导过程如下。

（1）$e^{j\omega t}$ 对应的响应函数为$H(j\omega)e^{j\omega t}$。

（2）根据齐次性原理，有$\frac{1}{2\pi}F(j\omega)e^{j\omega t}d\omega\rightarrow\frac{1}{2\pi}F(j\omega)H(j\omega)e^{j\omega t}d\omega$。

（3）根据叠加原理，有$\int_{-\infty}^{\infty}\frac{1}{2\pi}F(j\omega)e^{j\omega t}d\omega\rightarrow\int_{-\infty}^{\infty}\frac{1}{2\pi}F(j\omega)H(j\omega)e^{j\omega t}d\omega$。

（4）因此，任意信号 $f(t)$ 激励下系统的零状态响应 $y_f(t)$ 为

$$y_f(t)=F^{-1}[F(j\omega)\cdot H(j\omega)] \tag{4-37}$$

由此可得用频域分析法求解系统零状态响应的步骤如下。

（1）求输入信号 $f(t)$ 的傅里叶变换 $F(j\omega)$。

（2）求系统函数 $H(j\omega)$。

（3）求零状态响应 $y_f(t)$ 的傅里叶变换 $Y_f(j\omega)=F(j\omega)\cdot H(j\omega)$。

（4）求 $Y_f(j\omega)$ 的傅里叶反变换，即得 $y_f(t)=F^{-1}[F(j\omega)\cdot H(j\omega)]$。

例 4.7　已知连续系统微分方程为

$$y''(t)+4y'(t)+3y(t)=f'(t)-2f(t)$$

且系统输入为 $f(t)=e^{-t}\varepsilon(t)$，求系统的频率响应 $H(j\omega)$ 及冲激响应 $h(t)$。

解：根据傅里叶变换的时域卷积性质，对微分方程两端求傅里叶变换，同时利用傅里叶变换的时域微分特性可得

$$(j\omega)^2Y(j\omega)+4(j\omega)Y(j\omega)+3Y(j\omega)=(j\omega)F(j\omega)-2F(j\omega)$$

所以系统的频率响应 $H(j\omega)$ 为

$$H(j\omega)=\frac{Y(j\omega)}{F(j\omega)}=\frac{j\omega-2}{(j\omega)^2+4(j\omega)+3}$$

由傅里叶变换性质可知，系统的冲激响应 $h(t)$ 与系统的频率响应 $H(j\omega)$ 为傅里叶变换对，因此对 $H(j\omega)$ 求傅里叶反变换可得 $h(t)$。

对频率响应结果进行分式展开，易得

$$H(j\omega)=\frac{j\omega-2}{(j\omega)^2+4(j\omega)+3}=\frac{j\omega-2}{(j\omega+3)(j\omega+1)}$$

$$=\frac{\frac{5}{2}}{j\omega+3}+\frac{-\frac{3}{2}}{j\omega+1}$$

运用本书第 2 章傅里叶变换结论可得

$$F(e^{-t}\varepsilon(t))\leftrightarrow\frac{1}{j\omega+a},\quad a>0$$

根据傅里叶变换线性性质可得

$$h(t)=\frac{5}{2}e^{-3t}\varepsilon(t)-\frac{3}{2}e^{-t}\varepsilon(t)$$

4.4　连续系统的复频域响应

线性连续系统的频域分析是线性系统分析的基本方法之一，把输入信号分解为基本信号的线性组合，则系统的响应也为基本信号响应的线性组合。前一节的频域分析法描述了信号的频谱特性和系统的频率特性，但运用频域分析法的前提是信号 $f(t)$ 必须存在傅里叶变换，故这种方法存在一定局限性，若 $f(t)$ 不存在傅里叶变换，则此时就不可以用频域分析法求解系统的响应。本节将在频域分析法的基础上选用复指数信号 e^{st}（$s=\sigma+j\omega$，σ 及 ω 为实数）

作为基本信号，扩展对输入信号的适用范围，同时使求解系统响应更加简便。采用复指数信号求解系统响应的方法被称为复频域法或拉普拉斯变换分析法。在线性连续系统中，把系统的输入信号分解为基本信号 e^{st} 的线性组合，根据线性系统的性质可知，此时系统输入信号的响应等于对基本信号响应的线性组合，用数学方法描述即拉普拉斯变换和反变换。

4.4.1 连续信号的复频域表述

根据本书第 2 章讲述的单边拉普拉斯反变换定义，若信号 $f(t)$ 的单边拉普拉斯变换为 $F(s)$，则信号 $f(t)$ 可以表示为

$$f(t)=\frac{1}{2\pi j}\int_{\sigma-j\infty}^{\sigma+j\infty}F(s)\,e^{st}ds,\quad t>0 \tag{4-38}$$

式（4-38）的物理意义就是 $f(t)$ 被分解为 $\sigma-j\infty$ 到 $\sigma+j\infty$ 区间上不同 s 的基本信号 e^{st} 之和（积分）。对于上述区间上的任意 s，$\frac{1}{2\pi j}F(s)ds$ 是一个复数，是信号 e^{st} 的复幅度。求积分的路径是 $F(s)$ 收敛域中平行于 $j\omega$ 轴的一条直线。就系统分析而言，把信号分解为基本信号 e^{st} 之和主要基于两个原因：一是基本信号 e^{st} 的形式简单，其响应的求解比较简单；二是系统是线性的，因而可以应用系统的叠加性，即由基本信号响应之和求系统的响应。

4.4.2 基本信号 e^{st} 激励下的零状态响应

若线性时不变连续系统的输入为 $f(t)$，零状态响应为 $y_f(t)$，冲激响应为 $h(t)$，由连续系统的时域分析可知

$$y_f(t)=f(t)*h(t) \tag{4-39}$$

若系统的输入为基本信号 e^{st}，即 $f(t)=e^{st}$，则

$$y_f(t)=e^{st}*h(t)=\int_{-\infty}^{\infty}h(\tau)e^{s(t-\tau)}d\tau=e^{st}\int_{-\infty}^{\infty}h(\tau)\,e^{-st}d\tau$$

若 $h(t)$ 为因果函数，则有

$$y_f(t)=e^{st}\int_{0^-}^{\infty}h(\tau)\,e^{-st}d\tau=e^{st}H(s) \tag{4-40}$$

在式（4-40）中

$$H(s)=\int_{0^-}^{\infty}h(\tau)\,e^{-st}d\tau=\int_{0^-}^{\infty}h(t)\,e^{-st}dt=L[h(t)] \tag{4-41}$$

即 $H(s)$ 是冲激响应 $h(t)$ 的单边拉普拉斯变换，称为线性连续系统的系统函数，e^{st} 被称为系统的特征函数。式（4-40）表明，线性连续系统对基本信号 e^{st} 的零状态响应等于 e^{st} 与系统函数 $H(s)$ 的乘积。

4.4.3 一般信号激励下的零状态响应

若线性连续系统的输入 $f(t)$ 是因果信号，并且 $f(t)$ 的单边拉普拉斯变换存在，则 $f(t)$ 可

分解为复指数信号 e^{st} 之和，如式（4-38）所示。

根据式（4-40），对于 $\sigma-j\infty$ 到 $\sigma+j\infty$ 区间上的任意 s，信号 e^{st} 产生的零状态响应为 $H(s)e^{st}$。e^{st} 与其响应的对应关系表示为 $H(s)e^{st}$。

根据线性系统的齐次性，对于 $\sigma-j\infty$ 到 $\sigma+j\infty$ 区间上的任意 s，$\dfrac{1}{2\pi j}F(s)\mathrm{d}s$ 为复数。因此，信号 $\dfrac{1}{2\pi j}F(s)\mathrm{d}s\cdot e^{st}$ 产生的零状态响应可以表示为 $\dfrac{1}{2\pi j}F(s)\mathrm{d}sH(s)e^{st}$。

根据线性系统的叠加原理，由于系统的输入信号 $f(t)$ 可以分解为 $\sigma-j\infty$ 到 $\sigma+j\infty$ 区间上不同 s 的指数信号 $\dfrac{1}{2\pi j}F(s)\mathrm{d}s\cdot e^{st}$ 的和（积分），所以系统对 $f(t)$ 的零状态响应等于这些指数信号产生的零状态响应之和。对应关系为信号 $f(t)=\dfrac{1}{2\pi j}\int_{\sigma-j\infty}^{\sigma+j\infty}F(s)\,e^{st}\mathrm{d}s$ 对应产生的零状态响应为 $\int_{\sigma-j\infty}^{\sigma+j\infty}F(s)H(s)\,e^{st}\mathrm{d}s$，即 $f(t)$ 产生的零状态响应 $y_f(t)$ 为

$$y_f(t)=\int_{\sigma-j\infty}^{\sigma+j\infty}F(s)H(s)\,e^{st}\mathrm{d}s \tag{4-42}$$

因为 $f(t)$、$h(t)$ 是因果信号，所以 $y_f(t)$ 也是因果信号。

另外，由于 $y_f(t)=h(t)*f(t)$，根据时域卷积性质，则 $y_f(t)$ 的单边拉普拉斯变换为

$$Y_f(s)=L[y_f(t)]=H(s)F(s) \tag{4-43}$$

于是得

$$y_f(t)\begin{cases}0, & t<0\\ \dfrac{1}{2\pi j}\displaystyle\int_{\sigma-j\infty}^{\sigma+j\infty}Y_f(s)\,e^{st}, & t>o\end{cases} \tag{4-44}$$

由式（4-43）可知，系统函数 $H(s)$ 又可表示为

$$H(s)=\frac{Y_f(s)}{F(s)} \tag{4-45}$$

式（4-43）和式（4-44）表明，系统的零状态响应可按以下步骤求解。

（1）求系统输入 $f(t)$ 的单边拉普拉斯变换 $F(s)$。

（2）求系统函数 $H(s)$。

（3）求零状态响应的单边拉普拉斯变换 $Y_f(s)$，$Y_f(s)=H(s)F(s)$。

（4）求 $Y_f(t)$ 的单边拉普拉斯反变换 $y_f(t)$。

式（4-43）和式（4-44）还表明，在给定输入 $f(t)$ 的情况下，系统的零状态响应取决于系统函数 $H(s)$。因此，系统函数 $H(s)$ 代表了线性连续系统的性质。

4.4.4　系统响应的复频域求解方法

常见的用来描述线性时不变系统输入和输出关系的是线性定常微分方程。根据第 2 章描述的单边拉普拉斯变换的时域微分性质，系统的微分方程可以转换为复频域代数方程的形式。接下来将以二阶微分方程为例，讨论系统复频域解的求解方法，得到求解系统微分方程

的零输入响应、零状态响应的复频域方法。

设二阶连续系统的微分方程为

$$y''(t)+a_1y'(t)+a_0y(t)=b_2f''(t)+b_1f'(t)+b_0f(t) \tag{4-46}$$

式中的系数均为实常数，系统为因果系统，此时对应的$f'(0^-)$及$f(0^-)$均为零。设系统初始时刻为0，$y(t)$的单边拉普拉斯变换为$Y(s)$，对式（4-46）左右两侧取拉普拉斯变换，根据时域微分性质可知

$$\begin{aligned}&[s^2Y(s)-sy(0^-)-y'(0^-)]+a_1[sY(s)-y(0^-)]+a_0Y(s)\\&=b_2s^2F(s)+b_1sF(s)+b_0F(s)\end{aligned} \tag{4-47}$$

经整理得

$$(s^2+a_1s+a_0)Y(s)=[(s+a_1)y(0^-)+y'(0^-)]+(b_2s^2+b_1s+b_0)F(s) \tag{4-48}$$

令式（4-48）中

$$A(s)=s^2+a_1s+a_0$$

$$B(s)=b_2s^2+b_1s+b_0$$

$$M(s)=(s+a_1)y(0^-)+y'(0^-)$$

此时，式（4-48）可写为

$$Y(s)=\frac{M(s)}{A(s)}+\frac{B(s)}{A(s)}F(s) \tag{4-49}$$

式（4-47）中，$y(0^-)$及$y'(0^-)$分别为$y(t)$及$y'(t)$在$t=0^-$时刻的初始值，由此时刻系统的初始状态决定。在系统中，通常称$A(s)$为系统多项式，$A(s)=0$被称为系统的特征方程，$A(s)=0$的解被称为特征根。

在$Y(s)$的表达式中，第一项$\dfrac{M(s)}{A(s)}$仅与初始值$y(0^-)$及$y'(0^-)$有关，与系统输入无关。因此，系统的零输入响应$y_x(t)$的单边拉普拉斯变换$Y_x(s)$为$\dfrac{M(s)}{A(s)}$。$Y(s)$的表达式中，第二项$\dfrac{B(s)}{A(s)}F(s)$仅与系统输入有关，与初始值$y(0^-)$及$y'(0^-)$无关。因此，系统的零状态响应$y_f(t)$的单边拉普拉斯变换$Y_f(s)$为$\dfrac{B(s)}{A(s)}F(s)$。

基于以上结论，对式（4-47）左右两侧均取单边拉普拉斯反变换，即可得到系统的全响应$y(t)$、零输入响应$y_x(t)$和零状态响应$y_f(t)$。

由$Y_f(s)=H(s)F(s)$，根据拉普拉斯反变换，二阶系统的系统函数可写为

$$H(s)=\frac{B(s)}{A(s)}=\frac{b_2s^2+b_1s+b_0}{s^2+a_1s+a_0} \tag{4-50}$$

推广至一般形式，设n阶连续系统的系统函数为

$$H(p)=\frac{B(s)}{A(s)}=\frac{b_ms^m+b_{m-1}s^{m-1}+\cdots+b_1s+b_0}{a_ns^n+a_{n-1}s^{n-1}+\cdots+a_1s+a_0} \tag{4-51}$$

式中，$n\geqslant m$，$a_i(i=1,2,\cdots,n)$，$b_j(j=1,2,\cdots,m)$为实常数，$a_n=1$。

式（4-51）给出了系统微分方程与系统函数之间的对应关系，据此可以由系统微分方程得到系统函数。若已知系统函数，也可得到系统微分方程。

根据系统微分方程求解系统响应函数时，需要考虑响应的初始值。

（1）对于 n 阶线性连续系统，由 $y(t)=y_x(t)+y_f(t)$，有

$$y^{(i)}(t)=y_x^{(i)}(t)+y_f^{(i)}(t),\ i=0,\ 1,\ 2,\ \cdots,\ n-1$$

进而得到

$$y^{(i)}(0^-)=y_x^{(i)}(0^-)+y_f^{(i)}(0^-)$$
$$y^{(i)}(0^+)=y_x^{(i)}(0^+)+y_f^{(i)}(0^+)$$

对于因果系统，系统输入信号 $f(t)$ 为因果信号，则 $y_f^{(i)}(0^-)=0$。注意，$y_f^{(i)}(0^+)$ 一般不为零，因此有

$$y^{(i)}(0^-)=y_x^{(i)}(0^-) \tag{4-52}$$
$$y^{(i)}(0^+)=y_x^{(i)}(0^+)+y_f^{(i)}(0^+)$$

（2）对于 n 阶线性连续因果系统，若在 $t<0$ 及 $t>0$ 时的 $y_x(t)$ 相同，则

$$y_x^{(i)}(0^-)=y_x^{(i)}(0^+),\ i=0,\ 1,\ 2,\ \cdots,\ n-1 \tag{4-53}$$

例 4.8　某系统在零初始条件下的单位阶跃响应为 $y(t)=1-\frac{2}{3}e^{-t}-\frac{1}{3}e^{-4t}$，试求系统函数、系统微分方程和当初始条件为 $y(0^-)=-1$、$y'(0^-)=0$ 时系统的单位阶跃响应。

解：由式（4-2），系统方程可以表述为

$$y(t)=H(p)f(t)$$

等式两端进行单边拉普拉斯变换，系统函数表达式可写为

$$H(s)=\frac{Y(s)}{F(s)}$$

式中，由已知条件可得

$$\begin{cases} Y(s)=\dfrac{1}{s}-\dfrac{2}{3}\cdot\dfrac{1}{s+1}-\dfrac{1}{3}\cdot\dfrac{1}{s+4}=\dfrac{2(s+2)}{s(s+1)(s+4)} \\ F(s)=\dfrac{1}{s} \end{cases}$$

经整理，系统函数 $H(s)$ 为

$$H(s)=\frac{Y(s)}{F(s)}=\frac{2(s+2)}{(s+1)(s+4)}$$
$$(s^2+5s+4)Y(s)=(2s+4)F(s)$$

系统微分方程可写为

$$y''(t)+5y'(t)+4y(t)=2f'(t)+4f(t)$$

代入初始条件 $y(0^-)=-1$，$y'(0^-)=0$，可得

$$(s^2+5s+4)Y(s)-(s+5)y(0^+)-y'(0^+)=2(s+2)F(s)$$
$$Y(s)=\frac{2(s+2)}{s^2+5s+4}\cdot\frac{1}{s}-\frac{s+5}{s^2+5s+4}=\frac{-s^2-3s+4}{s(s+1)(s+4)}$$

式中，由初始条件引起的响应

$$Y_0(s)=\frac{-(s+5)}{(s+1)(s+4)}=\frac{C_1}{s+1}+\frac{C_2}{s+4}=\frac{-4}{3}\frac{1}{s+1}+\frac{1}{3}\frac{1}{s+4}$$

进行拉普拉斯反变换得

$$y_f(t)=\frac{-4}{3}\mathrm{e}^{-t}+\frac{1}{3}\mathrm{e}^{-4t}$$

因此，当初始条件为 $y(0^-)=-1$、$y'(0^-)=0$ 时，系统的单位阶跃响应为

$$y(t)=y_x(t)+y_f(t)=\left(1-\frac{2}{3}\mathrm{e}^{-t}-\frac{1}{3}\mathrm{e}^{-4t}\right)-\left(\frac{4}{3}\mathrm{e}^{-t}-\frac{1}{3}\mathrm{e}^{-4t}\right)=1-2\mathrm{e}^{-t}$$

系统的零输入响应、零状态响应也可直接利用单边拉普拉斯变换求得。在求系统零输入响应时，仅需令输入 $F(s)=0$ 求得零输入响应的拉普拉斯变换，再根据反变换即可得到系统的零输入响应。在求系统零状态响应时，令系统的初始状态为零，即 $y(0^-)=0$、$y'(0^-)=0$，求得系统零状态响应的拉普拉斯变换，再根据其反变换即可得到系统的零状态响应。

例 4.9　已知一个线性时不变连续时间系统为因果系统，其微分方程为

$$y''(t)+3y'(t)+2y(t)=f'(t)+2f(t)$$

且系统初始条件为 $y(0^-)=1$、$y'(0^-)=1$，输入为 $f(t)=t^2u(t)$。试用复频域法求系统的零输入响应 $y_x(t)$、零状态响应 $y_f(t)$ 及全响应。

解：由式（4-2），系统方程可表述为

$$y(t)=H(p)f(t)$$

等式两端进行单边拉普拉斯变换，系统函数表达式可写为

$$H(s)=\frac{Y(s)}{F(s)}$$

令系统输入为零，即 $F_x(s)=0$，得到此时的系统零输入响应拉普拉斯变换为

$$Y_x(s)=\frac{s+4}{s^2+3s+2}=\frac{3}{s+1}+\frac{-2}{s+2}$$

对其进行拉普拉斯反变换，可得系统零输入响应为

$$y_x(t)=(3\mathrm{e}^{-t}-2\mathrm{e}^{-2t})u(t)$$

令系统初始状态为零，即 $y(0^-)=0$、$y'(0^-)=0$，得到此时的系统零状态响应拉普拉斯变换为

$$Y_f(s)=\frac{2s+4}{(s^2+3s+2)}F_f(s)$$

已知系统输入 $f(t)=t^2u(t)$，由傅里叶变换运算得 $F_f(s)=\frac{1}{s^3}$，代入上式中

$$\begin{aligned}Y_f(s)&=\frac{2}{s^3(s+1)}\\&=\frac{-2}{s+1}+\frac{2}{s^3}+\frac{-2}{s^2}+\frac{2}{s}\end{aligned}$$

对其进行拉普拉斯反变换，可得系统零状态响应

$$y_f(t)=(-2\mathrm{e}^{-t}+t^2-2t+2)u(t)$$

由式（4-30）知，系统全响应等于系统的零输入响应 $y_x(t)$ 与零状态响应 $y_f(t)$ 之和

$$y(t)=y_x(t)+y_f(t)$$

系统全响应为

$$y(t)=(-2\mathrm{e}^{-2t}+\mathrm{e}^{-t}+t^2-2t+2)u(t)$$

求系统全响应时，也可采用另一种方法。

同时对系统微分方程两侧取拉普拉斯变换，得

$$[s^2Y(s)-sy(0^-)-y'(0^-)]+[3sY(s)-y(0^-)]+2Y(s)=(s+2)F(s)$$

且此时 $F(s)=F_f(s)=\frac{1}{s^3}$，经整理得

$$Y(s)=\frac{s^4+4s^3+2s+4}{s^3(s+1)(s+2)}=\frac{1}{s+1}+\frac{-2}{s+2}+\frac{2}{s^3}+\frac{-2}{s^2}+\frac{2}{s}$$

对其进行拉普拉斯反变换，可得系统全响应

$$y(t)=(-2e^{-2t}+e^{-t}+t^2-2t+2)u(t)$$

本例题求解结果与例4.6一致。

本章要点

（1）信号的时域分析、频域分析及复频域分析概念。

（2）系统的零输入响应、零状态响应和全响应的概念。

（3）运用时域分析法求解系统的零输入响应及零状态响应。从特殊信号输入推广至一般信号输入时系统的响应求解。

（4）运用频域分析法求解系统的零状态响应。

（5）运用复频域分析法求解系统的零状态响应。

（6）根据实际系统特性，选用适当的分析方法求解系统响应。

习题4

4.1　已知连续系统微分方程为

$$y''(t)+4y'(t)+3y(t)=2f'(t)+3f(t)$$

且系统初始条件为 $y(0^-)=y'(0^-)=1$，输入为 $f(t)=e^{-t}\varepsilon(t)$。求系统的零输入响应 $y_x(t)$、零状态响应 $y_f(t)$ 及系统全响应。

4.2　已知连续系统微分方程为

$$2y''(t)+7y'(t)+5y(t)=f(t)$$

且系统初始条件为 $y(0^-)=y'(0^-)=0$，输入为 $f(t)=\varepsilon(t)$。求系统的零输入响应 $y_x(t)$、零状态响应 $y_f(t)$ 及系统全响应。

4.3　已知连续系统微分方程为

$$y''(t)+5y'(t)+6y(t)=f(t)$$

且系统初始条件在 $t\geqslant0$ 时 $y(0)=3.5$，$y'(0)=-8.5$，输入为 $f(t)=e^t$，求系统的全响应。

4.4　已知系统输入激励信号为 $u_r(t)=(5e^{-2t}-2)\varepsilon(t)$，试求下图所示电路中电容电压的零状态响应 $u_{fc}(t)$，$R=1\ \Omega$，$C=1\ \text{F}$。

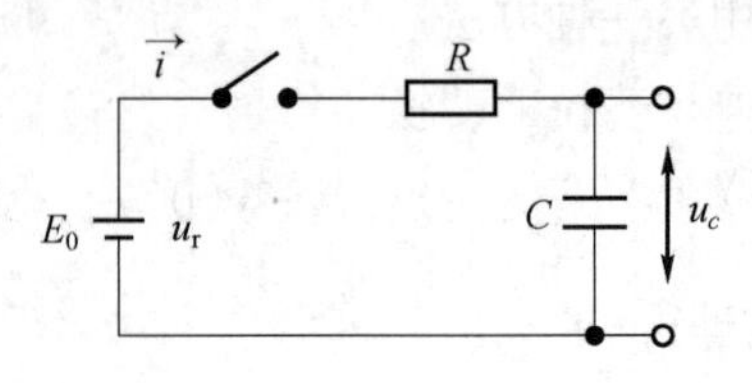

习题 4.4 图

4.5 已知线性时不变连续系统输入 $f(t)$ 与响应 $y(t)$ 间的关系可以表示为

$$y(t) = 2f(t) - \int_{-\infty}^{t} 3e^{-5(t-\tau)} f(\tau - 2)\,d\tau$$

求系统冲激响应 $h(t)$。

4.6 已知线性时不变连续系统方程为

$$\frac{d^2y(t)}{d^2t} + 6\frac{dy(t)}{dt} + 5y(t) = \frac{df(t)}{dt} + 2f(t)$$

求此系统的系统函数 $H(j\omega)$ 和冲激响应 $h(t)$。

4.7 已知某因果线性时不变连续系统的系统函数为 $H(j\omega) = -2j\omega$，求系统对以下信号 $f(t)$ 的响应 $y(t)$。

（1）$f(t) = e^{jt}$。

（2）$F(j\omega) = \dfrac{1}{j\omega(2+j\omega)}$。

（3）$F(j\omega) = \dfrac{1}{2+j\omega}$。

4.8 已知连续系统微分方程为

$$y''(t) + 4y'(t) + 3y(t) = f'(t) - 2f(t)$$

且系统输入为 $f(t) = e^{-2t}\varepsilon(t)$，求系统的频率响应 $H(\omega)$、冲激响应 $h(t)$。

4.9 已知因果线性时不变连续系统的冲激响应 $h(t)$ 如下，求系统的频率响应 $H(\omega)$ 和系统微分方程。

（1）$h(t) = e^{-5t}\varepsilon(t) + e^{-2t}\varepsilon(t)$。

（2）$h(t) = 3\delta'(t) - \delta(t)$。

（3）$h(t) = e^{-t}\varepsilon(t) + 2\delta(t)$。

4.10 已知线性时不变连续系统的系统函数 $H(s)$ 如下，求解系统的冲激响应。

（1）$H(s) = \dfrac{s+2}{s^2+4s+3}$。

（2）$H(s) = \dfrac{s^2+5s+5}{s^2+4s+3}$。

（3）$H(s) = \dfrac{s+3}{s^2+2s+2}$。

第5章 离散信号处理

教学要求与目标

- 理解离散系统的分类。
- 理解离散系统的零输入响应、离散系统的零状态响应求法。
- 掌握离散系统的Z域分析、离散系统差分方程的Z域解。
- 了解离散系统的表示与模拟。

输入和输出都是离散信号的系统叫作离散系统。一个离散系统可以抽象为一种变换或一种映射，即把输入序列 $x(n)$ 变换为输出序列 $y(n)$。一个离散系统的输入输出关系可用图5-1所示的框图表示。

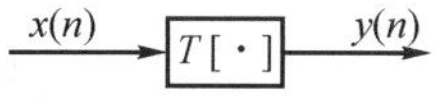

$$x(n) \rightarrow \boxed{T[\cdot]} \rightarrow y(n)$$

图5-1　离散系统框图

离散系统的输入输出关系也可以用式（5-1）简单表示。

$$y(n)=T[x(n)] \tag{5-1}$$

式中，T 代表变换，即系统为了得到 $y(n)$ 而施加在 $x(n)$ 上的变换。一个离散系统可以是一个硬件装置，也可以是一个数学表达式。

5.1　离散系统的分类及描述

5.1.1　离散系统的分类

1. 线性系统和非线性系统

满足线性叠加原理的系统被称为线性系统，否则为非线性系统。线性性质包括叠加性与齐次性（比例性）两个方面。对于离散系统，其叠加性可以表示为

$$\left.\begin{aligned} y_1(n)=T[x_1(n)] \\ y_2(n)=T[x_2(n)] \end{aligned}\right\} \Rightarrow T[x_1(n)+x_2(n)]=y_1(n)+y_2(n) \tag{5-2}$$

齐次性可以表示为

$$y(n)=T[x(n)]\Rightarrow T[ax(n)]=ay(n) \tag{5-3}$$

因此，线性性质可以表示为

$$T[a_1x_1(n)+a_2x_2(n)]=a_1T[x_1(n)]+a_2T[x_2(n)] \tag{5-4}$$

式中，α_1、α_2 为任意常数。线性性质还可以描述为：对于离散系统，将输入序列先进行线性运算再输入系统，与将输入序列先输入系统再进行线性运算，两者的结果如果相同，那么该离散系统为线性系统。线性离散系统特性框图如图 5-2 所示。

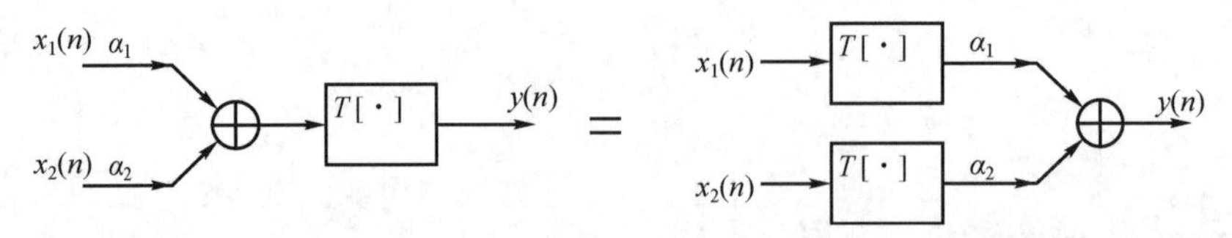

图 5-2 线性离散系统特性框图

2. 时变系统和时不变系统

若系统的性质不随时间发生变化，则称该系统为时不变系统，否则称为时变系统。对于时不变离散系统，若有 $y(n)=T[x(n)]$，则有

$$y(n-n_0)=T[x(n-n_0)] \tag{5-5}$$

时不变性质可以描述为：对于离散系统，将输入序列先进行延时运算再输入系统，与将输入序列先输入系统再进行延时运算，两者的结果如果相同，那么该离散系统为时不变系统。时不变离散系统特性框图如图 5-3 所示。

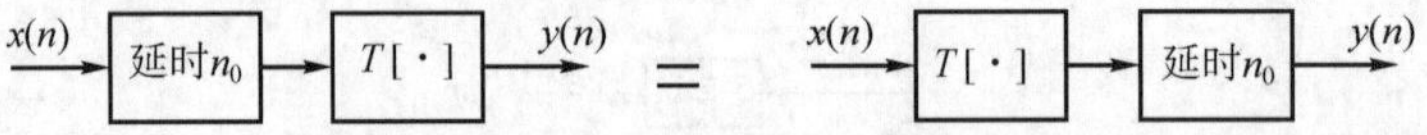

图 5-3 时不变离散系统特性框图

时不变性质的含义还可以直观地解释为：对给定的输入，系统的输出和输入的时间无关，即不论何时加上输入，只要输入信号一样，输出信号的形态就保持不变。

若系统既是线性的又是时不变的，则称该系统为线性时不变系统。

例 5.1 确定下列由输入输出关系式描述的系统是线性还是非线性系统，是时变还是时不变系统。

(1) $y(n)=ax(n)+b$。 (2) $y(n)=nx(n)$。

解：

(1) 设对于两个输入序列 $x_1(n)$ 和 $x_2(n)$，其相应的输出为

$$y_1(n)=T[x_1(n)]=ax_1(n)+b \quad 和 \quad y_2(n)=T[x_2(n)]=ax_2(n)+b$$

将这两个输入的线性组合作为系统输入时，其输出为

$$y_3(n)=T[\alpha_1x_1(n)+\alpha_2x_2(n)]=a\alpha_1x_1(n)+a\alpha_2x_2(n)+b$$

若对输出 $y_1(n)$ 和 $y_2(n)$ 进行同样的线性组合，可以得到

$$\begin{aligned}\alpha_1y_1(n)+\alpha_2y_2(n)&=\alpha_1T[x_1(n)]+\alpha_2T[x_2(n)]=\alpha_1ax_1(n)+b+\alpha_2ax_2(n)+b\\&=a[\alpha_1x_1(n)+\alpha_2x_2(n)]+2b\end{aligned}$$

因为 $T[\alpha_1x_1(n)+\alpha_2x_2(n)]\neq\alpha_1T[x_1(n)]+\alpha_2T[x_2(n)]$，所以系统是非线性的。

若输入在时间上延迟 k 个单位再输入该系统，则

$$T[x(n-k)] = ax(n-k) + b = y(n-k)$$

因此该系统是时不变系统。

（2）设对于两个输入序列 $x_1(n)$ 和 $x_2(n)$，其相应的输出为

$$y_1(n) = T[x_1(n)] = nx_1(n) \quad 和 \quad y_2(n) = T[x_2(n)] = nx_2(n)$$

将这两个输入的线性组合作为系统输入时，其输出为

$$y_3(n) = T[\alpha_1 x_1(n) + \alpha_2 x_2(n)] = n[\alpha_1 x_1(n) + \alpha_2 x_2(n)]$$

若对输出 $y_1(n)$ 和 $y_2(n)$ 进行同样的线性组合，可以得到

$$\alpha_1 y_1(n) + \alpha_2 y_2(n) = \alpha_1 T[x_1(n)] + \alpha_2 T[x_2(n)] = \alpha_1 n x_1(n) + \alpha_2 n x_2(n)$$

因为 $T[\alpha_1 x_1(n)+\alpha_2 x_2(n)]=\alpha_1 T[x_1(n)]+\alpha_2 T[x_2(n)]$，所以系统是线性的。

若输入在时间上延迟 k 个单位再输入该系统，则

$$T[x(n-k)] = nx(n-k) \neq y(n-k) = (n-k)x(n-k)$$

而 $y(n-k)=(n-k)x(n-k)$，因为 $T[x(n-k)]\neq y(n-k)$，所以该系统是时变系统。

3. 因果系统和非因果系统

若系统在任意时刻 n 的输出仅取决于当前和以前时刻的输入，而和以后时刻的输入无关，则该系统叫作因果系统。不具有上面这个性质的系统叫作非因果系统。在因果系统中，原因决定结果，结果不会出现在原因作用之前。

4. 稳定系统和非稳定系统

若一个系统对于每一个有界的输入 $|x(n)| \leqslant Mx < \infty$，输出都是有界的，即满足 $|y(n)| \leqslant My < \infty$，则该系统为稳定系统。若输入有界时，其输出是无界的，则该系统是不稳定的。因此，稳定系统又被称为有界输入有界输出（Bounded Input Bounded Output，BIBO）系统。

例 5.2　确定下列由输入输出关系式描述的系统是否为因果的和稳定的。

（1）$y(n)=x(n)-x(n-1)$。　　（2）$y(n)=x(n)+3x(n+4)$。

（3）$y(n)=x(-n)$。　　（4）$y(n)=nx(n)$。

解：因果性。（1）和（4）在任意时刻 n 的输出仅取决于 n 时刻或 $n-1$ 时刻（n 以前时刻）的输入，显然是因果系统。（2）在任意时刻 n 的输出不仅取决于 n 时刻，也和 $n+4$ 时刻（n 以后时刻）的输入有关，显然是非因果系统。（3）如果令 $n=-1$，那么 $y(-1)=x(1)$，因此该系统也是非因果系统。

稳定性。（1）、（2）、（3）输入有界时，其输出必然是有界的，因此是稳定系统。（4）输入有界时，其输出不是有界的（n 趋于 ∞ 时，$nx(n)$ 趋于 ∞），因此是不稳定系统。

5.1.2　线性时不变离散系统的描述

本书所研究的离散系统主要是线性时不变系统，从时域描述线性时不变离散系统的数学模型为 N 阶常系数线性差分方程

$$\sum_{i=0}^{N} a_i y(n-i) = \sum_{j=0}^{M} b_j x(n-j) \tag{5-6}$$

式中，a_i、b_j 为实常数。

本章讨论的中心问题是在给定的输入或激励作用下，系统将产生什么样的输出或响应。与线性时不变连续时间系统类似，线性时不变离散系统响应，即全响应 $y(n)$ 可以分解为零输入响应 $y_{zi}(n)$ 和零状态响应 $y_{zs}(n)$ 之和，即

$$y(n) = y_{zi}(n) + y_{zs}(n) \tag{5-7}$$

零输入响应就是没有外加激励信号的作用，只有起始状态（起始时刻系统储能）所产生的响应，即当本次输入为零时，系统仍有的输出。零状态响应就是系统在零初始条件情况下，系统对本次输入激励的响应。

5.2 时域分析法

线性时不变离散系统的时域分析有多种方法，包含迭代法、经典法和卷积法等。由于线性时不变离散系统的数学模型是线性常系数差分方程，与线性时不变连续时间系统用经典法求解微分方程类似，差分方程也可以采用经典法求解，其解由齐次解和特解组成。但是采用经典法分析离散系统的响应存在与连续系统相似的问题，差分方程中的激励项如果比较复杂，会难以处理，并且经典法是一种纯数学方法，无法突出系统响应的物理概念，因此本节只介绍迭代法和卷积法。

5.2.1 迭代法

由式（5-6）可见，差分方程是具有递推关系的代数方程，这里设 $a_0=1$，则式（5-6）可以改写为

$$y(n) = -\sum_{i=1}^{N} a_i y(n-i) + \sum_{j=0}^{M} b_j x(n-j) \tag{5-8}$$

若已知 N 个初始状态 $y(n-1), y(n-2), \cdots, y(n-N)$ 和输入，由差分方程可以迭代出系统的输出，这种求解差分方程的方法被称为迭代法，这 N 个初始状态被称为初始条件。因此，根据式（5-8），要求得 $n \geqslant 0$ 时线性时不变离散系统的响应，需要知道激励 $x(n)$ 和初始值 $y(-1), y(-2), \cdots, y(-N)$，说明求解 N 阶差分方程需要 N 个初始条件。

例 5.3 已知一阶线性常系数差分方程描述的线性时不变离散系统为

$$y(n) - 0.5y(n-1) = x(n) + 0.5x(n-1),\ n \geqslant 0$$

式中，输入 $x(n)=u(n)$，初始状态 $y(-1)=1$，试用迭代法求解差分方程。

解：将输入 $x(n)=u(n)$ 代入，并改写差分方程为

$$y(n) = u(n) + 0.5u(n-1) + 0.5y(n-1)$$

代入初始状态，可求得

$$y(0) = u(0) + 0.5u(n-1) + 0.5y(-1) = 1 + 0.5 \times 0 + 0.5 \times 1 = 1.5$$

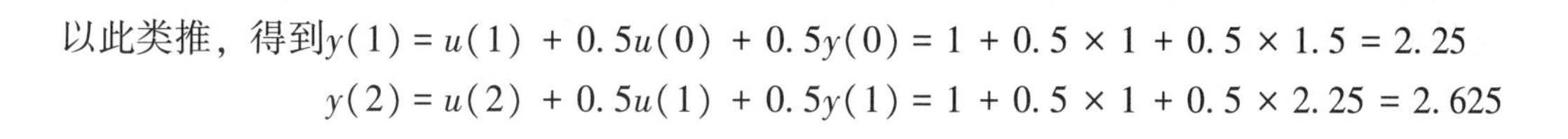

以此类推，得到$y(1)=u(1)+0.5u(0)+0.5y(0)=1+0.5\times1+0.5\times1.5=2.25$

$$y(2)=u(2)+0.5u(1)+0.5y(1)=1+0.5\times1+0.5\times2.25=2.625$$

$$\cdots$$

迭代法求解差分方程概念清楚，求解简单，比较适合用计算机编程求解，但高阶求解困难，并且很难得到闭合形式的解。

5.2.2　卷积法

离散系统分析中更加关注的是求解系统的零状态响应。与连续时间系统的卷积积分类似，卷积和是计算线性时不变离散系统零状态响应的重要方法。

1. 单位冲激响应

单位冲激响应指输入为单位抽样序列$\delta(n)$时系统的零状态响应，表示为$h(n)$。它同连续系统中的冲激响应$h(t)$有相同的地位和作用。不同的线性时不变系统具有不同的$h(n)$，因此在时域中常常用单位冲激响应$h(n)$来表征一个线性时不变离散系统，其框图如图5-4所示。

单位冲激响应为利用卷积和求解任意输入的零状态响应提供了极为有效的方法。由差分方程求解单位冲激响应可以采用迭代法或经典法，其时域解法与线性时不变连续时间系统中的解法类似，比较复杂，这里不做介绍，后面的小节会介绍更方便的变换域解法。

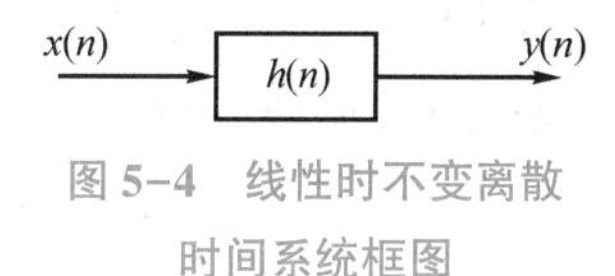

图5-4　线性时不变离散时间系统框图

2. 卷积法求零状态响应

在前面的讨论中已知，任意信号$x(n)$可以分解为单位脉冲序列的线性组合

$$x(n)=\sum_{m=-\infty}^{\infty}x(m)\delta(n-m)$$

因此，任意序列$x(n)$作用于系统产生的零状态响应$y_{zs}(n)$可由$\delta(n-m)$产生的响应叠加而成。由单位冲激响应的定义，可以表示为

$$T[\delta(n)]=h(n)$$

根据线性时不变系统的线性特性和时不变性可知

$$\begin{aligned}y(n)=T[x(n)]&=T\Big[\sum_{m=-\infty}^{\infty}x(m)\delta(n-m)\Big]\\&=\sum_{m=-\infty}^{\infty}x(m)T[\delta(n-m)]\\&=\sum_{m=-\infty}^{\infty}x(m)h(n-m)\end{aligned}$$

上式正是卷积和的公式。可见，线性时不变离散系统的零状态响应$y_{zs}(n)$等于输入信号$x(n)$与单位冲激响应$h(n)$的卷积和，即

$$y_{zs}(n)=x(n)*h(n)=\sum_{m=-\infty}^{\infty}x(m)h(n-m)\tag{5-9}$$

例5.4　已知一线性时不变系统的单位冲激响应为$h(n)=R_4(n)$，试确定该系统对下面

输入信号的零状态响应。

$$x(n)=R_4(n)$$

解：$y_{zs}(n)=R_4(n)*R_4(n)=\sum_{m=-\infty}^{\infty}R_4(m)R_4(n-m)$

因为 $R_4(m)$ 的非零区域为 $0\leqslant m\leqslant 3$，$R_4(n-m)$ 的非零区域为 $0\leqslant n-m\leqslant 3$，所以 $y_{zs}(n)$ 的非零区域为 $\max\{0,n-3\}\leqslant m\leqslant \min\{3,n\}$，$0\leqslant n\leqslant 6$。

当 $0\leqslant n\leqslant 3$ 时，$0\leqslant m\leqslant n$，此时 $y_{zs}(n)=\sum_{m=0}^{n}1=n+1$。

当 $4\leqslant n\leqslant 6$ 时，$n-3\leqslant m\leqslant 3$，此时 $y_{zs}(n)=\sum_{m=n-3}^{3}1=7-n$。

当 $n<0$ 或 $n>6$ 时，$y_{zs}(n)=0$。

所以 $y_{zs}(n)=\begin{cases}n+1, & 0\leqslant n\leqslant 3\\ 7-n, & 4\leqslant n\leqslant 6\\ 0, & 其他\end{cases}$。

3. 卷积的性质和线性时不变系统的互联

1）级联系统的冲激响应

两个线性时不变离散系统级联，如图 5-5 所示。输入信号 $x(n)$ 经系统 $h_1(n)$ 处理后再输入系统 $h_2(n)$ 进行处理，根据卷积的结合律，有

$$y(n)=x(n)*h_1(n)*h_2(n)=x(n)*[h_1(n)*h_2(n)]=x(n)*h(n)$$

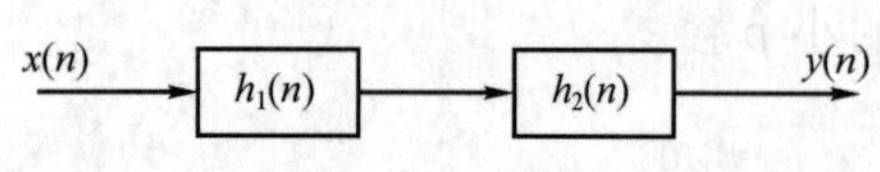

图 5-5　两个线性时不变离散系统的级联

即系统的输出可以看成输入 $x(n)$ 经系统 $h(n)=h_1(n)*h_2(n)$ 处理后的输出。也就是说，级联系统的冲激响应等于两个子系统冲激响应的卷积，如图 5-6 所示。注意，根据卷积的交换律，交换两个级联系统的先后连接次序不影响系统总的冲激响应，更多系统的级联也符合这个规律。

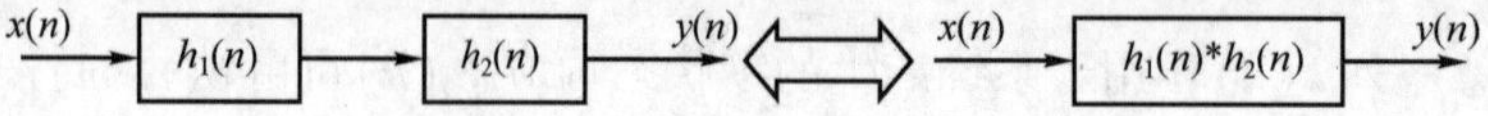

图 5-6　级联系统的冲激响应

2）并联系统的冲激响应

两个线性时不变离散系统并联，如图 5-7 所示，输入信号 $x(n)$ 分别经系统 $h_1(n)$ 和 $h_2(n)$ 处理后再相加，应用卷积积分的分配律，有

$$x(n)*h_1(n)+x(n)*h_2(n)=x(n)*[h_1(n)+h_2(n)]$$

即系统的输出可以看成输入 $x(n)$ 经系统 $h(n)=h_1(n)+h_2(n)$ 处理后的输出。也就是说，并联系统的冲激响应等于两个子系统冲激响应之和，如图 5-8 所示，于更多系统的并联也符合这个规律。

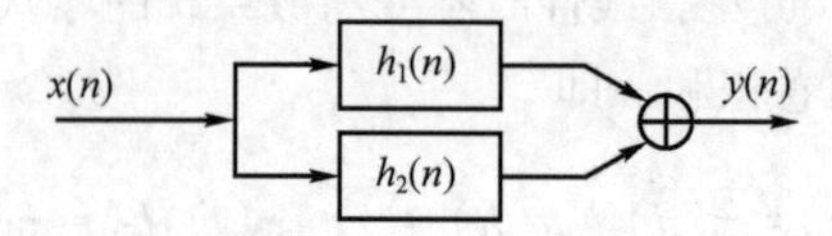

图 5-7　两个线性时不变离散系统的并联

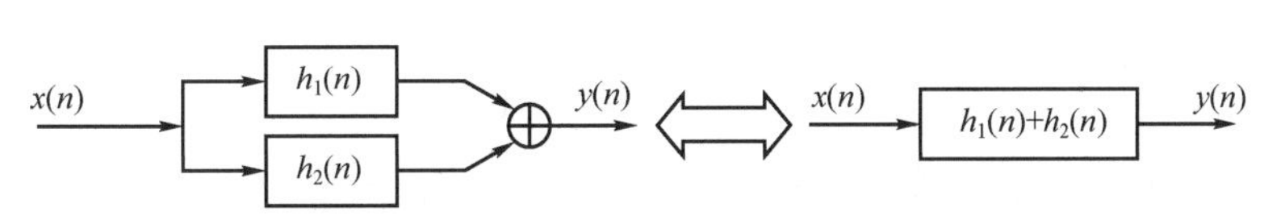

图5-8　并联系统的冲激响应

4. 冲激响应与系统的因果稳定性

1）因果性

根据因果系统的定义，输出不会超前于输入信号。由卷积和的公式（5-9）可以证明，若线性时不变离散系统的冲激响应满足

$$h(n)=0,\quad n<0 \tag{5-10}$$

即 $h(n)$ 是因果序列，则输出 $y_{zs}(n)$ 不会超前于输入信号 $x(n)$。式（5-10）是线性时不变离散系统为因果系统的充分必要条件。

2）稳定性

前面根据定义"输入有界则输出有界"可以判断系统是否稳定，实际情况中，不可能对每一个可能的有界输入都分析相应的响应，因此很难根据定义来判断系统的稳定性。对于线性时不变离散系统，其单位冲激响应建立了输入输出之间的关系，因此可以利用线性时不变离散系统的冲激响应来判断系统的稳定性。可以证明，线性时不变离散系统稳定的充分必要条件是

$$\sum_{n=-\infty}^{\infty}|h(n)|<\infty \tag{5-11}$$

例5.5　已知某线性时不变离散系统的单位冲激响应为

$$h(n)=a^n u(-n),\quad a\text{ 为常数}$$

试分析该系统的因果性和稳定性

解：因为 $n<0$ 时，$h(n)\neq 0$，所以该系统是非因果系统。

因为 $\sum_{n=-\infty}^{\infty}|h(n)|=\sum_{n=-\infty}^{0}|a^n|=\sum_{n=0}^{\infty}|a|^{-n}=\begin{cases}\dfrac{1}{1-|a|^{-1}} & |a|>1\\ \infty & |a|\leqslant 1\end{cases}$，所以当 $|a|>1$ 时系统稳定，当 $|a|\leqslant 1$ 时系统不稳定。

5.3　频域分析法

系统的频域分析法就是以信号的频域表示为基础，分析信号通过线性时不变系统时所产生的响应。

5.3.1　线性时不变离散系统的频率响应

线性时不变离散系统的频率响应定义为该系统零状态响应与输入激励的离散时间傅里叶变换之比，即

$$H(\mathrm{e}^{\mathrm{j}\omega})=\frac{Y_{zs}(\mathrm{e}^{\mathrm{j}\omega})}{X(\mathrm{e}^{\mathrm{j}\omega})} \tag{5-12}$$

若 n 阶线性时不变离散系统的差分方程为

$$y(n)+a_1y(n-1)+\cdots+a_{m-1}y(n-m+1)+a_my(n-m)=$$
$$b_0x(n)+b_1x(n-1)+\cdots+b_{l-1}x(k-l+1)+b_lx(k-l)$$

则线性时不变离散系统的频率响应可表示为

$$H(\mathrm{e}^{\mathrm{j}\omega})=\frac{Y_{zs}(\mathrm{e}^{\mathrm{j}\omega})}{X(\mathrm{e}^{\mathrm{j}\omega})}=\frac{b_0+b_1\mathrm{e}^{-\mathrm{j}\omega}+\cdots+b_{l-1}\mathrm{e}^{-\mathrm{j}\omega(\mathrm{j}-1)}+b_l\mathrm{e}^{-\mathrm{j}\omega l}}{1+a_1\mathrm{e}^{-\mathrm{j}\omega}+\cdots+a_{m-1}\mathrm{e}^{-\mathrm{j}\omega(m-1)}+a_m\mathrm{e}^{-\mathrm{j}\omega m}} \tag{5-13}$$

可见系统的频率响应只与系统本身的特性有关。已知若输入为 $\delta(n)$，则线性时不变系统的零状态响应为 $h(n)$，由频率响应定义可得

$$H(\mathrm{e}^{\mathrm{j}\omega})=\frac{Y_{zs}(\mathrm{e}^{\mathrm{j}\omega})}{X(\mathrm{e}^{\mathrm{j}\omega})}=\frac{DTFT[h(n)]}{DTFT[\delta(n)]}=DTFT[h(n)]$$

即对单位脉冲响应 $h(n)$ 进行傅里叶变换，可得系统的频率响应函数 $H(\mathrm{e}^{\mathrm{j}\omega})$，其通常是 ω 的复函数，可以表示为极坐标的形式，即

$$H(\mathrm{e}^{\mathrm{j}\omega})=|H(\mathrm{e}^{\mathrm{j}\omega})|\mathrm{e}^{\mathrm{j}\varphi(\omega)} \tag{5-14}$$

式中，$|H(\mathrm{e}^{\mathrm{j}\omega})|$ 为幅频特性函数，$\varphi(\omega)$ 为相频特性函数。

5.3.2 线性时不变离散系统零状态响应的频域求解

1. 虚指数序列 $\mathrm{e}^{\mathrm{j}\omega n}$ 通过线性时不变离散系统的零状态响应

由于满足一定条件的离散信号均可以表示为虚指数 $\mathrm{e}^{\mathrm{j}\omega n}$ 的线性组合，这里先分析虚指数序列激励下线性时不变离散系统的零状态响应。

设系统激励为 $x(n)=A\mathrm{e}^{\mathrm{j}\omega_0 n}$，则线性时不变离散系统的零状态响应为

$$\begin{aligned}y_{zs}(n)&=h(n)*x(n)=\sum_{m=-\infty}^{\infty}h(m)x(n-m)\\&=\sum_{m=-\infty}^{\infty}h(m)A\mathrm{e}^{\mathrm{j}\omega_0(n-m)}\\&=A\mathrm{e}^{\mathrm{j}\omega_0 n}\sum_{m=-\infty}^{\infty}h(m)\mathrm{e}^{-\mathrm{j}\omega_0 m}\end{aligned}$$

即

$$y_{zs}(n)=H(\mathrm{e}^{\mathrm{j}\omega_0})A\mathrm{e}^{\mathrm{j}\omega_0 n} \tag{5-15}$$

式（5-15）表明，当虚指数信号作用于线性时不变离散系统时，该系统的零状态响应仍是同频率的虚指数信号，并且是该同频率的虚指数信号乘以系统在该频率的频率响应值，即输出的虚指数信号的幅度和相位由系统对应频率处的频率响应 $H(\mathrm{e}^{\mathrm{j}\omega})$ 确定。可见，系统的频率响应 $H(\mathrm{e}^{\mathrm{j}\omega})$ 反映了线性时不变离散系统对于不同频率信号的传输特性。

2. 一般信号 $x(n)$ 激励下线性时不变离散系统的零状态响应

设 $X(\mathrm{e}^{\mathrm{j}\omega})$ 是某一序列 $x(n)$ 的离散时间傅里叶变换，由离散时间傅里叶反变换可知

$$x(n)=\frac{1}{2\pi}\int_{-\pi}^{\pi}X(\mathrm{e}^{\mathrm{j}\omega})\mathrm{e}^{\mathrm{j}\omega n}\mathrm{d}\omega \tag{5-16}$$

上式的物理意义就是任意序列 $x(n)$ 可以分解为无穷多个频率为 ω、振幅为 $\frac{X(e^{j\omega})}{2\pi}d\omega$ 的虚指数序列 $e^{j\omega n}$ 的线性组合。由此，根据虚指数序列 $e^{j\omega n}$ 通过线性时不变离散系统的零状态响应的结论以及线性时不变系统的线性特性和时不变性，可以推导出

$$
\begin{aligned}
y_{zs}(n) = T[x(n)] &= T\left[\frac{1}{2\pi}\int_{-\pi}^{\pi} X(e^{j\omega})e^{j\omega n}d\omega\right] \\
&= \frac{1}{2\pi}\int_{-\pi}^{\pi} X(e^{j\omega})T[e^{j\omega n}]d\omega \\
&= \frac{1}{2\pi}\int_{-\pi}^{\pi} X(e^{j\omega})H(e^{j\omega})e^{j\omega n}d\omega
\end{aligned}
$$

即

$$y_{zs}(n) = IDTFT[X(e^{j\omega}) \cdot H(e^{j\omega})] \tag{5-17}$$

由上面的推导可知，利用离散序列傅里叶变换，可以求解线性时不变离散系统的零状态响应，其求解的基本步骤如下。

（1）求激励信号 $x(n)$ 的离散时间傅里叶变换 $X(e^{j\omega})$。

（2）求单位样值响应 $h(n)$ 的傅里叶变换 $H(e^{j\omega})$ 或通过其他途径求得 $H(e^{j\omega})$。

（3）求 $Y_{zs}(e^{j\omega})=X(e^{j\omega}) \cdot H(e^{j\omega})$。

（4）求离散时间傅里叶反变换 $y_{zs}(n)=IDTFT[Y(e^{j\omega})]$。

例 5.6　已知某一稳定线性时不变离散系统的差分方程如下，求系统的频率响应 $H(e^{j\omega})$。

$$6y(n) + 5y(n-1) + y(n-2) = x(n) + x(n-1)$$

当系统的输入信号为 $x(n)=0.5^n u(n)$ 时，试求出系统的零状态响应。

解：对方程两边取离散时间傅里叶变换，得

$$6Y(e^{j\omega}) + 5Y(e^{j\omega})e^{-j\omega} + Y(e^{j\omega})e^{-j2\omega} = X(e^{j\omega}) + X(e^{j\omega})e^{-j\omega}$$

则得到系统的频率响应为 $H(e^{j\omega})=\frac{Y(e^{j\omega})}{X(e^{j\omega})}=\frac{1+e^{-j\omega}}{6+5e^{-j\omega}+e^{-j2\omega}}$。

对 $x(n)$ 取离散时间傅里叶变换为 $X(e^{j\omega}) = \frac{1}{1-0.5e^{-j\omega}}$，系统响应 $y_{zs}(n)$ 的离散时间傅里叶变换为

$$
\begin{aligned}
Y_{zs}(e^{j\omega}) = X(e^{j\omega}) \cdot H(e^{j\omega}) &= \frac{1}{1-0.5e^{-j\omega}} \cdot \frac{1+e^{-j\omega}}{6+5e^{-j\omega}+e^{-j2\omega}} \\
&= \frac{\frac{3}{20}}{1-0.5e^{-j\omega}} + \frac{-\frac{1}{4}}{1+0.5e^{-j\omega}} + \frac{\frac{4}{15}}{1+\frac{1}{3}e^{-j\omega}}
\end{aligned}
$$

对 $Y_{zs}(e^{j\omega})$ 取离散时间傅里叶反变换为

$$y_{zs}(n) = \frac{3}{20}(0.5)^n u(n) - \frac{1}{4}(-0.5)^n u(n) + \frac{4}{15}\left(-\frac{1}{3}\right)^n u(n)$$

5.4 Z 域分析法

信号在频域中有非常明确的物理意义，在复频域中其物理意义不清晰。但是作为一种分析方法，复频域法比频域法更方便、更有效。类似于连续系统分析所采用的复频域法进行分析，离散系统也可以将时域表示的信号和系统变换到复频域中，用复频域的方法进行分析。连续系统通过拉普拉斯变换，可以将微分方程变换为代数方程。而离散系统中 Z 变换的作用类似于连续系统中的拉普拉斯变换，通过 Z 变换可以把差分方程变换为代数方程，从而使离散系统的分析大为简化。

5.4.1 Z 变换求解差分方程

如果已知描述系统的差分方程和系统的初始储能情况，可以利用 Z 变换方法求解该差分方程，从而求得系统的响应。

设描述线性时不变离散系统的差分方程为

$$\sum_{m=0}^{N} a_m y(n-m) = \sum_{l=0}^{M} b_l x(n-l)$$

对方程两边进行单边 Z 变换，并利用 Z 变换的线性性质和右移性质（输入一般为因果信号）有

$$\sum_{m=0}^{N} a_m z^{-m}\left[Y(z) + \sum_{n=-m}^{-1} y(n) z^{-n}\right] = \sum_{l=0}^{M} b_l X(z) z^{-l}$$

可得其全响应为

$$Y(z) = \frac{\sum_{l=0}^{M} b_l z^{-l}}{\sum_{m=0}^{N} a_m z^{-m}} X(z) - \frac{\sum_{k=0}^{N} a_m z^{-m}\left[\sum_{n=-m}^{-1} y(n) z^{-n}\right]}{\sum_{m=0}^{N} a_m z^{-l}} \tag{5-18}$$

上式等号右边第一项与初始状态无关，为零状态响应所对应的 Z 变换；等号右边第二项与输入信号无关，为零输入响应所对应的 Z 变换，即

$$Y_{zs}(z) = \frac{\sum_{l=0}^{M} b_l z^{-l}}{\sum_{m=0}^{N} a_m z^{-m}} X(z) \tag{5-19}$$

$$Y_{zi}(z) = -\frac{\sum_{k=0}^{N} a_m z^{-m}\left[\sum_{n=-m}^{-1} y(n) z^{-n}\right]}{\sum_{m=0}^{N} a_m z^{-l}} \tag{5-20}$$

对式（5-18）、式（5-19）、式（5-20）两边取 Z 反变换，就可以求得系统的全响应、零状态响应和零输入响应的时域表达式。

$$y(n)=Z^{-1}[Y(z)]=Z^{-1}[Y_{zs}(z)]+Z^{-1}[Y_{zi}(z)]=y_{zs}(n)+y_{zi}(n) \tag{5-21}$$

例 5.7　线性时不变离散时间因果系统的差分方程为

$$y(n)-5y(n-1)+6y(n-2)=x(n-1)$$

已知 $x(n)=u(n)$，$y(-1)=1, y(-2)=1$，求该系统的零输入响应、零状态响应和全响应。

解：对差分方程应用单边 Z 变换

$$Y(z)-5[z^{-1}Y(z)+y(-1)]+6[z^{-2}Y(z)+z^{-1}y(-1)+y(-2)]=z^{-1}X(z)$$

可以得到

$$\begin{aligned}Y(z)&=\frac{[5y(-1)-6y(-2)]-6y(-1)z^{-1}}{1-5z^{-1}+6z^{-2}}+\frac{z^{-1}}{1-5z^{-1}+6z^{-2}}X(z)\\&=\frac{[5y(-1)-6y(-2)]z^{2}-6y(-1)z}{z^{2}-5z+6}+\frac{z}{z^{2}-5z+6}X(z)\\&=\frac{-z^{2}-6z}{z^{2}-5z+6}+\frac{z}{z^{2}-5z+6}\frac{z}{z-1}\end{aligned}$$

式中

$$Y_{zi}(z)=\frac{-z^{2}-6z}{z^{2}-5z+6}=\frac{8z}{z-2}+\frac{-9z}{z-3}$$

$$Y_{zs}=\frac{z}{z^{2}-5z+6}\cdot\frac{z}{z-1}=\frac{-2z}{z-1}+\frac{1.5z}{z-3}+\frac{0.5z}{z-1}$$

进行反变换，可得零输入响应 $y_{zi}(n)$ 和零状态响应 $y_{zs}(n)$ 分别为

$$y_{zi}(n)=[8\,(2)^{n}+-9\,(3)^{n}]u(n)$$

$$y_{zs}(n)=[-2\,(2)^{n}+1.5\,(3)^{n}+0.5]u(n)$$

全响应为

$$y(n)=y_{zs}(n)+y_{zi}(n)=[6\,(2)^{n}-7.5\,(3)^{n}+0.5]u(n)$$

5.4.2　线性时不变离散系统的系统函数

线性时不变离散系统在零状态条件下，输出的 Z 变换式与输入的 Z 变换式之比被称为线性时不变离散系统的系统函数，记为 $H(z)$。

$$H(z)=\frac{\mathrm{Z}[y_{zs}(k)]}{\mathrm{Z}[x(k)]}=\frac{Y_{zs}(z)}{X(z)} \tag{5-22}$$

设线性时不变离散系统由线性常系数差分方程描述为

$$\sum_{m=0}^{N}a_{m}y(n-m)=\sum_{l=0}^{M}b_{l}x(n-l)$$

对上述差分方程进行 Z 变换，可得

$$\sum_{m=0}^{N}a_{m}z^{-m}Y_{zs}(z)=\sum_{l=0}^{M}b_{l}z^{-l}X(z) \tag{5-23}$$

根据线性时不变离散系统的系统函数定义得到

$$H(z)=\frac{Y_{zs}(z)}{X(z)}=\frac{\sum_{l=0}^{M}b_l z^{-l}}{\sum_{m=0}^{N}a_m z^{-m}} \tag{5-24}$$

由式（5-24）可见，系统函数 $H(z)$ 与系统的输入输出无关，而与系统的差分方程的系数、结构有关，所以系统函数 $H(z)$ 描述了系统本身的特性，是线性时不变离散系统的复频域描述。

由线性时不变离散系统的时域特性可知，若线性时不变离散系统的单位脉冲响应为 $h(n)$，则其零状态响应为

$$y_{zs}(n)=x(n)*h(n)$$

根据时域卷积定理，有

$$Y_{zs}(z)=X(z)\cdot ZT[h(n)] \tag{5-25}$$

可以得到 $H(z)$ 与 $h(n)$ 的关系为

$$H(z)=\frac{Y_{zs}(z)}{X(z)}=ZT[h(n)] \tag{5-26}$$

可见线性时不变离散系统的系统函数 $H(z)$ 是该系统单位脉冲响应 $h(n)$ 的 Z 变换。因此，可以先求出 $H(z)$，利用式（5-25）再求 Z 反变换得到系统的零状态响应 $y_{zs}(n)$。

例 5.8　已知线性时不变离散时间因果系统的差分方程为

$$y(n)+3y(n-1)+2y(n-2)=x(n)+x(n-1)$$

设激励 $x(n)=(-3)^n u(n)$，求系统函数 $H(z)$ 及该系统的零状态响应 $y_{zs}(n)$。

解：在零状态条件下对差分方程应用单边 Z 变换

$$Y_{zs}(z)+3z^{-1}Y_{zs}(z)+2z^{-2}Y_{zs}(z)=X(z)+z^{-1}X(z)$$

则

$$H(z)=\frac{Y_{zs}(z)}{X(z)}=\frac{1+z^{-1}}{1+3z^{-1}+2z^{-2}}=\frac{z}{z+2}$$

因为 $X(z)=ZT[x(n)]=ZT[(-3)^n u(n)]=\frac{z}{z+3}$，

所以 $Y_{zs}(z)=X(z)\cdot H(z)=\frac{z}{z+3}\cdot\frac{z}{z+2}=\frac{3z}{z+3}+\frac{-2z}{z+2}$。

可以得到系统的零状态响应为

$$y_{zs}(n)=3\cdot(-3)^n u(n)-2(-2)^n u(n)$$

5.4.3　线性时不变离散系统的因果性和稳定性

线性时不变离散系统的时域分析中，线性时不变离散系统稳定的充要条件是单位脉冲响应绝对可和，即

$$\sum_{n=-\infty}^{\infty}|h(n)|<\infty \tag{5-27}$$

根据系统函数 $H(z)$ 与 $h(n)$ 单位脉冲响应的关系，可知

$$|H(z)| = \sum_{n=-\infty}^{\infty} |h(n)z^{-n}| \tag{5-28}$$

若线性时不变离散系统稳定，则必然满足 $H(z)$ 在单位圆 $|z|=1$ 时

$$|H(z)| = \sum_{n=-\infty}^{\infty} |h(n)| < \infty \tag{5-29}$$

即系统函数 $H(z)$ 在单位圆 $|z|=1$ 上收敛。因此，线性时不变离散系统稳定的充要条件在Z域的等效条件是 $H(z)$ 的收敛域必须包含单位圆（即 $|z|=1$）。

线性时不变离散系统因果性的时域判断方法是 $h(n)$ 是因果序列,即

$$h(n) = h(n)u(n) \tag{5-30}$$

因此,系统函数 $H(z)$ 的收敛域是以模最大的极点为半径圆的圆外区域，即 $H(z)$ 的收敛域包含∞点。

若线性时不变离散系统既因果且稳定，则系统函数 $H(z)$ 的收敛域是包含单位圆和∞点的圆外，即收敛域为

$$r < |z| \leqslant \infty \text{ 且 } 0 < r < 1 \tag{5-31}$$

由式（5-31）可知，因果稳定系统 $H(z)$ 的充要条件是其所有极点集中在单位圆内部。

例 5.9　线性时不变离散系统的单位脉冲响应为 $h(n)=(0.5)^n u(-n)$，分析该系统的因果性、稳定性。

解：从时域判断。

因为 $u(-n)=\begin{cases}0, & n>0\\ 1, & n\leqslant 0\end{cases}$，所以该系统为非因果系统。

因为 $\sum_{n=-\infty}^{\infty} |h[n]| = \sum_{n=-\infty}^{0} 0.5^n = \infty$，所以该系统不稳定。

从Z域判断。

$H(z)=\dfrac{1}{1-2z}$，收敛域为 $|z|<\dfrac{1}{2}$，不含∞点和单位圆，因此该系统非因果且不稳定。

例 5.10　试判断下面因果线性时不变离散系统的稳定性。

$$H(z) = \frac{1}{(1-0.5z^{-1})(1-1.5z^{-1})}$$

解：从收敛域看，由于该系统为因果系统，所以其收敛域为

$$|z| > 1.5$$

收敛域不含单位圆，故系统不稳定。

从极点看，该系统的极点为 $z_1=0.5$，$z_2=1.5$，有在单位圆外的极点，故系统不稳定。

本章要点

（1）离散系统的定义及分类，包括线性和非线性、时变和时不变、因果和非因果、稳定和非稳定。

（2）离散系统的时域分析，包括迭代法和卷积法求解系统的响应，系统因果稳定的时

域条件。

（3）系统的频域分析法，包括频率响应的定义和物理意义、线性时不变离散系统零状态响应的频域求解方法。

（4）离散系统的 Z 域分析，包括差分方程的 Z 域求解方法、系统函数的定义与求解、系统因果稳定的复频域条件。

习题 5

5.1　设系统分别由下列差分方程描述，其中 $x(n)$、$y(n)$ 分别是离散系统的输入和输出，判断系统是否为线性的，是否为时变的。

（1）$y(n)=x(2n)$。　（2）$y(n)=x^2(n)$。　（3）$y(n)=x(-n)$。

（4）$y(n)=nx(n-2)$。　（5）$y(n)=x(n)\sin(\omega n)$。　（6）$y(n)=e^{x(n)}$。

5.2　判断下列系统是否为因果、稳定的，其中 $x(n)$、$y(n)$ 分别表示离散系统的输入和输出。

（1）$y(n)=x(n^2)$。　（2）$y(n)=3x(n)+5$。　（3）$y(n)=x(-n)$。

（4）$y(n)=\sum\limits_{m=n_0}^{n}x(m)$。　（5）$y(n)=x(n-1)+x(n+1)$。

5.3　给定线性时不变离散时间系统的单位冲激响应 $h(n)$，试判断该系统是否为因果、稳定的。

（1）$h(n)=2^n u(n)$。　（2）$h(n)=2^n u(-n)$。　（3）$h(n)=u(4-n)$。

（4）$h(n)=\delta(n+3)$。　（5）$h(n)=\frac{1}{n}u(n)$。

5.4　已知一线性时不变系统的单位冲激响应为 $h(n)=\left(\frac{1}{2}\right)^n u(n)$，试确定该系统对下面输入信号的零状态响应。

（1）$x(n)=u(n)$。　（2）$x(n)=u(n)-u(n-5)$。　（3）$x(n)=\left(\frac{1}{3}\right)^n u(n)$。

5.5　根据下列线性时不变系统的差分方程求系统的单位冲激响应 $h(n)$。

（1）$y(n)-\frac{1}{3}y(n-2)=x(n)$。

（2）$6y(n)+5y(n-1)+y(n-2)=x(n)+x(n-1)$。

5.6　已知一因果稳定的线性时不变系统，其差分方程描述为

$$y(n)-\frac{1}{2}y(n-1)=x(n)+\frac{1}{2}x(n-1)$$

（1）求系统的频率响应 $H(e^{j\omega})$。

（2）求系统的单位冲激响应 $h(n)$。

5.7　已知一线性时不变离散系统是因果且稳定的，当输入为 $\left(\frac{2}{5}\right)^n u(n)$ 时，输出为 $n\left(\frac{2}{5}\right)^n u(n)$。

（1）求系统的频率响应 $H(e^{j\omega})$。

（2）求描述系统的差分方程。

5.8 已知线性时不变离散时间因果系统的差分方程和输入如下，求系统的零输入响应、零状态响应和全响应。

（1）$y(n)-y(n-1)+y(n-2)=x(n)$，$x(n)=2u(n)$，$y(-1)=2, y(-2)=1$。

（2）$y(n)-\frac{3}{2}y(n-1)+\frac{1}{2}y(n-2)=x(n)$，$x(n)=2^n u(n)$，$y(-1)=0, y(-2)=1$。

（3）$y(n)-0.9y(n-1)+y(n-2)=x(n)$，$x(n)=0.05u(n)$，$y(-1)=1, y(-2)=1$。

（4）$y(n)-0.1y(n-1)+0.25y(n-2)=x(n)$，$x(n)=u(n)$，$y(-1)=0, y(-2)=0$。

5.9 已知描述某稳定线性时不变系统的差分方程如下，试求系统的系统函数 $H(z)$ 和单位冲激响应 $h(n)$。

（1）$y(n)=x(n)+2x(n-1)+x(n-2)$。

（2）$6y(n)+5y(n-1)+y(n-2)=x(n)+x(n-1)$。

5.10 给定线性时不变离散系统的单位冲激响应 $h(n)$，根据系统函数 $H(z)$ 的收敛域判断该系统是否为因果、稳定的。

（1）$h(n)=\left(-\frac{1}{2}\right)^n u(n)$。 （2）$h(n)=2^n u(-n)$。 （3）$h(n)=u(n+1)$。

（4）$h(n)=(0.99)^n u(n+1)$。 （5）$h(n)=2^n u(n-2)$。

第 6 章 滤波器设计与结构

教学要求与目标

- 理解滤波的概念，掌握数字滤波器设计的预备知识和数字滤波器的设计指标。
- 理解模拟低通滤波器的设计方法。
- 掌握用冲激响应不变法和双线性变换法设计 IIR 数字低通滤波器。
- 了解高通、带通 IIR 数字滤波器设计。
- 理解线性相位 FIR 数字滤波器及其特点，掌握用窗函数设计 FIR 数字滤波器的方法。
- 掌握数字滤波器的系统函数与其网络结构流图之间的相互转换方法，掌握 IIR 和 FIR 系统的基本网络结构。

滤波就是将信号当中的某些特定波段的频率成分进行滤除操作，该操作就是利用有用信号与噪声或干扰的不同频率特性，从有用信号中消除或减弱噪声，从而达到提取有用信号的目的。数字滤波器是一个离散系统，具有高精度、高可靠性、可程控改变特性或复用、便于集成等优点，目前在语言信号处理、图像信号处理、医学生物信号处理以及其他应用领域都得到了广泛应用。本章主要介绍数字滤波器的设计方法，包含无限冲激响应（Infinite Impulse Response，IIR，又称无限长单位脉冲响应）数字滤波器和有限冲激响应（Finite Impulse Response，FIR，又称有限长单位脉冲响应）数字滤波器设计的相关知识、设计方法，也涉及模拟滤波器的设计和数字滤波器的结构。

6.1 概　　述

滤波是信号处理中的一种重要手段，其作用是滤除信号中的某些频率成分。许多信息处理过程，如信号的过滤、检测、预测等都要用到滤波器。经典滤波器根据不同的分类方式有各种不同的类型。例如，根据构成滤波器元件的性质，可以分为有源滤波器和无源滤波器；根据系统所处理信号的性质不同，可以分为模拟滤波器和数字滤波器；根据滤波器幅频特性的不同，可以分为低通滤波器、高通滤波器、带通滤波器、带阻滤波器等。

1. 理想滤波器及其分类

滤波器的特性很容易通过它的幅频特性来描述。在理想滤波器的幅频特性曲线上，用来无失真地通过信号某些频率分量的滤波器，应该在这些频率上有等于1的频率响应值，并在其他频率上有取零值的频率响应，以便完全阻止那些频率分量。其中，频率响应取值为1的频率范围被称为通带，频率响应值等于零的频率范围则被称为阻带。以数字滤波器为例，理想的数字滤波器一般有以下4种类型的频率响应：图6-1（a）所示的低通滤波器，通带和阻带分别为$0\leqslant\omega\leqslant\omega_c$和$\omega_c\leqslant\omega\leqslant\pi$；图6-1（b）所示的高通滤波器，阻带为$0\leqslant\omega\leqslant\omega_c$，通带为$\omega_c\leqslant\omega\leqslant\pi$；图6-1（c）所示的带通滤波器，通带为$\omega_{c1}\leqslant\omega\leqslant\omega_{c2}$，阻带为$0\leqslant\omega<\omega_{c1}$和$\omega_{c2}<\omega<\pi$；图6-1（d）所示的带阻滤波器，通带为$0\leqslant\omega\leqslant\omega_{c1}$，阻带为$\omega_{c1}<\omega<\omega_{c2}$。频率$\omega_c$、$\omega_{c1}$和$\omega_{c2}$分别称为各自滤波器的截止频率。

从图6-1可以看出，理想滤波器的幅频响应在通带等于1，在阻带等于0。模拟滤波器与数字滤波器的类型相同，但它的幅频特性是以模拟角频率Ω为自变量，而数字滤波器是以数字角频率ω为自变量，两者的区别将在后面讨论。

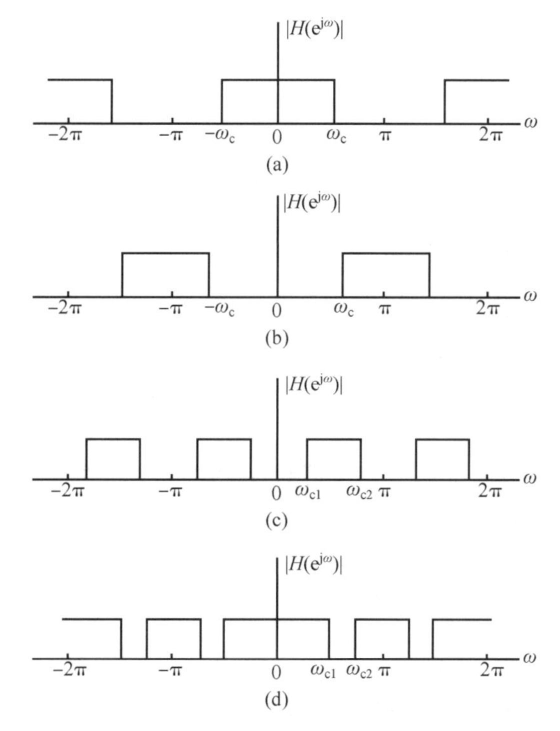

图6-1 理想滤波器的频率响应

（a）低通；（b）高通；（c）带通；（d）带阻

2. 物理可实现滤波器特性

由于理想滤波器对应的冲激响应都是非因果的，也就是说，理想滤波器所具有的频率响应特性可能是所希望的，但在物理上是不可实现的。因果关系意味着滤波器的频率响应特性$H(e^{j\omega})$除了在频率范围的有限点集之外，不能等于零。另外，$H(e^{j\omega})$从通带到阻带不能有无限急剧的截止，也就是说，$H(e^{j\omega})$不能从1突然下降为零。实际上，在大多数实际应用中，理想滤波器的这些特性不是绝对必要的。例如，没有必要坚持幅度滤波器的整个通带范围是常数，在通带范围内，一个小量的波纹通常是可容许的，如图6-2所示。类似地，滤波器响应$|H(e^{j\omega})|$或$|H(j\Omega)|$在阻带范围是零也是不必要的，在阻带范围内一个小的非零值或小

量的波纹通常是可容许的。此外，通带到阻带也可以有一个过渡的过程，即具有物理可实现性的滤波器，允许滤波器的幅频特性在通带和阻带有一定的衰减范围，且幅频特性在这一范围内允许有起伏，同时在通带和阻带之间有一定的过渡带。

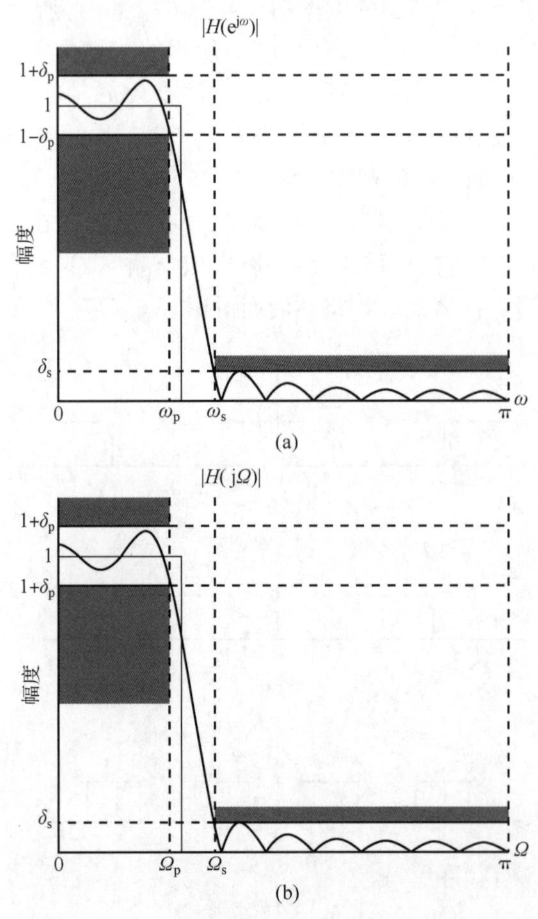

图 6-2　物理可实现滤波器的幅度特性

（a）数字滤波器；（b）模拟滤波器

根据具有物理可实现性滤波器的特性，图 6-2 中给出了滤波器的 4 个指标：通带波纹或通带容差 δ_p、阻带波纹或阻带容差 δ_s、通带截止频率 ω_p 或 Ω_p、阻带截止频率 ω_s 或 Ω_s。频率响应从通带过渡到阻带定义了滤波器的过渡带或过渡区域，即通带与阻带之间的频率范围。通常截止频率 ω_p（或 Ω_p）定义了通带边缘，同时频率 ω_s（或 Ω_s）表示阻带的起点，于是过渡带的宽度为 $\omega_s-\omega_p$（或 $\Omega_p-\Omega_s$），通带的宽度通常被称为滤波器的带宽。例如，假如滤波器是一通带截止频率为 ω_p 的低通滤波器，那么它的带宽就是 ω_p。假如在滤波通带内用 δ_p 表示波纹的值，则通带内幅度 $|H(e^{j\omega})|$ 或 $|H(j\Omega)|$ 在 $1-\delta_p \sim 1+\delta_p$ 之间变化，若在滤波器阻带内的波纹表示为 δ_s，则阻带内幅度 $|H(e^{j\omega})|$ 或 $|H(j\Omega)|$ 在 $0 \sim \delta_p$ 之间变化。

在具体技术指标中，通常使用单位为 dB 的衰减函数 $h(w)=-20\lg|H(w)|$ 来定义峰值通带波纹 α_p 和最小阻带衰减 α_s，它们的单位均为 dB，即数字滤波器的衰减指标为

$$\alpha_p = -20\lg(1-\delta_p)\,\text{dB} \tag{6-1}$$

$$\alpha_s = -20\lg \delta_s \mathrm{dB} \tag{6-2}$$

例 6.1 已知一低通滤波器的通带波纹为 0.12，阻带波纹为 0.003，试确定 α_p 和 α_s。

解：将 $\delta_p=0.12$ 代入式（6-1），可得

$$\alpha_p = -0.003\lg(1-0.12)\mathrm{dB} \approx 1.11\ \mathrm{dB}$$

同样，将 $\delta_s=0.003$ 代入式（6-2），可得

$$\alpha_s = -20\lg \delta_s \mathrm{dB} \approx 50\ \mathrm{dB}$$

综上所述，在设计滤波器之前，首先要分析使用滤波器的整个系统的需求，确定合理的滤波器响应指标。一般来说，在任何滤波器的设计问题中，我们可以规定以下技术指标。

（1）最大可允许的通带波纹或最大通带衰减 α_p。

（2）最大可允许的阻带波纹或最小阻带衰减 α_s。

（3）通带边界频率或通带截止频率 ω_p 或 Ω_p。

（4）阻带边界频率或阻带截止频率 ω_s 或 Ω_s。

基于上面这些技术指标，我们去逼近相应的频率响应指标。

6.2 模拟滤波器设计

设计模拟滤波器的中心问题就是求出一个物理上可实现的传递函数 $H_a(s)$，使它的频率响应尽可能逼近理想的频率特性。模拟滤波器的设计是一个成熟的、充分研究过的领域，有若干典型的模拟滤波器可供我们选择，如巴特沃斯滤波器、切比雪夫滤波器、椭圆滤波器、贝塞尔滤波器等，这些滤波器都有严格的设计公式、现成的曲线和图表可以供设计人员使用。已经提出来的设计模拟滤波器的逼近技术有很多，在大多数实际应用中，关键的问题是用一个可实现的系统函数 $H_a(s)$ 去逼近给定的滤波器幅度响应指标，其设计指标一般由幅度平方函数给出。因此，这里介绍一种广泛使用的滤波器设计技术，用幅度平方函数的逼近方法，即用 $|H_a(\mathrm{j}\Omega)|^2$ 求模拟滤波器的系统函数 $H_a(s)$。

6.2.1 模拟低通滤波器设计

1. 模拟低通滤波器的设计指标及逼近方法

如前所述，模拟低通滤波器的设计指标有 α_p、α_s、Ω_p 和 Ω_s，其中 Ω_p 和 Ω_s 分别为模拟通带截止频率和阻带截止频率，α_p 是最大通带衰减，α_s 最小阻带衰减。在图 6-3 中，由于

$$|H_a(\mathrm{j}\Omega)| = \frac{1}{\sqrt{2}} \Rightarrow -20\lg|H_a(\mathrm{j}\Omega_c)| \approx 3\ \mathrm{dB} \tag{6-3}$$

因此，Ω_c 被称为 3 dB 截止频率。模拟滤波器幅度响应常用幅度平方函数 $|H_a(\mathrm{j}\Omega)|^2$ 表示，因此滤波器的技术指标给定后，需要设计一个系统函数 $H_a(s)$，希望其幅度平方函数满足给定的指标，即满足所确定的 $|H_a(\mathrm{j}\Omega)|^2$。

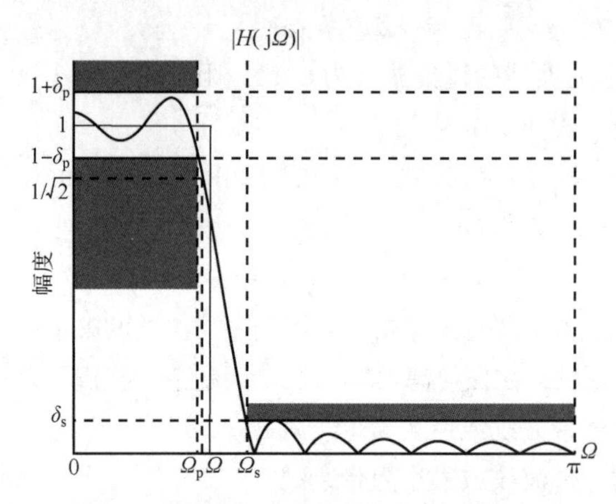

图 6-3 模拟低通滤波器的典型幅度特性

$$
\begin{aligned}
|H_a(j\Omega)|^2 &= H_a(j\Omega)H_a^*(j\Omega) \\
&= H_a(j\Omega)H_a(-j\Omega) = H_a(s)H_a(-s)\Big|_{s=j\Omega}
\end{aligned}
\tag{6-4}
$$

式中，$H_a(s)$是模拟滤波器的系统函数。物理可实现的模拟滤波器的传递函数$H_a(s)$是一个具有实系数的s有理函数，并且该系统函数$H_a(s)$必须是稳定的，因此$H_a(s)$的极点应该全部在s平面的左半平面，相应$H_a(-s)$的极点则必在s平面的右半平面。即模拟滤波器设计就是已知设计指标的$|H_a(j\Omega)|^2$，构造一个稳定的系统$H_a(s)$，使其满足

$$H_a(s)H_a(-s) = |H_a(j\Omega)|^2$$

例 6.2 已知一滤波器的幅度平方响应$|H_a(j\Omega)|^2$为

$$|H_a(j\Omega)|^2 = \frac{(12-\Omega^2)^2}{(25+\Omega^2)(36+\Omega^2)}$$

求系统函数$H_a(s)$。

解：

$$
\begin{aligned}
H_a(s)H_a(-s) = |H_a(j\Omega)|^2\Big|_{\Omega^2=-s^2} &= \frac{(12+s^2)^2}{(25-s^2)(36-s^2)} \\
&= \frac{(12+s^2)}{(s+5)(s+6)}\cdot\frac{(12+s^2)}{(s-5)(s-6)}
\end{aligned}
$$

选择

$$H_a(s) = \frac{(12+s^2)}{(s+5)(s+6)}$$

2. 巴特沃斯低通逼近

巴特沃斯低通滤波器以巴特沃斯函数作为滤波器的传递函数，该函数以最高阶泰勒级数的形式来逼近理想矩形特性。巴特沃斯低通滤波器的特点是幅频响应在通带内具有最平坦的特性，并且随着频率的升高，幅度特性是单调下降的。N阶低通巴特沃斯滤波器$H_a(s)$的幅度平方响应为

$$|H_a(j\Omega)|^2 = \frac{1}{1+\left(\dfrac{\Omega}{\Omega_c}\right)^{2N}} \tag{6-5}$$

典型的巴特沃斯低通滤波器的幅度特性与Ω和N的关系如图 6-4 所示。幅值函数是单

调递减的，在 $\Omega=0$ 处，具有最大值 $|H_a(j\Omega)|=1$，在 $\Omega=\Omega_c$ 处，$|H_a(j\Omega)|\approx\frac{1}{\sqrt{2}}=0.707$，即 $|H_a(j\Omega_c)|$ 比 $|H_a(0)|$ 下降了 3 dB。当 $\Omega\rightarrow\infty$ 时，幅值趋于零。当阶数 N 增加时，通带幅频特性变平，阻带幅频特性衰减加快，过渡带变窄，整个幅频特性趋于理想低通特性，但 $|H_a(j\Omega_c)|=0.707|H_a(0)|$ 的关系并不随阶次的变化而改变。幅度特性与阶数 N 有关，N 越大，通带越平坦，过渡带越窄，过渡带与阻带幅度下降的速度越快，总的频率响应与理想低通滤波器的误差越小。

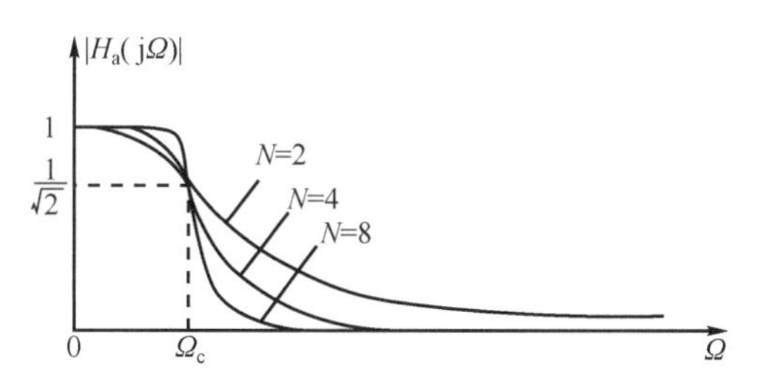

图 6-4　典型的巴特沃斯低通滤波器的幅度特性与 Ω 和 N 的关系

按照前面给出方法，以 s 替换 $j\Omega$，将 $|H_a(j\Omega)|^2$ 写成 s 的函数，得到

$$H_a(s)H_a(-s)=\frac{1}{1+\left(\frac{s}{j\Omega_c}\right)^{2N}} \tag{6-6}$$

式中有 $2N$ 个极点，令 $\left(\frac{s}{j\Omega_c}\right)^{2N}=-1$，得到极点 s_k 为

$$s_k=(-1)^{\frac{1}{2N}}(j\Omega_c)=\Omega_c e^{j\pi\left(\frac{1}{2}+\frac{2k+1}{2N}\right)},\ k=0,1,2,\cdots,2N-1 \tag{6-7}$$

$$|s_k|=\Omega_c \tag{6-8}$$

为了形成稳定的滤波器，$2N$ 个极点中只取 s 平面左半平面的 N 个极点构成 $H_a(s)$，而右半平面的 N 个极点构成 $H_a(-s)$，则 $H_a(s)$ 的表达式为

$$H_a(s)=\frac{\Omega_c^N}{\prod\limits_{k=0}^{N-1}(s-s_k)} \tag{6-9}$$

若 $N=3$，则有 6 个极点

$$s_0=\Omega_c e^{j\frac{2}{3}\pi},\quad s_1=-\Omega_c,\quad s_2=\Omega_c e^{-j\frac{2}{3}\pi}$$

$$s_3=\Omega_c e^{-j\frac{1}{3}\pi},\quad s_4=\Omega_c,\quad s_5=\Omega_c e^{j\frac{1}{3}\pi}$$

那么

$$H_a(s)=\frac{\Omega_c^3}{(s+\Omega_c)(s-\Omega_c e^{j\frac{2}{3}\pi})(s-\Omega_c e^{-j\frac{2}{3}\pi})} \tag{6-10}$$

由于不同的技术指标对应的边界频率和滤波器幅频特性不同，为使设计公式统一化，将频率归一化。巴特沃斯滤波器采用对 3 dB 截止频率 Ω_c 归一化，已归一化的模拟滤波器的极点分布和相应的系统函数、分母多项式的系数都有现成的图表可查，这样更加方便了模拟滤波器的设计。

模拟低通滤波器的幅度特性用归一化的形式表示为

$$H_a(s)=\frac{1}{\prod_{k=0}^{N-1}\left(\frac{s}{\Omega_c}-\frac{s_k}{\Omega_c}\right)} \tag{6-11}$$

式中，以 $\mathrm{j}\Omega$ 替换 s，$s/\Omega_c=\mathrm{j}\Omega/\Omega_c$。令 $\lambda=\Omega/\Omega_c$ 且 $p=\mathrm{j}\lambda$，称 λ 为归一化频率，称 p 为归一化复变量，因此归一化巴特沃斯系统函数为

$$H_a(p)=\frac{1}{\prod_{k=0}^{N-1}(p-p_k)}=\frac{1}{B(p)} \tag{6-12}$$

式中，p_k 为归一化极点

$$p_k=\mathrm{e}^{\mathrm{j}\pi\left(\frac{1}{2}+\frac{2k+1}{2N}\right)},\quad k=0,1,\cdots,N-1 \tag{6-13}$$

显然

$$s_k=p_k\Omega_c \tag{6-14}$$

这样，只要根据技术指标求得阶数 N 和 3 dB 截止频率 Ω_c，就可通过查表得到归一化系统函数 $H_a(p)$，再通过去归一化，即将 $p=s/\Omega_c$ 代入 $H_a(p)$，就可以得到所需系统的系统函数 $H_a(s)$。表 6-1 和表 6-2 分别为归一化巴特沃斯低通滤波器分母多项式的系数和根。

表 6-1　归一化巴特沃斯低通滤波器分母多项式 $B(p)=p^N+a_{N-1}p_{N-1}+\cdots+a_2p^2+a_1p+1(a_0=a_N=1)$ 的系数

N	a_1	a_2	a_3	a_4	a_5	a_6	a_7	a_8	a_9
1	1	—	—	—	—	—	—	—	—
2	1.414 213 6	—	—	—	—	—	—	—	—
3	2	2	—	—	—	—	—	—	—
4	2.613 125 9	3.414 213 6	2.613 125 9	—	—	—	—	—	—
5	3.236 068	5.236 068	5.236 068	3.236 068	—	—	—	—	—
6	3.863 703 3	7.464 101 6	9.141 620 2	7.464 101 6	3.863 703 3	—	—	—	—
7	4.493 959 2	10.097 834 7	14.591 793 9	14.591 793 9	10.097 834 7	4.493 959 2	—	—	—
8	5.125 830 9	13.137 071 2	21.846 151	25.688 355 9	21.846 151	13.137 071 2	5.125 830 9	—	—
9	5.758 770 5	16.581 718 7	31.163 437 5	41.986 385 7	41.986 385 7	31.163 437 5	16.581 718 7	5.758 770 5	—
10	6.392 453 2	20.431 729 1	42.802 061 1	64.882 396 3	74.233 429 2	64.882 396 3	42.802 061 1	20.431 729 1	6.392 453 2

表 6-2　归一化巴特沃斯低通滤波器分母多项式 $B(p)$ 的根

阶数 N	极点位置				
	$p_{0,\,N-1}$	$p_{1,\,N-2}$	$p_{2,\,N-3}$	$p_{3,\,N-4}$	$p_{4,\,N-5}$
1	−1	—	—	—	—
2	−0.707 1±j0.707 1	—	—	—	—
3	−0.500 0±j0.866 0	−1	—	—	—

续表

阶数 N	极点位置				
	$p_{0,\ N-1}$	$p_{1,\ N-2}$	$p_{2,\ N-3}$	$p_{3,\ N-4}$	$p_{4,\ N-5}$
4	−0. 382 7±j0. 923 9	−0. 923 9±j0. 382 7	—	—	—
5	−0. 309 0±j0. 951 1	−0. 809 0±j0. 587 8	−1	—	—
6	−0. 258 8±j0. 965 9	−0. 707 1±j0. 707 1	−0. 965 9±j0. 258 8	—	—
7	−0. 222 5±j0. 974 9	−0. 623 5±j0. 781 8	−0. 909 1±j0. 433 9	−1	—
8	−0. 195 1±j0. 980 8	−0. 555 6±j0. 831 5	−0. 831 5±j0. 555 6	−0. 980 8±j0. 195 1	—
9	−0. 173 6±j0. 984 8	−0. 500 0±j0. 866 0	−0. 766 0±j0. 642 8	−0. 939 7±j0. 342 0	−1

因为有现成的图表可以查询，所以巴特沃斯滤波器的设计实质上就是根据设计指标求阶数 N 和 3 dB 截止频率 Ω_c 的过程。下面介绍阶数 N 的确定方法。

阶数 N 的大小会影响幅频特性的平坦度、过渡带宽度，以及阻带的幅度下降速度，它由技术指标 α_p、α_s、Ω_p 和 Ω_s 确定。当 $\Omega=\Omega_p$ 时

$$|H_a(\mathrm{j}\Omega_p)|^2 = \frac{1}{1+\left(\dfrac{\Omega_p}{\Omega_c}\right)^{2N}}$$

代入式（6−1）得

$$1+\left(\frac{\Omega_p}{\Omega_c}\right)^{2N} = 10^{\alpha_p/10} \tag{6-15}$$

同理可得

$$1+\left(\frac{\Omega_s}{\Omega_c}\right)^{2N} = 10^{\alpha_s/10} \tag{6-16}$$

因此，由式（6−15）和式（6−16）得到

$$\left(\frac{\Omega_s}{\Omega_p}\right)^{N} = \sqrt{\frac{10^{\alpha_s/10}-1}{10^{\alpha_p/10}-1}}$$

令

$$\lambda_{sp} = \frac{\Omega_s}{\Omega_p} \tag{6-17}$$

$$k_{sp} = \sqrt{\frac{10^{\alpha_s/10}-1}{10^{\alpha_p/10}-1}} \tag{6-18}$$

则可以由下式得到阶数 N

$$N = \frac{\lg k_{sp}}{\lg \lambda_{sp}} \tag{6-19}$$

由于滤波器的阶数必须是一个整数，用上式计算出来的 N 值可能有小数部分，应该取整到最接近的下一个整数，即取大于或等于 N 的最小整数。另外，可以利用 N 的值算出 3 dB 截止频率 Ω_c，将 N 代入式（6−15）和式（6−16）得到

$$\Omega_c = \Omega_p\,(10^{0.1\alpha_p}-1)^{-\frac{1}{2N}} \tag{6-20}$$

$$\Omega_c = \Omega_s\,(10^{0.1\alpha_s}-1)^{-\frac{1}{2N}} \tag{6-21}$$

若采用式（6-20）确定 Ω_c，则通带指标刚好满足要求，阻带指标有富余；若采用式（6-21）确定 Ω_c，则阻带指标刚好满足要求，通带指标有富余。

根据上面的过程可知，设计一个模拟巴特沃斯低通滤波器可以用下面的步骤。

（1）根据 α_p、α_s、Ω_p 和 Ω_s 的值，利用式（6-17）、式（6-18）、式（6-19）确定巴特沃斯滤波器的最低阶数 N。

（2）查表确定该阶数 N 对应的归一化系统函数 $H_a(p)$。

（3）对 $H_a(p)$ 去归一化。将 $p=s/\Omega_c$ 代入 $H_a(p)$，得到实际的滤波器传输函数 $H_a(s)$。

例 6.3 设计具有以下设计指标的模拟巴特沃斯低通滤波器：通带截止频率为 5 kHz，阻带截止频率为 12 kHz，通带波纹为 2 dB，最小阻带衰减为 30 dB。

解：（1）确定最低阶数 N

$$k_{sp}=\sqrt{\frac{10^{\alpha_s/10}-1}{10^{\alpha_p/10}-1}}\approx 41.33$$

$$\lambda_{sp}=\frac{\Omega_s}{\Omega_p}=\frac{2\pi f_s}{2\pi f_p}\approx 2.4$$

$$N=\frac{\lg k_{sp}}{\lg \lambda_{sp}}=\frac{\lg 41.33}{\lg 2.4}\approx 4.25，取 N=5$$

（2）确定归一化巴特沃斯系统函数 $H_a(p)$

$$H_a(p)=\frac{1}{p^5+b_4p^4+b_3p^3+b_2p^2+b_1p+b_0}$$

式中，$b_0=1.0000$，$b_1=3.2361$，$b_2=6.2361$，$b_3=6.2361$，$b_4=3.2361$。

（3）去归一化，确定 $H_a(s)$。求 Ω_c

$$\Omega_c=\Omega_p(10^{0.1\alpha_p}-1)^{-\frac{1}{2N}}\approx 2\pi\times 5.2755，单位为 krad/s$$

此时可根据式（6-21）算出对应的阻带指标

$$\Omega'_s=\Omega_c(10^{0.1\alpha_s}-1)^{\frac{1}{2N}}\approx 2\pi\times 10.525，单位为 krad/s$$

该值小于 Ω_s，可见阻带指标有富余。

将 $p=s/\Omega_c$ 代入 $H_a(p)$，得到

$$H_a(s)=\frac{\Omega_c^5}{s^5+b_4\Omega_c s^4+b_3\Omega_c s^3+b_2\Omega_c s^2+b_1\Omega_c s+a_0}$$

6.2.2 利用原型模拟低通滤波器设计模拟高通、带通滤波器

在模拟滤波器的设计手册中，各种经典滤波器的设计公式都是针对低通滤波器的，实际工程中需要设计高通、带通和带阻滤波器时，通常是将设计好的低通滤波器，如巴特沃斯低通滤波器或切比雪夫低通滤波器等在传递函数 $H_a(s)$ 中通过频率变换，转换成为其他类型的滤波器。因此，只要掌握原型变换，就可以通过归一化低通原型的参数，由一些变换公式去设计各种实际的高通、带通或带阻滤波器。这里主要介绍高通和带通滤波器设计。

1. 模拟高通和带通滤波器设计指标

模拟高通滤波器的设计指标有 α_p、α_s、Ω_p 和 Ω_s，其中 Ω_p 和 Ω_s 分别为通带截止频率和

阻带截止频率，并且 $\Omega_p>\Omega_s$，α_p 是通带最大衰减，α_s 是阻带最小衰减，如图 6-5（a）所示。模拟带通滤波器的设计指标有通带最大衰减 α_p、阻带最小衰减 α_s、期望的通带下截止频率 Ω_l、期望的通带上截止频率 Ω_u、期望的阻带下截止频率 Ω_{s1}、期望的阻带上截止频率 Ω_{s2}，如图 6-5（b）所示。对比低通、高通、带通滤波器幅频特性的特点可见，当低通特性变换为其他特性时，其衰减幅度与波动值均保持不变，仅仅是相应的频率位置产生了变换。因此，高通、带通滤波器系统函数可以通过频率变换，分别由低通滤波器的系统函数求得，即可以先将高通、带通滤波器的技术指标转换为低通滤波器的技术指标，先设计相应的低通滤波器，再通过频率变换，将低通的系统函数转换成所需类型模拟滤波器的系统函数。

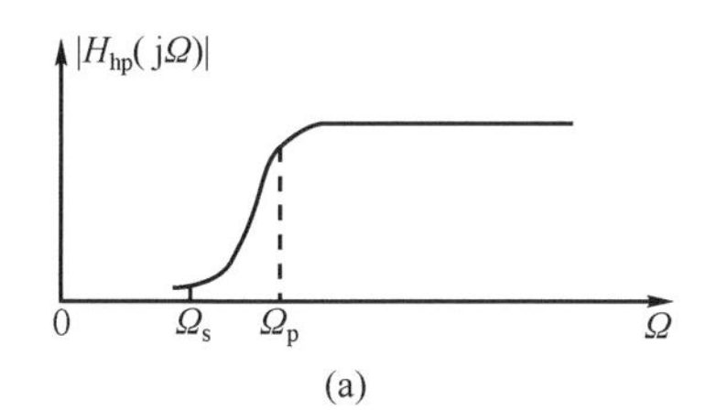

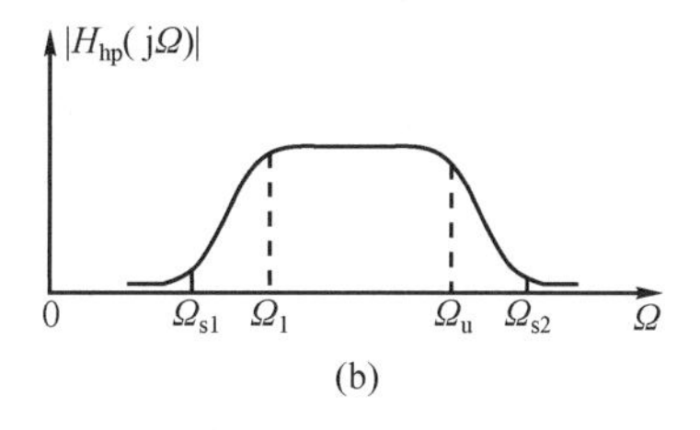

图 6-5　模拟高通和带通滤波器的幅度特性

（a）高通；（b）带通

为防止符号混淆，先定义如下符号：设 $G(s)$ 表示低通滤波器的系统函数，其归一化系统函数为 $G(p)$，$p=\mathrm{j}\lambda$ 为低通的归一化复变量，λ 为低通的归一化频率；$H(s)$ 为所需转换类型（高通或带通）滤波器的系统函数，其归一化系统函数为 $H(q)$，$q=\mathrm{j}\eta$ 是归一化复变量，η 为归一化频率。

2. 模拟高通和带通滤波器设计

1）模拟高通滤波器设计

设归一化低通滤波器的幅度特性为 $G(\mathrm{j}\lambda)$，高通滤波器的幅度特性为 $H(\mathrm{j}\eta)$，它们分别如图 6-6（a）、图 6-6（b）所示。其中，λ_p 和 λ_s 分别是低通的归一化通带截止频率和归一化阻带截止频率，η_p 和 η_s 分别是高通的归一化通带截止频率和归一化阻带截止频率。

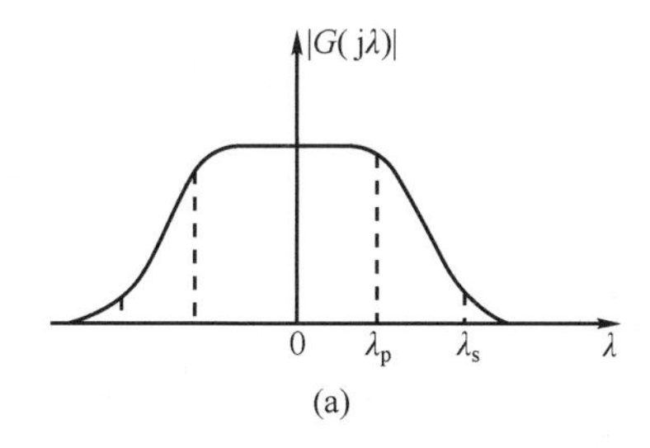

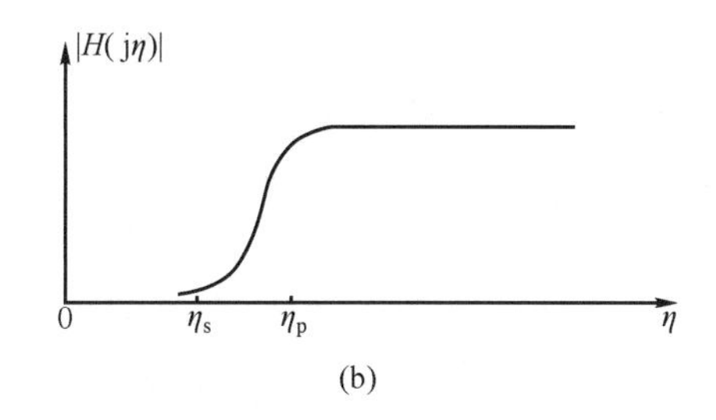

图 6-6　模拟低通和高通滤波器的幅度特性

低通滤波器的归一化频率 λ 与高通滤波器的归一化频率 η 之间的关系为

$$\lambda=\frac{1}{\eta} \tag{6-22}$$

上式即低通到高通的频率变换公式，若已知低通 $G(\mathrm{j}\lambda)$，则高通 $H(\mathrm{j}\eta)$ 用下式转换

$$H(\mathrm{j}\eta)=G(\mathrm{j}\lambda)\Big|_{\lambda=\frac{1}{\eta}} \tag{6-23}$$

令 $q=\mathrm{j}\eta$，$p=\mathrm{j}\lambda$，则

$$H(q)=G(p)\big|_{q=1/p} \tag{6-24}$$

由此可得模拟高通滤波器的设计步骤如下。

（1）确定高通滤波器的技术指标，包括通带下限频率 Ω'_{p}、阻带上限频率 Ω'_{s}、通带最大衰减 α_{p}、阻带最小衰减 α_{s}。

（2）确定对应低通滤波器的设计指标。按照式（6-22），将高通滤波器的边界频率转换成低通滤波器的边界频率，各项设计指标如下。

① 低通滤波器通带截止频率 $\Omega_{\mathrm{p}}=1/\Omega'_{\mathrm{p}}$。

② 低通滤波器阻带截止频率 $\Omega_{\mathrm{s}}=1/\Omega'_{\mathrm{s}}$。

③ 通带最大衰减仍为 α_{p}，阻带最小衰减仍为 α_{s}。

（3）设计归一化低通滤波器 $G(p)$。

（4）求模拟高通的 $H(s)$。将 $G(p)$ 按照式（6-24），转换成归一化高通 $H(q)$，为去归一化，将 $q=s/\Omega_{\mathrm{c}}$ 代入 $H(q)$ 中，得

$$H(s)=H(q)\big|_{q=s/\Omega_{\mathrm{c}}} \tag{6-25}$$

例 6.4 设计高通滤波器，$f_{\mathrm{p}}=200\ \mathrm{Hz}$，$f_{\mathrm{s}}=100\ \mathrm{Hz}$，幅度特性为单调下降，$f_{\mathrm{p}}$ 处最大衰减为 3 dB，阻带最小衰减 $\alpha_{\mathrm{s}}=15\ \mathrm{dB}$。

解：（1）高通滤波器的设计指标为

$$f_{\mathrm{p}}=200\ \mathrm{Hz},\quad \alpha_{\mathrm{p}}=3\ \mathrm{dB}$$
$$f_{\mathrm{s}}=100\ \mathrm{Hz},\quad \alpha_{\mathrm{s}}=15\ \mathrm{dB}$$

由题得 3 dB 截止频率 $f_{\mathrm{c}}=f_{\mathrm{p}}$，则归一化频率为

$$\eta_{\mathrm{p}}=\frac{f_{\mathrm{p}}}{f_{\mathrm{c}}}=1,\quad \lambda_{\mathrm{s}}=\frac{f_{\mathrm{s}}}{f_{\mathrm{c}}}=0.5$$

（2）低通技术要求为

$$\lambda_{\mathrm{p}}=1,\quad \eta_{\mathrm{s}}=\frac{1}{\lambda_{\mathrm{s}}}=2$$
$$\alpha_{\mathrm{p}}=3\ \mathrm{dB},\quad \alpha_{\mathrm{s}}=15\ \mathrm{dB}$$

（3）设计归一化低通滤波器 $G(p)$。

采用巴特沃斯滤波器，故

$$k_{\mathrm{sp}}=\sqrt{\frac{10^{\alpha_{\mathrm{s}}/10}-1}{10^{\alpha_{\mathrm{p}}/10}-1}}\approx 5.54,\quad \lambda_{\mathrm{sp}}=\frac{\lambda_{\mathrm{s}}}{\lambda_{\mathrm{p}}}=2$$

$$N=\frac{\lg k_{\mathrm{sp}}}{\lg \lambda_{\mathrm{sp}}}\approx 2.47，取\ N=3$$

$$G(p)=\frac{1}{p^3+2p^2+2p+1}$$

（4）求模拟高通 $H(s)$

$$H(s)=G(p)\Big|_{p=\frac{\Omega_{\mathrm{c}}}{s}}=\frac{s^3}{s^3+2\Omega_{\mathrm{c}}s^2+2\Omega_{\mathrm{c}}^2 s+\Omega_{\mathrm{c}}^3}$$

式中，$\Omega_{\mathrm{c}}=2\pi f_{\mathrm{p}}=400\pi$，单位为 rad/s。

2）模拟带通滤波器设计

设归一化低通滤波器的幅度特性为 $G(\mathrm{j}\lambda)$，归一化带通滤波器的幅度特性为 $H(\mathrm{j}\eta)$，它们分别如图 6-7（a）、图 6-7（b）所示。其中 λ_p 和 λ_s 分别是低通的归一化通带截止频率和归一化阻带截止频率，η_u 和 η_l 分别是带通的归一化通带上截止频率和归一化下截止频率，η_{s2} 和 η_{s1} 分别是带通的归一化阻带上截止频率和归一化下截止频率。

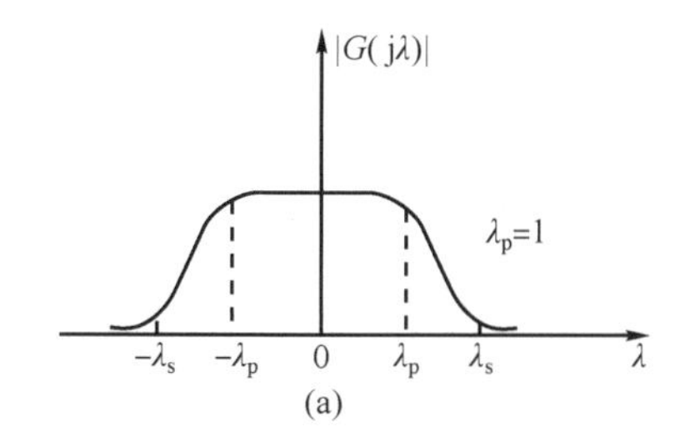

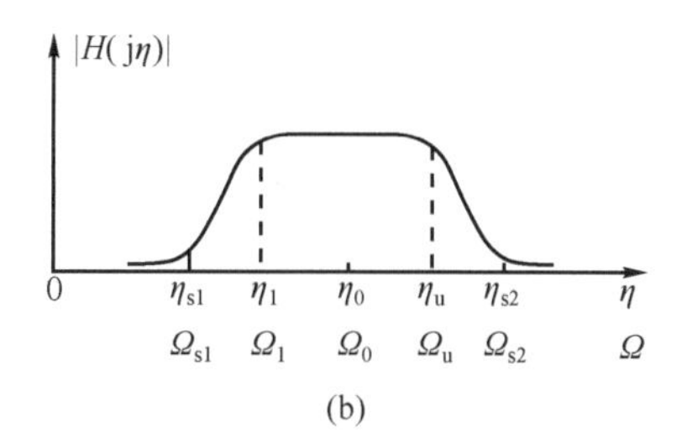

图 6-7　低通和带通滤波器的幅度响应

带通滤波器与高通滤波器不同，它是对带宽归一化。设带通滤波器的带宽为 B，则

$$\begin{cases} \eta_{s1} = \Omega_{s1}/B, \quad \eta_{s2} = \Omega_{s2}/B \\ \eta_l = \Omega_l/B, \quad \eta_u = \Omega_u/B \\ \eta_0^2 = \eta_l \eta_u \end{cases} \tag{6-26}$$

低通滤波器的归一化频率 λ 与带通滤波器的归一化频率 η 之间的关系如表 6-3 所示。

表 6-3　低通滤波器的归一化频率 λ 与带通滤波器的归一化频率 η 之间的关系

λ	$-\infty$	$-\lambda_s$	$-\lambda_p$	0	λ_p	λ_s	∞
η	0	η_{s1}	η_l	η_0	η_u	η_{s2}	∞

由表可以推出

$$\lambda = \frac{\eta^2 - \eta_0^2}{\eta} \tag{6-27}$$

$$\lambda_p = \frac{\eta_u^{\ 2} - \eta_0^2}{\eta} = \eta_u - \eta_l = 1 \tag{6-28}$$

上式为低通到带通的频率变换公式。利用该式，将带通的边界频率转换成低通的边界频率。下面推导由归一化低通到带通的转换公式。

由于

$$p = \mathrm{j}\lambda$$

所以

$$p = \mathrm{j}\,\frac{\eta^2 - \eta_0^2}{\eta} \tag{6-29}$$

又因为

$$q = \mathrm{j}\eta$$

所以

$$p = \frac{q^2 - \eta_0^2}{q} \tag{6-30}$$

为去归一化，将 $q=s/B$ 代入上式，得到

$$p = \frac{s^2 + \Omega_l\Omega_u}{s(\Omega_u - \Omega_l)} \tag{6-31}$$

$$H(s) = G(p)\Big|_{p=\frac{s^2+\Omega_l\Omega_u}{s(\Omega_u-\Omega_l)}} \tag{6-32}$$

上式就是由归一化低通直接转换成带通的计算公式。

由此可得，模拟带通滤波器的设计步骤如下。

（1）确定模拟带通滤波器的技术指标，包括通带上限频率 Ω_u，通带下限频率 Ω_l，下阻带上限频率 Ω_{s1}，上阻带下限频率 Ω_{s2}，通带中心频率 $\Omega_0^2=\Omega_l\Omega_u$，通带宽度 $B=\Omega_u-\Omega_l$，通带最大衰减 α_p，阻带最小衰减 α_s。

（2）确定以上边界频率对应的归一化边界频率

$$\begin{cases}\eta_{s1} = \Omega_{s1}/B, & \eta_{s2} = \Omega_{s2}/B \\ \eta_l = \Omega_l/B, & \eta_u = \Omega_u/B \\ \eta_0^2 = \eta_l\eta_u \end{cases}$$

（3）确定归一化低通技术要求。$\lambda_p=1$，$\lambda_s=\dfrac{\eta_{s2}^2-\eta_0^2}{\eta_{s2}}$，$-\lambda_s=\dfrac{\eta_{s1}^2-\eta_0^2}{\eta_{s1}}$，通带最大衰减仍为 α_p，阻带最小衰减亦为 α_s。

注意，λ_s 与 $-\lambda_s$ 的绝对值可能不相等，一般取绝对值小的 λ_s，这样保证在较大的 λ_s 处更能满足要求。

（4）设计归一化低通 $G(p)$。

（5）不需要去归一化，直接由式（6-32）将 $G(p)$ 转换成带通 $H(s)$。

例 6.5　设计模拟带通滤波器，通带带宽 $B=2\pi\times200$ rad/s，中心频率 $\Omega_0=2\pi\times1\,000$ rad/s，通带最大衰减 $\alpha_p=3$ dB，阻带 $\Omega_{s1}=2\pi\times830$ rad/s，$\Omega_{s2}=2\pi\times1\,200$ rad/s，阻带最小衰减 $\alpha_s=15$ dB。

解：（1）模拟带通的技术要求

$$\Omega_0=2\pi\times1\,000\ \text{rad/s},\quad \alpha_p=3\ \text{dB}$$

$$\Omega_{s1}=2\pi\times830\ \text{rad/s},\quad \Omega_{s2}=2\pi\times1\,200\ \text{rad/s},\quad \alpha_s=15\ \text{dB}$$

$$B=2\pi\times200\ \text{rad/s}$$

对带宽归一化由式（6-26）可得 $\eta_0=5$，$\eta_{s1}=4.15$，$\eta_{s2}=6$。

（2）模拟归一化低通技术要求

$$\lambda_p=1,\quad \lambda_s=\frac{\eta_{s2}^2-\eta_0^2}{\eta_{s2}}\approx1.833,\quad -\lambda_s=\frac{\eta_{s1}^2-\eta_0^2}{\eta_{s1}}\approx-1.874$$

取 $\lambda_s=1.833$，$\alpha_p=3$ dB，$\alpha_s=15$ dB。

（3）设计模拟归一化低通滤波器 $G(p)$。

采用巴特沃斯型，有

$$k_{sp}=\sqrt{\frac{10^{\alpha_s/10}-1}{10^{\alpha_p/10}-1}}\approx5.54,\quad \lambda_{sp}=\frac{\lambda_s}{\lambda_p}\approx1.833$$

$$N=\frac{\lg k_{sp}}{\lg\lambda_{sp}}\approx2.83，取 N=3$$

$$G(p)=\frac{1}{p^3+2p^2+2p+1}$$

（4）求模拟带通 $H(s)$

$$H(s)=G(p)\Big|_{p=\frac{s^2+\Omega_l\Omega_u}{s(\Omega_u-\Omega_l)}}$$

$$=s^2B^3\left[s^6+2B^5s+(3\Omega_0^2+2B^2)s^4+(4\Omega_0^2+B^3)s^3+(3\Omega_0^4+2\Omega_0^2B^2)s^2+2\Omega_0^4Bs+\Omega_0^6\right]^{-1}$$

6.3 IIR数字滤波器设计

数字滤波的概念与模拟滤波相同，只是信号的形式和实现滤波的方法不同。数字滤波器是借助于数字器件和一定的数值计算方法，对输入信号的波形或频谱进行加工、处理，改变输入信号，从而去掉信号中的无用成分而保留有用成分，它具有模拟滤波器无法比拟的优点。由于数字滤波是通过数值运算实现滤波功能，所以数字滤波器很少依赖硬件，并且具有处理精度高、灵活、方便、抗干扰能力强的特点，能实现模拟滤波器无法实现的特殊滤波功能。数字滤波器根据其冲激响应的时间特性，可以分为无限长单位冲激响应（IIR）数字滤波器和有限长单位冲激响应（FIR）数字滤波器。本节主要介绍IIR数字滤波器设计。

在设计IIR滤波器时，通常将数字滤波器的设计指标转化成模拟低通原型滤波器的设计指标，从而确定满足这些指标的模拟低通滤波器的传输函数 $H_a(s)$，然后将它变换成所需要的数字滤波器的传输函数 $H(z)$。由于模拟逼近技术已经很成熟，所以这种方法得到广泛使用。

将模拟原型传输函数 $H_a(s)$ 变换成所需的IIR数字传输函数 $H(z)$ 的基本思想，就是要把 S 域映射到Z域，从而使数字滤波器能模仿模拟滤波器的特性。因此，这种映射函数（或转换方法）应该具有以下特性。

（1）在 s 平面中的虚轴（$j\Omega$）应映射为 z 平面中的单位圆，因此在两个域中的两个频率变量之间将存在直接的映射关系。

（2）s 平面的左半平面应该映射为 z 平面的单位圆内，因此稳定的模拟系统将被转换成稳定的数字滤波器。

满足上述映射要求的设计方法有很多，常用的有冲激响应不变法、阶跃响应不变法和双线性变换法。前两种的设计思想基本相同，下面主要介绍冲激响应不变法和双线性变换法。

6.3.1 冲激响应不变法

1. 基本原理

在冲激响应不变法中，我们的目标是设计一个具有模拟滤波器冲激响应 $h_a(t)$ 取样形成的单位样本响应 $h(n)$ 的IIR滤波器，即

$$h(n)=h_a(nT),\ n=0,\ 1,\ 2,\ \cdots \tag{6-33}$$

式中，T 为采样间隔。现在的问题就是在满足式（6-33）的条件下，如何找到由 s 平面转换为 z 平面的关系式，即由 s 平面映射到 z 平面的映射关系。

令 $H_a(s)=LT[h_a(t)]$，$H(z)=ZT[h(n)]$，设模拟滤波器 $H_a(s)$ 只有单阶极点，且分母多项式的阶次高于分子多项式的阶次，将 $H_a(s)$ 用部分分式表示为

$$H_a(s)=\sum_{i=1}^{N}\frac{A_i}{s-s_i} \tag{6-34}$$

式中，s_i 为 $H_a(s)$ 的单阶极点。将 $H_a(s)$ 进行拉普拉斯反变换得到 $h_a(t)$

$$h_a(t)=\sum_{i=1}^{N}A_i e^{s_i t}u(t) \tag{6-35}$$

式中，$u(t)$ 是单位阶跃函数。对 $h_a(t)$ 进行等间隔采样，采样间隔为 T，得到

$$h(n)=h_a(nT)=\sum_{i=1}^{N}A_i e^{s_i nT}u(nT) \tag{6-36}$$

对上式进行 Z 变换，得到数字滤波器的传输函数

$$H(z)=\sum_{n=0}^{\infty}\sum_{i=1}^{N}A_i e^{s_i nT}z^{-n}=\sum_{i=1}^{N}A_i\sum_{n=0}^{\infty}(e^{s_i T}z^{-1})^n \tag{6-37}$$

第二个求和为等比级数之和，为

$$\frac{1-(e^{s_i T}z^{-1})^k}{1-e^{s_i T}z^{-1}}$$

要收敛的话，当 $k=\infty$ 时

$$(e^{s_i T}z^{-1})^k\big|_{k=\infty}=0 \tag{6-38}$$

因此，数字滤波器的系统函数为

$$H(z)=\sum_{i=1}^{N}\frac{A_i}{1-e^{s_i T}z^{-1}} \tag{6-39}$$

这就是冲激响应不变法由 $H_a(s)$ 转换为 $H(z)$ 的关系式，即先因式分解，再由上式推出$H(z)$。该数字滤波器具有极点

$$z_k=e^{s_k T},\quad k=1,2,\cdots,N \tag{6-40}$$

式（6-40）为极点由 s 平面映射到 z 平面的关系式 。

下面进一步分析这种映射关系。我们知道，模拟信号 $h_a(t)$ 和其采样信号$\hat{h}_a(t)$ 的傅里叶变换之间的关系为

$$\hat{h}_a(t)=\sum_{n=-\infty}^{\infty}h_a(t)\delta(t-nT) \tag{6-41}$$

对$\hat{h}_a(t)$ 进行拉普拉斯变换，得到

$$\begin{aligned}\hat{H}_a(s)&=\int_{-\infty}^{\infty}\hat{h}_a(t)e^{-st}dt=\int_{-\infty}^{\infty}\left[\sum_n h_a(t)\delta(t-nT)\right]e^{-st}dt\\&=\sum_n\int_{-\infty}^{\infty}h_a(t)\delta(t-nT)e^{-st}dt=\sum_n h_a(nT)e^{-snT}\end{aligned} \tag{6-42}$$

式中，$h_a(nT)$ 是 $h_a(t)$ 在采样点 $t=nT$ 时的幅度值，它与序列 $h(n)$ 的幅度值相等，即 $h(n)=h_a(nT)$，因此得到

$$\hat{H}_a(s)=\sum_n h(n)e^{-snT}=\sum_n h(n)z^{-n}\Big|_{z=e^{sT}}=H(z)\Big|_{z=e^{sT}} \tag{6-43}$$

根据前面章节中采样定理的分析，模拟信号 $h_a(t)$ 的傅里叶变换 $H_a(j\Omega)$ 和其采样信号

$\hat{h}_a(t)$的傅里叶变换$\hat{H}_a(j\Omega)$之间的关系满足：当频谱为$H_a(j\Omega)$的连续时间信号$h_a(t)$被以间隔T等间距采样时，采样后信号的频谱是采样前信号的频谱的$1/T$，即$1/T[H_a(j\Omega)]$以$\Omega_s=2\pi/T$为周期的周期延拓，即

$$\hat{H}_a(j\Omega)=\frac{1}{T}\sum_{k=-\infty}^{\infty}H_a(j\Omega-jk\Omega_s) \tag{6-44}$$

将$s=j\Omega$代入式（6-44）可以得到

$$\hat{H}_a(s)=\frac{1}{T}\sum_{k=-\infty}^{\infty}H_a(s-jk\Omega_s) \tag{6-45}$$

由（6-43）和式（6-45）可得

$$H(z)\Big|_{z=e^{sT}}=\frac{1}{T}\sum_{k}H_a(s-jk\Omega_s) \tag{6-46}$$

上式表明，将模拟信号$h_a(t)$的拉普拉斯变换在s平面上沿虚轴按照周期$\Omega_s=2\pi/T$延拓后，再按照式（6-40）映射关系，映射到z平面上，就得到$H(z)$。

例 6.6　利用冲激响应不变法，将下面模拟滤波器转换为相应的数字滤波器

$$H_a(s)=\frac{2}{s^2+4s+3}$$

解：因为$s_1=-1$，$s_2=-3$，有

$$H_a(s)=\frac{2}{s^2+4s+3}=\frac{1}{s+1}-\frac{1}{s+3}$$

因为$H_a(s)=\sum_i\frac{A_i}{s-s_i}\Rightarrow H(z)=\sum_i\frac{A_i}{1-e^{s_iT}z^{-1}}$，所以$H(z)=\frac{1}{1-e^{-T}z^{-1}}-\frac{1}{1-e^{-3T}z^{-1}}$。

当$T=1$时，有

$$H(z)=\frac{1}{1-e^{-1}z^{-1}}-\frac{1}{1-e^{-3}z^{-1}}=\frac{0.318z^{-1}}{1-0.417\,7z^{-1}+0.018\,31z^{-2}}$$

2. 频谱混叠

由式（6-46）可知，我们可以通过对模拟滤波器的频率响应进行周期性的延拓获得数字滤波器的系统函数

$$H(z)\Big|_{z=e^{sT}}=\hat{H}_a(s)=\frac{1}{T}\sum_{k=-\infty}^{\infty}H_a\left(s-j\frac{2\pi}{T}k\right) \tag{6-47}$$

由于$\Omega_s=2\pi/T$，则

$$H(e^{j\omega})=\frac{1}{T}\sum_{m=-\infty}^{\infty}H_a\left(j\frac{\omega}{T}-j\frac{2\pi}{T}k\right)=\frac{1}{T}\sum_{m=-\infty}^{\infty}H_a(j\Omega-j\Omega_sk) \tag{6-48}$$

上式说明，$H(e^{j\omega})$是$H_a(j\Omega)$以$2\pi/T$为周期的周期延拓函数（对数字频率而言，则是以2π为周期）。若原$h_a(t)$的频带不是限于$\pm\pi/T$之间，则会在奇数倍π/T附近产生频谱混叠，对应数字频率在$\omega=\pm\pi$附近产生频谱混叠，如图6-8所示。

显然，若模拟滤波器的$H_a(j\Omega)$是带限的，则利用上面的映射方法所得到相应数字滤波器可以反映原模拟滤波器的频率特性。

从上面的分析可知，由$H_a(s)$到$H(z)$的映射是s平面的虚轴$-\frac{\pi}{T}\sim\frac{\pi}{T}$映射到$z$平面上的

单位圆 $-\pi \sim \pi$ 变化一周，而超出这个区段的 s 平面被重复映射到 z 平面的单位圆上，如图 6-9所示。

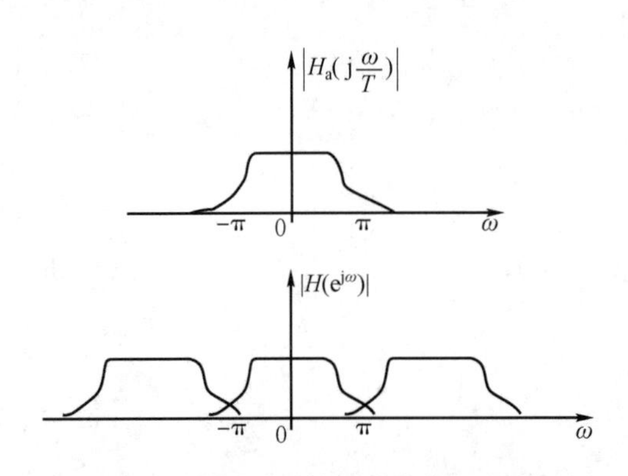

图 6-8　模拟滤波器的频率响应 $Ha(j\omega/T)$（其中 $\Omega=\omega/T$）与相应数字滤波器的频率响应（有混叠情况）

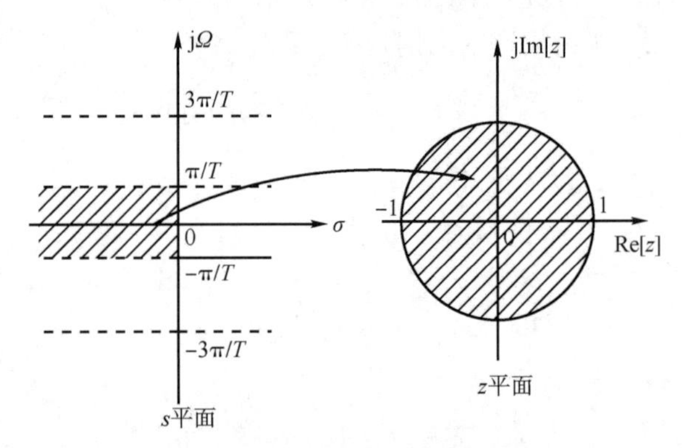

图 6-9　s 平面到 z 平面的映射

在图 6-9 中，s 平面上每一条宽 $2\pi/T$ 的横带部分，都重叠地映射到 z 平面的整个平面上，其中 s 平面每一横带的左半部分映射到 z 平面的单位圆以内，每一横带的右半部分映射到 z 平面单位圆以外，s 平面的 $j\Omega$ 轴映射到 z 平面的单位圆上，其中 $j\Omega$ 轴上每一段 $2\pi/T$ 都对应于绕单位圆一周，即从 s 平面到 z 平面的标准变换 $z=e^{sT}$ 是 z 平面的一值对多值的关系，这种一值对多值的关系导致频谱交叠产生混淆。由此可以推断冲激响应不变法不适于设计高通、带阻等数字滤波器。在冲激响应不变法中，由于数字滤波器的单位样本响应 $h(n)$ 与模拟滤波器的冲激响应 $h_a(t)$ 是采样和被采样的关系，所以 IIR 滤波器数字频率 ω 与模拟频率 Ω 之间的关系是线性关系

$$\omega = \Omega T \tag{6-49}$$

6.3.2　双线性变换法

1. 基本原理

在上一节描述的 IIR 滤波器设计方法由于从 s 平面到 z 平面的映射关系不是一一对应的，造成数字滤波器频率响应特性的混叠，所以有一个严重的局限性，即该设计方法只适用于低通或限带的高通、带通情况。为了消除混叠现象，必须找出一种频率特性有一一对应关系的变换方法，双线性变换法就是其中的一种。在这一小节中，我们将介绍双线性变换法从 s 平面到 z 平面的映射，该变换克服了前面描述的设计方法的局限性。

如前所述，冲激响应不变法从 s 平面到 z 平面的标准变换 $z=e^{sT}$ 是一值对多值的对应关系，导致频谱交叠产生混淆。为了克服这一缺点，设想变换分为两步：第一步，将整个 s 平面压缩到 s_1 平面的一条横带里；第二步，通过标准变换关系将此横带变换到整个 z 平面上去，这就是双线性变换的基本原理，如图 6-10 所示。

双线性变换是一个保形映射，它将 s 平面虚轴 $j\Omega$ 唯一地映射到 z 平面的单位圆一次，保证了 $H(z)$ 的频率响应能模仿 $H_a(s)$ 的频率响应，避免了频率响应的混叠现象。而且，在 s 平

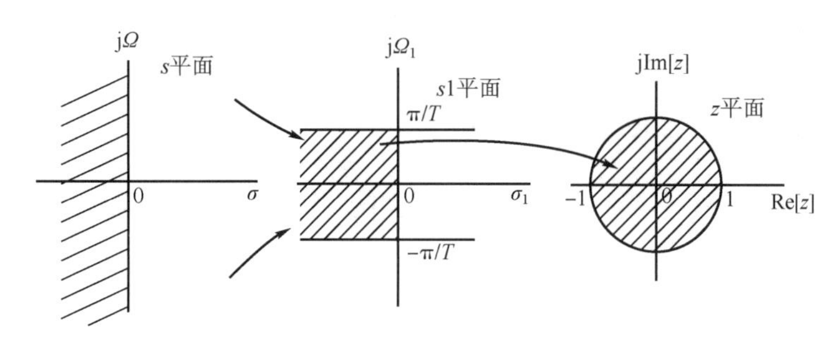

图 6−10　s 平面到 z 平面的映射原理

面左半平面上的所有点被映射到 z 平面的单位圆内，而在 s 平面右半平面上的所有点被映射到 z 平面的单位圆以外的相应点，保证了 $H(z)$ 和 $H_a(s)$ 相比其稳定性不发生变化。

双线性变换是通过应用梯形数值积分方法来从 $H_a(s)$ 的微分方程得到 $H(z)$ 的差分方程的一种变换，参数 T 表示数值积分的步长。

设一个模拟线性滤波器的传输函数为

$$H_a(s) = \frac{b}{s + a} \tag{6-50}$$

该系统也可用差分方程描述为

$$\frac{dy(t)}{dt} + ay(t) = bx(t) \tag{6-51}$$

则

$$y(t) = \int_{t_0}^{t} y'(\tau)d\tau + y(t_0) \tag{6-52}$$

式中，$y'(t)$ 表示 $y(t)$ 的导数。

$$y(nT) = \frac{T}{2}[y'(nT) + y'(nT - T)] + y(nT - T) \tag{6-53}$$

式（6−51）在 $t = nT$ 时等于

$$y'(nT) = -ay(nT) + bx(nT) \tag{6-54}$$

用式（6−54）代替式（6−53）的导数，可以得到该离散系统的差分方程。

当 $y(n) \equiv y(nT)$ 且 $x(n) \equiv x(nT)$ 时，可以得到

$$(1 + \frac{aT}{2})y(n) - \left(1 - \frac{aT}{2}\right)y(n-1) = \frac{bT}{2}[x(n) + x(n-1)] \tag{6-55}$$

对该式进行 Z 变换

$$H(z) = \frac{Y(z)}{X(z)} = \frac{(bT/2)(1 + z^{-1})}{1 + aT/2 - (1 - aT/2)z^{-1}}$$

或

$$H(z) = \frac{b}{\frac{2}{T}\left(\frac{1 - z^{-1}}{1 + z^{-1}}\right) + a} \tag{6-56}$$

显然，由 s 平面到 z 平面的映射为

$$s = \frac{2}{T}\left(\frac{1 - z^{-1}}{1 + z^{-1}}\right) \tag{6-57}$$

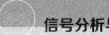

这种变换关系实现了 s 平面到 z 平面的变换，即 s 平面到 s_1 平面再到 z 平面的变换。这种变换包含以下两步。

（1）由 s 平面到 s_1 平面的映射

$$\Omega = \frac{2}{T}\tan\left(\frac{1}{2}\Omega_1 T\right) \tag{6-58}$$

T 仍然是采样间隔，由图 6-10 分析可见，式（6-58）可以实现当 Ω_1 从 $-\pi/T$ 经过 0 变化到 π/T 时，Ω 则由 $-\infty$ 经过 0 变化到 ∞，实现了 s 平面上整个虚轴完全压缩到 s_1 平面上虚轴的 $\pm\pi/T$ 之间的转换。将这一关系解析扩展至整个 s 平面，则得到 s 平面到 s_1 平面的映射关系为

$$\mathrm{j}\Omega = \frac{2}{T}\mathrm{j}\tan\left(\frac{\Omega_1 T}{2}\right) = \frac{2}{T}\mathrm{j}\frac{\sin\left(\frac{\Omega_1 T}{2}\right)}{\cos\left(\frac{\Omega_1 T}{2}\right)} = \frac{2}{T}\mathrm{j}\frac{\mathrm{e}^{\mathrm{j}\frac{\Omega_1 T}{2}} - \mathrm{e}^{-\mathrm{j}\frac{\Omega_1 T}{2}}}{\mathrm{e}^{\mathrm{j}\frac{\Omega_1 T}{2}} + \mathrm{e}^{-\mathrm{j}\frac{\Omega_1 T}{2}}} = \frac{2}{T}\cdot\frac{1-\mathrm{e}^{-\mathrm{j}\Omega_1 T}}{1+\mathrm{e}^{-\mathrm{j}\Omega_1 T}}$$

令 $s=\mathrm{j}\Omega$，$s_1=\mathrm{j}\Omega_1$，则

$$s = \frac{2}{T}\cdot\frac{1-\mathrm{e}^{-s_1 T}}{1+\mathrm{e}^{-s_1 T}} \tag{6-59}$$

（2）由 s_1 平面到 z 平面的映射。

令 $z=\mathrm{e}^{s_1 T}$，则

$$s = \frac{1-z^{-1}}{1+z^{-1}} \quad 或 \quad z = \frac{1+s}{1-s} \tag{6-60}$$

上面的映射过程就被称为双线性变换，s 平面的点唯一地映射到 z 平面，由于是点对点映射，所以没有混叠。

2. 双线性变换法的频率变换关系

令 $z=\mathrm{e}^{\mathrm{j}\omega}$，$s=\mathrm{j}\Omega$，则式（6-57）可以表示为

$$s = \frac{2}{T}\cdot\frac{z-1}{z+1} = \frac{2}{T}\cdot\frac{\mathrm{e}^{\mathrm{j}\omega}-1}{\mathrm{e}^{\mathrm{j}\omega}+1} = \frac{2}{T}\left[\mathrm{j}\frac{\sin(\omega/2)}{\cos(\omega/2)}\right] = \frac{2}{T}\mathrm{j}\tan(\omega/2)$$

即

$$\Omega = \frac{2}{T}\tan\frac{\omega}{2} \tag{6-61}$$

或者

$$\omega = 2\tan^{-1}\frac{\Omega T}{2} \tag{6-62}$$

式（6-62）所表示不同域的频率变量的关系如图 6-11 所示。

由图 6-11 可见，s 平面的正（负）虚轴被映射到 z 平面单位圆的上（下）半圆。显然，该映射是非线性的，s 平面中的负虚轴从 $\Omega=-\infty$ 到 $\Omega=0$ 被映射到 z 平面单位圆的下半部分从 $\omega=-\pi$（即 $z=-1$）到 $\omega=0$（即 $z=+1$），s 平面中的正虚轴从 $\Omega=0$ 到 $\Omega=+\infty$ 被映射到 z 平面单位圆的上半部分从 $\omega=0$（即 $z=+1$）到 $\omega=+\pi$（即 $z=-1$），这就避免了频率的

混叠。

双线性变换法的主要优点是 s 平面与 z 平面一一单值对应，s 平面的虚轴（整个 $j\Omega$）对应于 z 平面单位圆一周，s 平面的 $\Omega=0$ 处对应于 z 平面 $\omega=0$ 处，即对应数字滤波器的频率响应终止于折叠频率处，所以双线性变换不存在混叠效应。但是在双线性变换法中，由于模拟频率与数字频率之间的关系为非线性关系，见式（6-61），所以双线性变换的缺点就是它会使数字滤波器与模拟滤波器在频率响应与频率的对应关系上发生畸变。

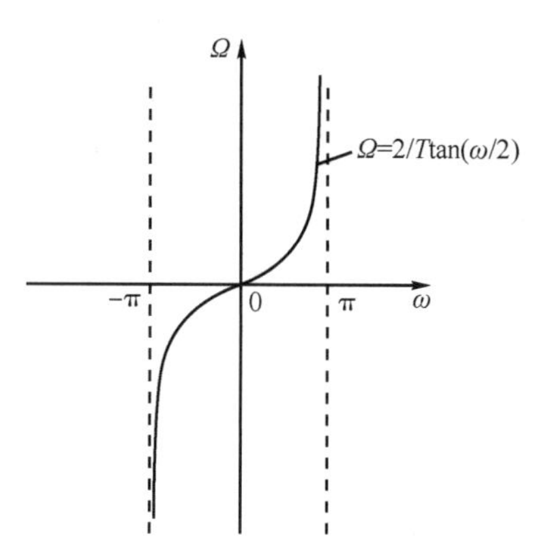

图 6-11　由双线性变换将模拟角频率 Ω 映射为数字角频率 ω

因此，为了用双线性变换法设计满足特定幅度响应的数字滤波器，必须首先利用式（6-61）将临界频带（ω_p 和 ω_s）预先加以畸变，从而找到它们的等效模拟频率（Ω_p 和 Ω_s），再利用预畸变后的临界模拟原型滤波器 $H_a(s)$，对 $H_a(s)$ 进行双线性变换，得到所需的数字滤波器的传输函数 $H(z)$。

例 6.7　用双线性变换法设计一个单极点的低通数字滤波器，要求具有 0.2π 的带宽，带宽内的最大衰减为 3 dB，有

$$H_a(s)=\frac{\Omega_c}{s+\Omega_c}$$

式中，Ω_c 为模拟滤波器的 3 dB 带宽。

解：该数字滤波器在 $\omega_c=0.2\pi$ rad 为 3 dB 的增益，相应的模拟滤波器为

$$\Omega_c=\frac{2}{T}\tan 0.1\pi\approx\frac{0.65}{T}\ \text{rad/s}$$

则相应的模拟滤波器的传输函数为

$$H(s)=\frac{0.65/T}{s+0.65/T}$$

因此数字滤波器的系统函数为

$$H(z)=\frac{0.245(1+z^{-1})}{1-0.509z^{-1}}$$

6.3.3　IIR 数字滤波器设计步骤

1. 利用模拟滤波器设计 IIR 数字低通滤波器步骤

（1）确定数字低通滤波器的技术指标：通带截止频率 ω_p、通带衰减 α_p、阻带截止频率 ω_s、阻带衰减 α_s。

（2）将数字低通滤波器的技术指标转换成模拟低通滤波器的技术指标。

冲激响应不变法：$\Omega=\omega/T$。

双线性变换法：$\Omega=\dfrac{2}{T}\tan\left(\dfrac{1}{2}\omega\right)$。

(3)按照模拟低通滤波器的技术指标设计模拟低通滤波器。

(4)将模拟滤波器 $H_a(s)$ 从 s 平面转换到 z 平面，得到数字低通滤波器系统函数 $H(z)$。

例 6.8　设计低通数字滤波器，要求在通带内频率低于 0.2π rad 时，容许幅度误差在 1 dB 以内；在频率 0.3π 到 π rad 之间的阻带衰减大于 15 dB。指定模拟滤波器采用巴特沃斯低通滤波器，试用冲激响应不变法设计。

解：数字低通的技术指标为

$$\omega_p = 0.2\pi\ \text{rad},\quad \alpha_p = 1\ \text{dB}$$
$$\omega_s = 0.3\pi\ \text{rad},\quad \alpha_s = 15\ \text{dB}$$

模拟低通的技术指标为

$$T = 1\ \text{s},\quad \Omega_p = 0.2\pi\ \text{rad/s},\quad \alpha_p = 1\ \text{dB}$$
$$\Omega_s = 0.3\pi\ \text{rad/s},\quad \alpha_s = 15\ \text{dB}$$

设计巴特沃斯低通滤波器，先计算阶数 N 及 3 dB 截止频率 Ω_c。

$$k_{sp} = \sqrt{\frac{10^{\alpha_s/10} - 1}{10^{\alpha_p/10} - 1}} \approx 10.87,\quad \lambda_{sp} = \frac{\lambda_s}{\lambda_p} \approx 1.5$$

$$N = \frac{\lg k_{sp}}{\lg \lambda_{sp}} \approx 5.884,\quad 取 N = 6$$

为求 3 dB 截止频率 Ω_c，利用 Ω_p 和 α_p，得到 $\Omega_c \approx 0.703\,2$ rad/s。显然，此值满足通带技术要求，同时给阻带衰减留一定余量，这对防止频率混叠有一定好处。

根据阶数 $N=6$，查表 6-1 得到归一化传输函数为

$$H_a(p) = \frac{1}{1 + 3.863\,7p + 7.464\,1p^2 + 9.141\,6p^3 + 7.464\,1p^4 + 3.863\,7p^5 + p^6}$$

为去归一化，将 $p=s/\Omega_c$ 代入 $H_a(p)$ 中，得到实际的传输函数 $H_a(s)$ 为

$$H_a(s) = \frac{\Omega_c^6}{s^6 + 3.863\,7\Omega_c s^5 + 7.464\,1\Omega_c^2 s^4 + 9.1416\Omega_c^3 s^4 + 7.464\,1\Omega_c^4 s^2 + 3.863\,7\Omega_c^5 s + \Omega_c^6}$$
$$= \frac{0.120\,9}{s^6 + 2.716s^5 + 3.691s^4 + 3.179s^3 + 1.825s^2 + 0.121s + 0.1209}$$

用冲激响应不变法将 $H_a(s)$ 转换成 $H(z)$。将 $H_a(s)$ 进行部分分式展开，利用公式得

$$H(z) = \frac{0.287\,1 - 0.446\,6z^{-1}}{1 - 0.129\,7z^{-1} + 0.694\,9z^{-2}} + \frac{-2.142\,8 + 1.145\,4z^{-1}}{1 - 1.069\,1z^{-1} + 0.369\,9z^{-2}}$$
$$+ \frac{1.855\,8 - 0.630\,4z^{-1}}{1 - 0.997\,2z^{-1} + 0.257\,0z^{-2}}$$

例 6.9　试用双线性变换法设计例 6.8 的 IIR 数字低通滤波器。

解：数字低通的技术指标仍为

$$\omega_p = 0.2\pi\ \text{rad},\quad \alpha_p = 1\ \text{dB}$$
$$\omega_s = 0.3\pi\ \text{rad},\quad \alpha_s = 15\ \text{dB}$$

模拟低通的技术指标为

$$\Omega = \frac{2}{T}\tan\frac{\omega}{2}$$

$$\Omega_p = \frac{2}{T}\tan\frac{\omega_p}{2} = 2\tan 0.1\pi \approx 0.65 \text{ rad/s}, \quad \alpha_p = 1 \text{ dB}$$

$$\Omega_s = \frac{2}{T}\tan\frac{\omega_s}{2} = 2\tan 0.15\pi \approx 1.019 \text{ rad/s}, \quad \alpha_s = 15 \text{ dB}$$

设计巴特沃斯低通滤波器，计算阶数 N

$$k_{sp} = \sqrt{\frac{10^{\alpha_s/10}-1}{10^{\alpha_p/10}-1}} \approx 10.87, \quad \lambda_{sp} = \frac{\Omega_s}{\Omega_p} \approx 1.568$$

$$N = \frac{\lg k_{sp}}{\lg \lambda_{sp}} \approx 5.306, \quad 取 N=6$$

利用 Ω_s 和 α_s 求出 Ω_c，得到 $\Omega_c = 0.7662$ rad/s。这样阻带技术指标满足要求，通带指标已经超过。

根据 $N=6$，查表6-1得到的归一化传输函数 $H_a(p)$ 与例6.8得到的相同。为去归一化，将 $p=s/\Omega_c$ 代入 $H_a(p)$，得实际的 $H_a(s)$ 为

$$H_a(s) = \frac{0.2023}{0.2023 + 1.02s + 2.572s^2 + 4.112s^3 + 4.382s^4 + 2.96s^5 + s^6}$$

用双线性变换法将 $H_a(s)$ 转换成数字滤波器 $H(z)$

$$H(z) = H_a(s)\Big|_{s=2\frac{1-z^{-1}}{1+z^{-1}}}$$

$$= \frac{0.2023(1+z^{-1})^6}{0.2023(1+z^{-1})^6 + 1.02(1-z^{-1})(1+z^{-1})^5 + 2.572(1-z^{-1})^2(1+z^{-1})^4} \cdot$$

$$\frac{1}{4.112(1-z^{-1})^3(1+z^{-1})^3 + 4.382(1-z^{-1})^4(1+z^{-1})^2 + 2.96(1-z^{-1})^5(1+z^{-1}) + (1-z^{-1})^6}$$

2. 利用模拟滤波器设计 IIR 数字高通、带通滤波器步骤

由于双线性变换法不存在混叠效应，所以可以用来设计数字高通和数字带通滤波器，其步骤与数字低通类似。

（1）确定所需类型数字滤波器的技术指标。

（2）将要设计的数字滤波器的设计指标转换为同类型的模拟滤波器的设计指标，用双线性变换法转换，转换公式为

$$\Omega = \frac{2}{T}\tan\frac{\omega}{2}$$

（3）将所需类型模拟滤波器技术指标转换成原型模拟低通滤波器技术指标。

（4）设计模拟低通滤波器 $G(s)$。

（5）用步骤（3）的反变换将模拟低通 $G(s)$ 通过频率变换，转换成所需类型的模拟滤波器 $H_a(s)$。

（6）采用双线性变换法，将所需类型的模拟滤波器 $H_a(s)$ 转换成所需类型的数字滤波器 $H(z)$。

例 6.10 设计一个数字高通滤波器，要求通带截止频率 $\omega_p = 0.8\pi$ rad，通带衰减不大于 3 dB，阻带截止频率 $\omega_s = 0.44\pi$ rad，阻带衰减不小于 15 dB，采用巴特沃斯型滤波器。

解：数字高通的技术指标为

$$\omega_p = 0.8\pi\ \text{rad},\quad \alpha_p = 3\ \text{dB}$$
$$\omega_s = 0.44\pi\ \text{rad},\quad \alpha_s = 15\ \text{dB}$$

模拟高通的技术指标计算如下。

令 $T=1$ s，则有

$$\Omega_p' = \frac{2}{T}\tan\frac{\omega_p}{2} \approx 6.155\ \text{rad/s},\quad \alpha_p = 3\ \text{dB}$$

$$\Omega_s' = \frac{2}{T}\tan\frac{\omega_s}{2} \approx 1.655\ \text{rad/s},\quad \alpha_s = 15\ \text{dB}$$

模拟低通滤波器的技术指标计算如下

$$\Omega_p = \frac{1}{6.155} \approx 0.163\ \text{rad/s},\quad \alpha_p = 3\ \text{dB}$$

$$\Omega_s = \frac{1}{1.655} \approx 0.604\ \text{rad/s},\quad \alpha_s = 15\ \text{dB}$$

将 Ω_p 和 Ω_s 对 3 dB 截止频率 Ω_c 归一化，这里 $\Omega_c = \Omega_p$，则

$$\lambda_p = 1,\quad \lambda_s = \frac{\Omega_s}{\Omega_p} \approx 3.71$$

设计归一化模拟低通滤波器 $G(p)$。模拟低通滤波器的阶数 N 计算如下

$$k_{sp} = \sqrt{\frac{10^{\alpha_s/10} - 1}{10^{\alpha_p/10} - 1}} \approx 5.54,\quad \lambda_{sp} = \frac{\lambda_s}{\lambda_p} \approx 3.71$$

$$N = \frac{\lg k_{sp}}{\lg \lambda_{sp}} \approx 1.31,\quad \text{取 } N = 2$$

查表得到归一化模拟低通传输函数 $G(p)$ 为

$$G(p) = \frac{1}{p^2 + \sqrt{2}p + 1}$$

为去归一化，将 $p=s/\Omega_c$ 代入上式得

$$G(s) = \frac{\Omega_c^2}{s^2 + \sqrt{2}\Omega_c s + \Omega_c^2}$$

将模拟低通转换成模拟高通。将上式中 $G(s)$ 的变量换成 $1/s$，得到模拟高通 $H_a(s)$

$$H_a(s) = G\left(\frac{1}{s}\right) = \frac{\Omega_c^2 s^2}{\Omega_c^2 s^2 + \sqrt{2}\Omega_c s + 1}$$

用双线性变换法将模拟高通 $H_a(s)$ 转换成数字高通 $H(z)$

$$H(z) = H_a(s)\Big|_{s=2\frac{1-z^{-1}}{1+z^{-1}}}$$

实际上以上两步可合并成一步，即

$$H(z) = G(s)\Big|_{s=\frac{1}{2}\cdot\frac{1+z^{-1}}{1-z^{-1}}} \approx \frac{0.106\,(1-z^{-1})^2}{1.624 + 1.947z^{-1} + 0.566z^{-2}}$$
$$= \frac{0.065\,3\,(1-z^{-1})^2}{1 + 1.199z^{-1} + 0.349z^{-2}}$$

例 6.11　设计一个数字带通滤波器，通带范围为 0.3π rad 到 0.4π rad，通带内最大衰减为 3 dB，0.2π rad 以下和 0.5π rad 以上为阻带，阻带内最小衰减为 18 dB，采用巴特沃斯型模拟低通滤波器。

解：数字带通滤波器技术指标如下。

通带上截止频率 $\omega_u=0.4\pi$ rad；通带下截止频率 $\omega_l=0.3\pi$ rad；

阻带上截止频率 $\omega_{s2}=0.5\pi$ rad；阻带下截止频率 $\omega_{s1}=0.2\pi$ rad；

通带内最大衰减 $\alpha_p=3$ dB；阻带内最小衰减 $\alpha_s=18$ dB。

模拟带通滤波器技术指标如下。令 $T=1$ s，则

$$\Omega_u = 2\tan\frac{1}{2}\omega_u \approx 1.453\ \text{rad/s};\qquad \Omega_l = 2\tan\frac{1}{2}\omega_l \approx 1.019\ \text{rad/s}$$

$$\Omega_{s2} = 2\tan\frac{1}{2}\omega_{s2} \approx 2\ \text{rad/s};\qquad \Omega_{s1} = 2\tan\frac{1}{2}\omega_{s1} \approx 0.650\ \text{rad/s}$$

$$\Omega_0 = \sqrt{\Omega_u\Omega_l} \approx 1.217\ \text{rad/s};\qquad B = \Omega_u - \Omega_l = 0.434\ \text{rad/s}$$

将以上边界频率对带宽 B 归一化，得到

$$\eta_u=3.348,\quad \eta_l=2.348;\quad \eta_{s2}=4.608,\quad \eta_{s1}=1.498;\quad \eta_0=2.804$$

对应模拟归一化低通滤波器技术指标。

归一化阻带截止频率 $\lambda_s=\dfrac{\eta_{s2}^2-\eta_0^2}{\eta_{s2}}\approx 2.902$；归一化通带截止频率 $\lambda_p=1$；

$$\alpha_p=3\ \text{dB},\quad \alpha_s=18\ \text{dB}$$

设计模拟低通滤波器

由 $k_{sp}=\sqrt{\dfrac{10^{0.1\alpha_p}-1}{10^{0.1\alpha_s}-1}}\approx 7.9$；$\lambda_{sp}=\dfrac{\lambda_s}{\lambda_p}\approx 2.902$；

得 $N=\dfrac{\lg 0.127}{\lg 2.902}\approx 1.940$，取 $N=2$。

查表得到归一化低通传输函数 $G(p)=\dfrac{1}{p^2+\sqrt{2}p+1}$。

将归一化模拟低通转换成模拟带通

$$H_a(s)=G(p)\Big|_{p=\frac{s^2+\Omega_0^2}{s(\Omega_u-\Omega_l)}}$$

通过双线性变换法将 $H_a(s)$ 转换成数字带通滤波器 $H(z)$，即将 $s=2\dfrac{1-z^{-1}}{1+z^{-1}}$ 代入 $H_a(s)$ 得到 $H(z)$。

下面将以上两步合成一步计算。将上式代入转换公式，得

$$p=\frac{s^2+\Omega_0^2}{s(\Omega_u-\Omega_l)}\Bigg|_{s=2\frac{1-z^{-1}}{1+z^{-1}}}=\frac{4(1-z^{-1})^2+\Omega_0^2(1+z^{-1})^2}{2(1-z^{-2})(\Omega_u-\Omega_l)}$$

$$=\frac{5.48-4.5z^{-1}+7.481z^{-2}}{0.868(1-z^{-2})}=\frac{6.313-5.18z^{-1}+80\,619z^{-2}}{1-z^{-2}}$$

将上面的等式代入 $G(p)$ 中，得

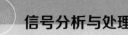

$$H(z)=\frac{0.021(1-2z^{-2}+z^{-4})}{1-1.491z^{-1}+2.848z^{-2}-1.68z^{-3}+1.273z^{-4}}$$

6.4 FIR 数字滤波器设计

6.4.1 线性相位 FIR 数字滤波器的条件和特点

1. 线性相位 FIR 数字滤波器的条件

1）线性相位 FIR 滤波器的频率响应条件

数字滤波器的传递函数是一个具有零点和极点的有理函数，IIR 系统存在稳定性问题，而且其相频特性一般情况下都是非线性的。在许多应用中，需要保证设计的数字滤波器在通带内不会使输入信号的相位发生失真，滤波器必须具有线性的相频特性，而 IIR 数字滤波器不能直接设计成线性相位的，需要用全通网络进行相位校正。有限长单位冲激响应（FIR）数字滤波器就能够很容易获得严格的线性相频特性。对于 $h(n)$ 长度为 N 的 FIR 滤波器，其频率响应为

$$H(e^{j\omega})=\sum_{n=0}^{N-1}h(n)e^{-j\omega n} \tag{6-63}$$

可表示为

$$H(e^{j\omega})=H_g(\omega)e^{-j\theta(\omega)} \tag{6-64}$$

式中，$H_g(\omega)$ 为幅度特性，$\theta(\omega)$ 为相位特性。相位失真就是当不同频率序列通过滤波器时的时间延迟不同，最后这些频率成分在输出端叠加起来后，将不再是原来的信号（通带内）。避免任何相位失真的一种方法是使该滤波器的频率响应是实的和非负的，如 $H(e^{j\omega})=1$，则通过的信号不会发生延迟，即设计一个具有零相位特性的滤波器。然而，实际上并不可能设计一个零相位的因果数字滤波器，因为处理信号需要时间，所以必然有延迟。对于具有非零相位响应的因果传输函数，相位失真可以通过保证传输函数在感兴趣的频带内有一个单位幅度并且有一个线性特性来避免。线性特性即通带内不同频率成分通过滤波器后延迟相同，则在输出端叠加后其通带部分还是原来的信号，即输出是原来信号通带频率部分的延迟。该类滤波器最常见的频率响应形式为

$$H(e^{j\omega})=e^{-j\omega\tau} \tag{6-65}$$

上面的滤波器有一个单位幅度响应，并对所有频率有一个数量为 τ（τ 为常数）的群延迟的线性相位，即

$$\begin{cases}|H(e^{j\omega})|=1 & (6\text{-}66)\\ \dfrac{d\theta(\omega)}{d\omega}=-\tau & (6\text{-}67)\end{cases}$$

式（6-67）可以分为以下两种情况。

$$\theta(\omega)=-\tau\omega \tag{6-68}$$

$$\theta(\omega)=\theta_0-\tau\omega,\ \theta_0\text{ 为起始相位} \tag{6-69}$$

称满足式（6-68）为第一类线性相位，满足式（6-69）为第二类线性相位。也就是说，若需要在某个频率分量使幅度和相位不失真地通过输入信号，则系统函数应在感兴趣的频带内具有单位幅度响应和线性相位。

因此，设计 FIR 滤波器实际上就是要在满足线性相位的条件下，实现幅度响应的逼近。而一个 FIR 滤波器若是符合线性相位，则时域必须满足一定的条件。下面我们来分析一下是什么条件。

2）线性相位 FIR 滤波器的时域约束条件

一个长度为 N 的线性相位 FIR 滤波器，其相位响应 $\theta(\omega)=-\tau\omega$ 可以根据式（6-63）和式（6-64）改写成以下两种情况

$$\theta(\omega)=-\tau\omega=\arctan\left[\frac{-\sum_{n=0}^{N-1}h(n)\sin(\omega n)}{\sum_{n=0}^{N-1}h(n)\cos(\omega n)}\right] \tag{6-70}$$

$$\tan(\omega\tau)=\left[\frac{\sum_{n=0}^{N-1}h(n)\sin(\omega n)}{\sum_{n=0}^{N-1}h(n)\cos(\omega n)}\right] \tag{6-71}$$

由三角函数关系得到

$$\sum_{n=0}^{N-1}h(n)[\cos(\omega n)\sin(\omega\tau)-\sin(\omega n)\cos(\omega\tau)]=\sum_{n=0}^{N-1}h(n)\sin[\omega(\tau-n)]=0$$

解方程，可得

$$\begin{cases}\tau=\dfrac{N-1}{2}\\ h(n)=\lambda h(N-1-n),\quad 0\leqslant n\leqslant N-1\end{cases} \tag{6-72}$$

当 $\lambda=1$ 时，式（6-72）为偶对称；当 $\lambda=-1$ 时，式（6-72）为奇对称。可以证明，当 $h(n)=h(N-1-n)$，即偶对称时，FIR 滤波器满足第一类线性相位，其幅度特性和相位特性分别为

$$\begin{cases}H_{g}(\omega)=\sum_{n=0}^{N-1}h(n)\cos\left[\left(n-\dfrac{N-1}{2}\right)\omega\right]\\ \theta(\omega)=-\dfrac{N-1}{2}\omega\end{cases} \tag{6-73}$$

当 $h(n)=-h(N-1-n)$，即奇对称时，FIR 滤波器满足第二类线性相位，其幅度特性和相位特性分别为

$$\begin{cases}H_{g}(\omega)=\sum_{n=0}^{N-1}h(n)\sin\left[\left(\dfrac{N-1}{2}-n\right)\omega\right]\\ \theta(\omega)=-\dfrac{\pi}{2}-\dfrac{N-1}{2}\omega\end{cases} \tag{6-74}$$

也就是说，一个 FIR 滤波器若是线性相位的，则其单位冲激响应必然满足

$$h(n)=\pm h(N-1-n),\quad 0\leqslant n\leqslant N-1 \tag{6-75}$$

$h(n)$关于$(N-1)/2$对称（奇对称或偶对称）。

2. 线性相位 FIR 滤波器幅度特性 $H_g(\omega)$的特点

现在我们研究一个长度为N的因果 FIR 系统函数$H(z)$

$$H(z)=\sum_{k=0}^{N-1}h(k)z^{-k} \tag{6-76}$$

式（6-76）是关于变量z^{-1}的$N-1$阶多项式，其多项式的根由滤波器的零点组成。若该 FIR 滤波器具有线性相位，则其冲激响应$h(n)$是偶对称的

$$h(n)=h(N-1-n),\quad 0\leqslant n\leqslant N-1$$

或是奇对称的

$$h(n)=-h(N-1-n),\quad 0\leqslant n\leqslant N-1$$

将偶对称或奇对称条件代入式（6-76），可以得到

$$\begin{aligned}H(z)&=h(0)+h(1)z^{-1}+\cdots+h(N-2)z^{-(N-2)}+h(N-1)z^{-(N-1)}\\&=z^{-(N-1)/2}\left\{h\left(\frac{N-1}{2}\right)+\sum_{n=0}^{(N-3)/2}h(n)\left[z^{(N-1-2n)/2}\pm z^{-(N-1-2n)/2}\right]\right\},\quad N\text{为奇数}\\&=z^{-(N-1)/2}\sum_{n=0}^{N/2-1}h(n)\left[z^{(N-1-2n)/2}\pm z^{-(N-1-2n)/2}\right],\quad N\text{为偶数}\end{aligned} \tag{6-77}$$

现在，如果我们将式（6-76）中的z^{-1}用z代替，并且两边同时乘以$z^{-(N-1)}$，可得

$$z^{-(N-1)}H(z^{-1})=\pm H(z) \tag{6-78}$$

这个结果表明多项式$H(z)$的根等于多项式$H(z^{-1})$的根。同时，$H(z)$的根必然成对出现。换句话说，若z_1是$H(z)$的零点，则$1/z_1$也是$H(z)$的根。此外，若滤波器的单位脉冲响应$h(n)$是实序列，则其复数根必然以共轭形式成对出现，因此若z_1是复数根，则z_1^*也是它的根。

线性相位 FIR 滤波器的频率响应特性可以利用式（6-79）在单位圆上计算得到，它可以作为$H_g(\omega)$的表达式。

既然冲激响应的长度可以是奇的，也可以是偶的，我们可以定义 4 类对称冲激响应的情况，以分别分析各种对称情况响应的幅度特性，如图 6-12 所示。

Ⅰ类：$h(n)$为偶对称，N为奇数

$$H_g(\omega)=\sum_{n=0}^{N-1/2}a(n)\cos n\omega \tag{6-79}$$

式中，$a(0)=h[(N-1)/2]$，$a(n)=2h[(N-1)/2-n]$，$n=1,2,\cdots,(N-1)/2$。由于$\cos(n\omega)$关于$\omega=0$，π，2π…偶对称，所以$H_g(\omega)$关于这些频率也是偶对称，即在这些点上$H_g(\omega)\neq 0$。

Ⅱ类：$h(n)$为偶对称，N为偶数

$$\begin{cases}H_g(\omega)=\sum_{n=1}^{N/2}b(n)\cos\left[\omega\left(n-\frac{1}{2}\right)\right]\\b(n)=2h\left(\frac{N}{2}-n\right),\quad n=1,2,\cdots,N/2\end{cases} \tag{6-80}$$

由于$\omega=\pi$时，式（6-80）表明$H_g(\pi)=0$，所以这种情况不能用于设计$\omega=\pi$、$H_g(\omega)\neq 0$时的滤波器，如高通、带阻滤波器。

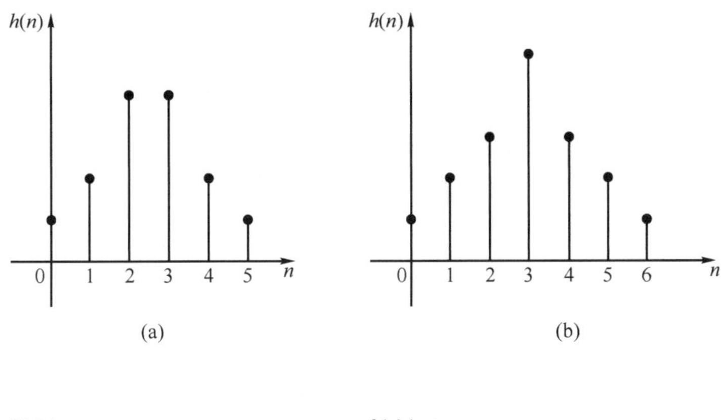

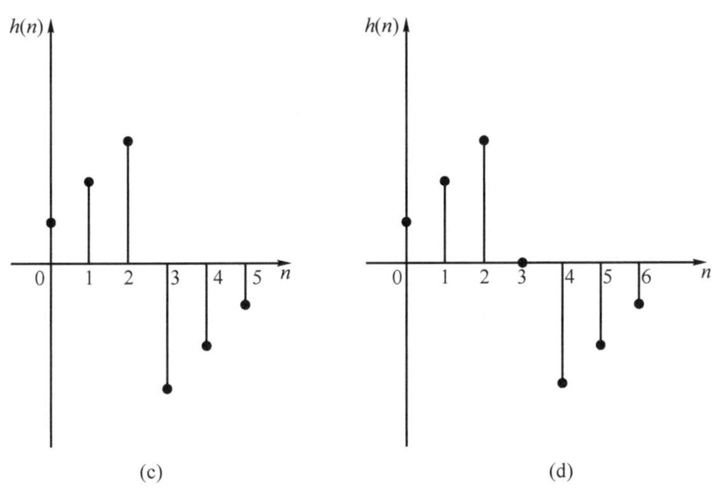

图 6-12　4类对称冲激响应

(a) Ⅱ类；(b) Ⅰ类；(c) Ⅳ类；(d) Ⅲ类

Ⅲ类：$h(n)$为奇对称，N为奇数

$$\begin{cases} H_g(\omega) = \sum_{n=1}^{\frac{N-1}{2}} c(n)\sin(n\omega) \\ c(n) = 2h\left(\frac{N-1}{2} - n\right), \quad n = 1, 2, \cdots, (N-1)/2 \end{cases} \tag{6-81}$$

由于$\sin(n\omega)$关于$\omega=0$，π，$2\pi\cdots$奇对称，所以$H_g(\omega)$关于这些频率也是奇对称，由于$\omega=0$，π，$2\pi\cdots$时，$\sin(n\omega)=0$，则$H_g(\omega)=0$，所以这种情况不能用于设计$H_g(0)\neq0$和$H_g(\pi)\neq0$时的滤波器，如低通、高通和带阻滤波器。

Ⅳ类：$h(n)$为奇对称，N为偶数

$$\begin{cases} H_g(\omega) = \sum_{n=1}^{N/2} d(n)\sin\left[\omega\left(n - \frac{1}{2}\right)\right] \\ d(n) = 2h(N/2 - n), \quad n = 1, 2, \cdots, N/2 \end{cases} \tag{6-82}$$

由于$\omega=0$，2π时，式（6-82）表明，由于$H_g(\omega)$在$\omega=0$，2π处为零，所以这种情况不能设计$H_g(0)\neq0$及$H_g(2\pi)\neq0$时的滤波器，即低通和带阻滤波器。

总结4种线性相位FIR特性如下。

第一种情况：$h(n)$偶奇，4种滤波器都可设计。

第二种情况：$h(n)$偶偶，可设计低通、带通滤波器，不能设计高通和带阻滤波器。

第三种情况：$h(n)$奇奇，只能设计带通滤波器，其他类型都不能设计。

第四种情况：$h(n)$奇偶，可设计高通、带通滤波器，不能设计低通和带阻滤波器。

由以上特点可知，在低通线性相位FIR滤波器的设计中，我们不能利用奇对称条件。

6.4.2 窗函数法FIR数字滤波器设计

设滤波器要求的理想频率响应为$H_d(e^{j\omega})$，那么FIR滤波器的设计问题在于寻找一个系统函数$H(z)=\sum_{n=0}^{N-1}h(n)z^{-n}$，使其频率响应$H(e^{j\omega})=H(z)\big|_{z=e^{j\omega}}$逼近$H_d(e^{j\omega})$。若要求FIR滤波器具有线性相位特性，则$h(n)$必须满足上面所述的对称条件。逼近的方法有3种：窗函数法（时域逼近）、频率采样法（频域逼近）和最优化设计（等波纹逼近）。下面主要介绍窗函数法。

1. 基本原理

窗函数法又被称为傅里叶级数法，是最简单的方法，其设计是在时域中进行的。它是从单位脉冲响应序列着手，使$h(n)$逼近理想的单位脉冲响应序列$h_d(n)$。设理想滤波器的单位脉冲响应为$h_d(n)$，$h_d(n)$与$H_d(e^{j\omega})$是一对傅里叶变换，因此可以由$H_d(e^{j\omega})$得到$h_d(n)$

$$H_d(e^{j\omega})=\sum_{n=-\infty}^{\infty}h_d(n)e^{-j\omega n} \tag{6-83}$$

$$h_d(n)=\frac{1}{2\pi}\int_{-\pi}^{\pi}H_d(e^{j\omega})e^{j\omega n}d\omega \tag{6-84}$$

一旦$H_d(e^{j\omega})$给定，就可求得$h_d(n)$，但这样求得的$h_d(n)$一般是无限长的，而且是非因果的，如理想低通

$$H_d(e^{j\omega})=\begin{cases}e^{-j\omega\alpha}, & 0\leqslant|\omega|\leqslant\omega_c\\ 0, & \omega_c<|\omega|\leqslant\pi\end{cases}$$

相应的单位取样响应$h_d(n)$为

$$\begin{aligned}h_d(n)&=\frac{1}{2\pi}\int_{-\pi}^{\pi}H_d(e^{j\omega})e^{j\omega n}d\omega\\&=\frac{1}{2\pi}\int_{-\omega_c}^{\omega_c}e^{-j\omega\alpha}e^{j\omega n}d\omega=\frac{\sin[\omega_c(n-\alpha)]}{\pi(n-\alpha)}\end{aligned}$$

这是一个以α为中心的偶对称的无限长非因果序列。但FIR的$h(n)$是有限长的，所以问题就是怎样用有限长的序列去近似无限长的$h_d(n)$。最简单的办法是截取长度为N的一段$h_d(n)$代替$h(n)$，并且按照线性相位滤波器的要求，$h(n)$必须关于$(N-1)/2$对称。因此，延迟α就为$h(n)$长度N的一半。这种截取可以形象地想象为$h(n)$是通过一个“窗口”所看到的一段$h_d(n)$，因此$h(n)$也可以表示为$h_d(n)$和一个“窗函数”的乘积，即

$$h(n)=h_d(n)w(n) \tag{6-85}$$

若是对 $h(n)$ 直接截取，则窗函数可取矩形窗，其定义为

$$w(n)=\begin{cases}1, & n=0,\ 1,\ \cdots,\ N-1\\ 0, & \text{其他情况}\end{cases} \tag{6-86}$$

因此 FIR 滤波器的单位脉冲响应为

$$h(n)=h_d(n)w(n)=\begin{cases}h_d(n), & n=0,\ 1,\ \cdots,\ N-1\\ 0, & \text{其他情况}\end{cases} \tag{6-87}$$

在这里，窗函数就是矩形序列 $R_N(n)$，当然在后面的分析中我们可以看到，为了改善设计滤波器的特性，窗函数有其他的形式，相当于在矩形窗内对 $h_d(n)$ 做一定的加权处理。

2. 吉布斯效应

现在来讨论按以上方法所设计的滤波器，其频率响应具有怎样的特性？由于频率响应是单位脉冲响应的傅里叶变换，可求得矩形窗截取后滤波器的频率响应为

$$H(e^{j\omega})=\sum_{n=-\infty}^{\infty}h(n)e^{-j\omega n}=\sum_{n=0}^{N-1}h_d(n)e^{-j\omega n} \tag{6-88}$$

将上式与理想频率响应的式子比较

$$H_d(e^{j\omega})=\sum_{n=-\infty}^{\infty}h_d(n)e^{-j\omega n} \tag{6-89}$$

它用有限项代替了无限项，其响应与理想频率响应不同。直观而言，肯定 N 越大，误差越小。但对于矩形窗截取，还存在所谓吉布斯效应，使得所设计的滤波器的特性很差，往往不能满足实际的需要。为了说明，下面从频域卷积的角度来分析由矩形窗截取后，滤波器的频率响应。

由矩形窗截取后，FIR 滤波器的单位脉冲响应为

$$h(n)=h_d(n)w(n)$$

对上式进行傅里叶变换，根据复卷积定理，得到

$$H(e^{j\omega})=\frac{1}{2\pi}\int_{-\pi}^{\pi}H_d(e^{j\theta})R_N(e^{j(\omega-\theta)})d\theta \tag{6-90}$$

式中，$H_d(e^{j\omega})$ 和 $R_N(e^{j\omega})$ 分别是 $h_d(n)$ 和 $R_N(n)$ 的傅里叶变换，即

$$R_N(e^{j\omega})=\sum_{n=0}^{N-1}R_N(n)e^{-j\omega n}=\sum_{n=0}^{N-1}e^{-j\omega n}=e^{-j\frac{1}{2}(N-1)\omega}\frac{\sin(\omega N/2)}{\sin(\omega/2)}=R_N(\omega)e^{-j\alpha\omega}$$

式中，$R_N(\omega)=\dfrac{\sin(\omega N/2)}{\sin(\omega/2)}$，$\alpha=\dfrac{N-1}{2}$。$R_N(\omega)$ 被称为矩形窗的幅度函数，将 $H_d(e^{j\omega})$ 写成下式

$$H_d(e^{j\omega})=H_{dg}(\omega)e^{-j\omega\alpha}$$

理想低通滤波器的幅度特性 $H_{dg}(\omega)$ 为

$$H_{dg}(\omega)=\begin{cases}1, & |\omega|\leqslant\omega_c\\ 0, & \omega_c<|\omega|\leqslant\pi\end{cases} \tag{6-91}$$

将 $H_d(e^{j\omega})$ 和 $R_N(e^{j\omega})$ 代入式（6-90），得到

$$H(e^{j\omega})=\frac{1}{2\pi}\int_{-\pi}^{\pi}H_{dg}(\theta)e^{-j\theta\alpha}R_N(\omega-\theta)e^{-j(\omega-\theta)\alpha}d\theta$$

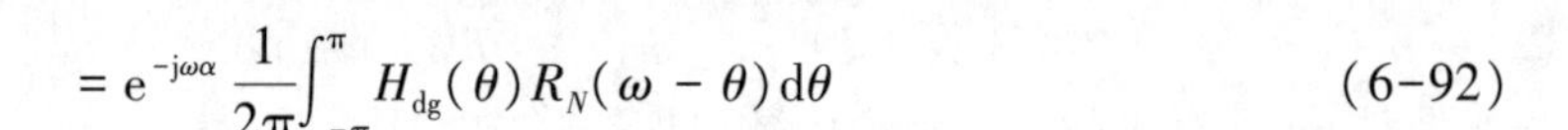

$$= e^{-j\omega\alpha} \frac{1}{2\pi}\int_{-\pi}^{\pi} H_{dg}(\theta) R_N(\omega - \theta) d\theta \tag{6-92}$$

将 $H(e^{j\omega})$ 写成下式

$$H(e^{j\omega}) = H_g(\omega) e^{-j\omega\alpha}$$

则

$$H_g(\omega) = \frac{1}{2\pi}\int_{-\pi}^{\pi} H_d(\theta) R_N(\omega - \theta) d\theta \tag{6-93}$$

矩形窗对理想低通幅度特性的影响如图 6-13 所示，通过上面的分析和图 6-13 可知，$h_d(n)$ 加矩形窗处理后，幅度特性 $H_g(\omega)$ 和原理想低通频率响应 $H_{dg}(\omega)$ 的差别有以下两点。

（1）在理想特性的不连续点 $\omega=\omega_c$（理想截止频率）附近形成过渡带，过渡带的宽度 $\Delta\omega=4\pi/N$（过渡带越窄越接近理想），即过渡带的宽度由窗函数的主瓣宽度 N 决定，如图 6-14 所示。加大窗函数宽度 N（奇数）时，过渡带会变窄，通带和阻带的波动频率变快，波动幅值随之变小，最大肩峰并不随之变化。

（2）在截止频率 ω_c 的两边 $\omega=\omega_c\pm2\pi/N$ 处（即过渡带两边），$H_g(\omega)$ 出现最大肩峰值。肩峰的两侧形成起伏振荡。由于肩峰值的大小决定了滤波器通带内的平稳程度和阻带的衰减，所以其对滤波器的性能有很大影响——这就是吉布斯效应。

由于吉布斯效应，所以在实际中很少采用矩形窗。为了消除吉布斯效应，取得较好的频率特性，一般采用其他类型的窗函数 $w(n)$ 对 $h_d(n)$ 进行加窗处理。

3. 常用窗函数

1）矩形窗（Rectangle Window）

$$w_R(n) = R_N(n)$$

$$W_R(e^{j\omega}) = \frac{\sin(\omega N/2)}{\sin(\omega/2)} e^{-j\frac{1}{2}(N-1)\omega} \tag{6-94}$$

下面这些窗函数都是通过增加过渡带来减小起伏波纹的。

2）三角形窗（Bartlett Window）

$$w_{Br}(n) = \begin{cases} \dfrac{2n}{N-1}, & 0 \leqslant n \leqslant \dfrac{1}{2}(N-1) \\ 2-\dfrac{2n}{N-1}, & \dfrac{1}{2}(N-1) < n \leqslant N-1 \end{cases} \tag{6-95}$$

$$W_{Br}(e^{j\omega}) = \frac{N}{2}\left[\frac{\sin\left(\dfrac{N}{4}\omega\right)}{\sin(\omega/2)}\right]^2 e^{-j\left(\omega+\frac{N-1}{2}\omega\right)} \tag{6-96}$$

三角形窗及其幅度谱如图 6-15 所示，主瓣宽度为 $8\pi/N$，最大的旁瓣比主瓣低 25 dB（5.6%）。

3）汉宁窗（Hanning Window）——升余弦窗

$$w_{Hn}(n) = 0.5\left[1-\cos\left(\frac{2\pi n}{N-1}\right)\right]R_N(n) \tag{6-97}$$

$$W_R(e^{j\omega}) = FT[R_N(n)] = W_R(\omega) e^{-j\frac{N-1}{2}}$$

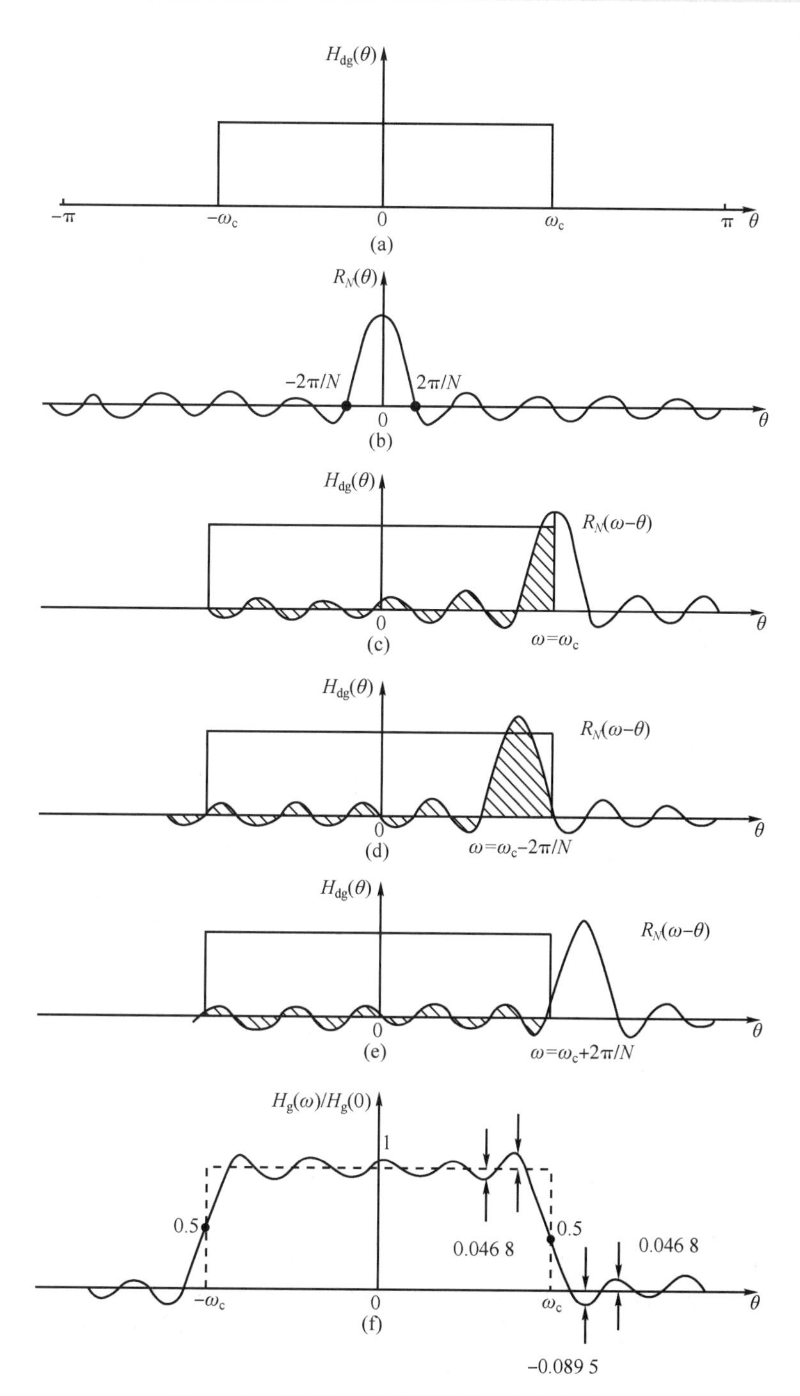

图 6-13　矩形窗对理想低通幅度特性的影响

$$
\begin{aligned}
W_{\mathrm{Hn}}(\mathrm{e}^{\mathrm{j}\omega}) = FT[W_{\mathrm{Hn}}(n)] &= \left\{0.5W_{\mathrm{R}}(\omega) + 0.25\left[W_{+}\left(\omega - \frac{2\pi}{N-1}\right) + W_{\mathrm{R}}\left(\omega + \frac{2\pi}{N-1}\right)\right]\right\}\mathrm{e}^{-\mathrm{j}\frac{N-1}{2}\omega} \\
&= W_{\mathrm{Hn}}(\omega)\,\mathrm{e}^{-\mathrm{j}\frac{N-1}{2}\omega}
\end{aligned}
\tag{6-98}
$$

汉宁窗及其幅度谱如图 6-16 所示，该窗通过 3 个矩形窗的叠加，使能量主要集中在主瓣内，旁瓣大大减小。主瓣宽度为 $8\pi/N$，最大的旁瓣比主瓣低 31 dB（2.8%）。

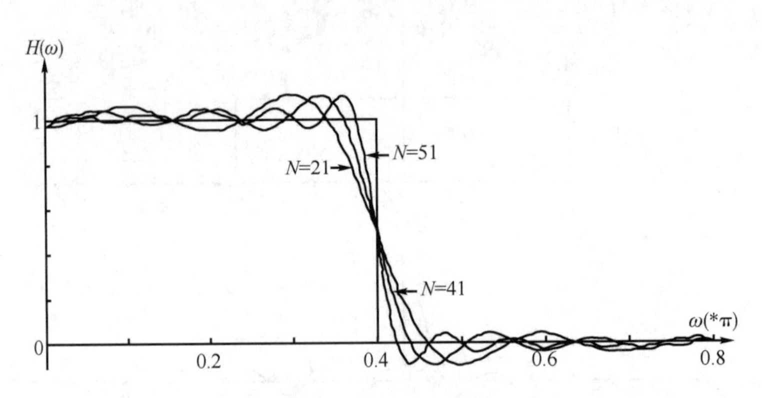

图 6-14　窗函数宽度 N 对过渡带的影响

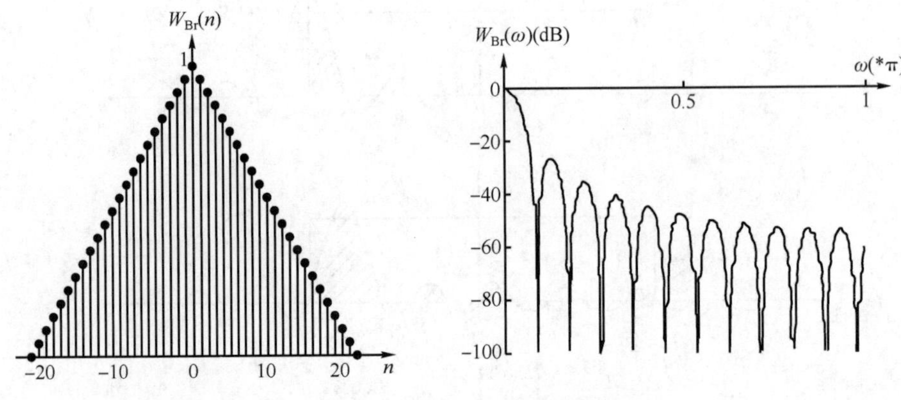

图 6-15　三角形窗及其幅度谱

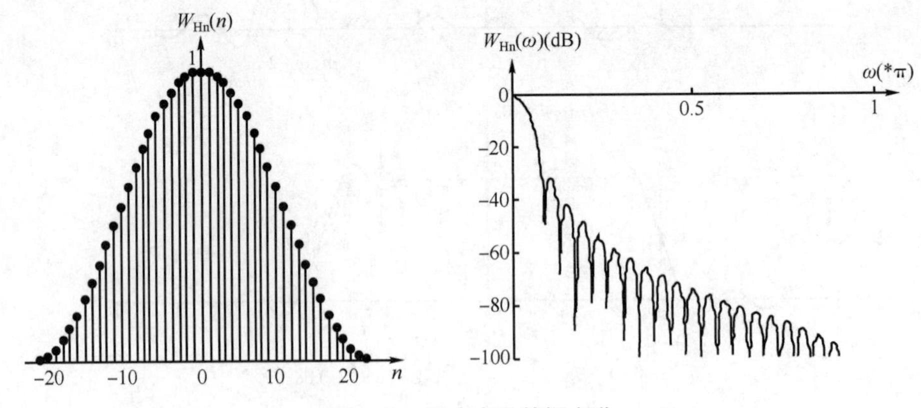

图 6-16　汉宁窗及其幅度谱

4）汉明窗（Hamming Window）——改进的升余弦窗

$$w_{\mathrm{Hm}}(n)=\left[0.54-0.46\cos\left(\frac{2\pi n}{N-1}\right)\right]R_N(n) \tag{6-99}$$

$$W_{\mathrm{Hm}}(\mathrm{e}^{\mathrm{j}\omega})=0.54W_{\mathrm{R}}(\mathrm{e}^{\mathrm{j}\omega})-0.23W_{\mathrm{R}}\left(\mathrm{e}^{\mathrm{j}\left(\omega-\frac{2\pi}{N-1}\right)}\right)-0.23W_{\mathrm{R}}\left(\mathrm{e}^{\mathrm{j}\left(\omega+\frac{2\pi}{N-1}\right)}\right) \tag{6-100}$$

汉明窗及其幅度谱如图 6-17 所示，与汉宁窗相比，汉明窗两侧出现了微小的跃变，使其最大旁瓣进一步减小。主瓣宽度为 $8\pi/N$，最大的旁瓣比主瓣低 41 dB（0.9%）。

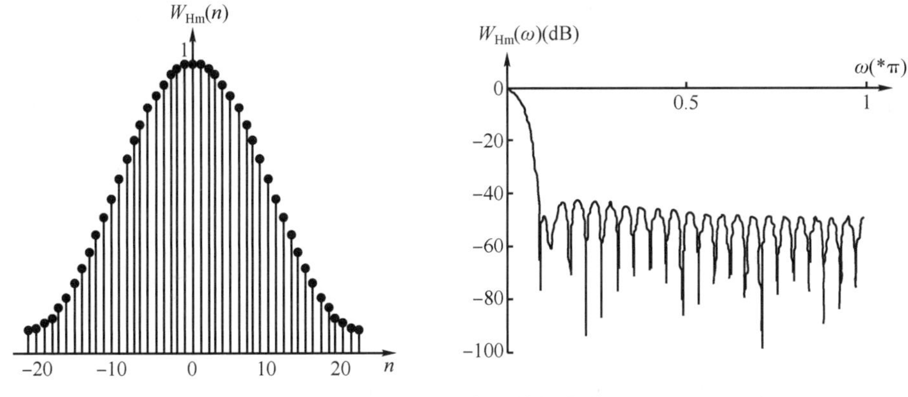

图 6−17　汉明窗及其幅度谱

5）布莱克曼窗（Blackman Window）

$$w_{Bl}(n) = \left[0.42 - 0.5\cos\left(\frac{2\pi n}{N-1}\right) + 0.08\cos\left(\frac{4\pi n}{N-1}\right)\right]R_N(n) \tag{6-101}$$

$$\begin{aligned} W_{Bl}(e^{j\omega}) = {} & 0.42W_R(e^{j\omega}) - 0.25\left[W_R\left(e^{j\left(\omega-\frac{2\pi}{N-1}\right)}\right) + W_R\left(e^{j\left(\omega+\frac{2\pi}{N-1}\right)}\right)\right] + \\ & 0.04\left[W_R\left(e^{j\left(\omega-\frac{4\pi}{N-1}\right)}\right) + W_R\left(e^{j\left(\omega+\frac{4\pi}{N-1}\right)}\right)\right] \end{aligned} \tag{6-102}$$

布莱克曼窗及其幅度谱如图 6−18 所示，与汉明窗相比，布莱克曼窗使得最大旁瓣进一步减小，但是主瓣宽度也进一步增加。主瓣宽度为 $12\pi/N$，最大的旁瓣比主瓣低 57 dB（0.14%）。

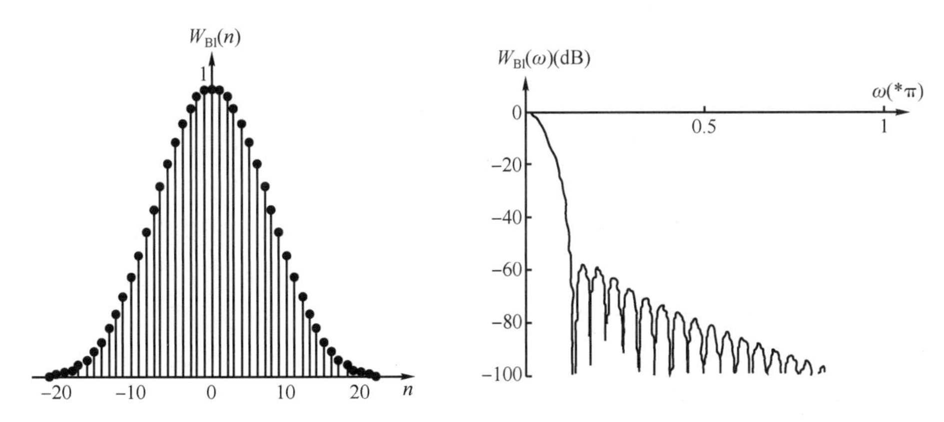

图 6−18　布莱克曼窗及其幅度谱

6）凯塞−贝塞尔窗（Kaiser−Basel Window）

$$w_k(n) = \frac{I_0(\beta)}{I_0(\alpha)}, \quad 0 \leqslant n \leqslant N-1 \tag{6-103}$$

式中，$\beta=\alpha\sqrt{1-\left(\frac{2n}{N-1}-1\right)^2}$。$I_0(\beta)$是零阶第一类修正贝塞尔函数，计算式为

$$I_0(\beta) = 1 + \sum_{k=1}^{\infty}\left[\frac{1}{k!}\left(\frac{\beta}{2}\right)^k\right]^2$$

以上 6 种窗函数的基本参数如表 6-4 所示。

表 6-4　6 种窗函数的基本参数

窗函数	旁瓣峰值幅度（dB）	过渡带宽（A/N）	阻带最小衰减（dB）
矩形窗	-13	$4\pi/N$	-21
三角形窗	-25	$8\pi/N$	-25
汉宁窗	-31	$8\pi/N$	-44
汉明窗	-41	$8\pi/N$	-53
布莱克曼窗	-57	$12\pi/N$	-74
凯塞-贝塞尔窗（α=7.865）	-57	$10\pi/N$	-80

综上所述，利用窗函数法设计 FIR 滤波器的过程可总结如下。

（1）根据技术要求，确定待求滤波器的理想频响 $H_d(e^{j\omega})$。

（2）利用下式求出理想单位取样响应 $h_d(n)$

$$h_d(n) = \frac{1}{2\pi}\int_{-\pi}^{\pi} H_d(e^{j\omega})e^{j\omega n}d\omega$$

当 $H_d(e^{j\omega})$ 较复杂时，$h_d(n)$ 不容易由傅里叶反变换求得，这时一般可用离散傅里叶变换代替连续傅里叶变换，求得近似值。实际用计算机计算时，可以用 $H_d(e^{j\omega})$ 的 M 个采样值的离散傅里叶反变换（快速傅里叶变换）来计算。

（3）按照允许的过渡带宽度 $\Delta\omega$ 及阻带衰减 α_s，选择合适的窗函数 $w(n)$，并估计阶数 N

$$\Delta\omega = A/N \Rightarrow N = A/\Delta\omega$$

（4）确定延迟值 $\alpha=(N-1)/2$。

（5）求 $h(n)=h_d(n)w(n)$，其中用延迟值 α 代入窗函数。

（6）必要时，可用计算机验算 FIR 滤波器的频率响应 $H(e^{j\omega}) = \sum_{n=0}^{N-1} h(n)e^{-j\omega n}$ 是否满足要求。

例 6.12　设计一个线性相位 FIR 数字低通滤波器，要求符合以下指标。

截止频率：$\omega_c = 0.5\pi$ rad。

过渡带：$\Delta\omega < 0.15\pi$ rad。

阻带衰减：$\alpha_s > 40$ dB。

解：理想 FIR 低通滤波器的频率响应为

$$H_d(e^{j\omega}) = \begin{cases} 1 \cdot e^{-j\omega\alpha}, & |\omega| \leqslant \omega_c \\ 0, & \omega_c < |\omega| \leqslant \pi \end{cases}$$

理想 FIR 低通滤波器的脉冲响应为

$$h_d(n) = \frac{1}{2\pi}\int_{-\pi}^{\pi} H_d(e^{j\omega})e^{j\omega n}d\omega$$

$$= \frac{1}{2\pi}\int_{-\omega_c}^{\omega_c} e^{-j\omega\alpha}e^{j\omega n}d\omega = \frac{\sin[\omega_c(n-\alpha)]}{\pi(n-\alpha)}$$

选择合适的窗函数及长度 N。

由于 $\alpha_s>40$ dB，所以选择汉宁窗

$$N=\frac{8\pi}{\Delta\omega}\approx 54,\qquad 取\ N=55$$

延迟 $\alpha=\frac{N-1}{2}=27$。

$$h(n)=h_d(n)w(n)=\frac{1}{2}\left[1-\cos\left(\frac{2n\pi}{N-1}\right)\right]\frac{\sin[\omega_c(n-\alpha)]}{\pi(n-\alpha)}R_N(n)$$

$$=\frac{[1-\cos(0.037\pi n)]\sin[0.5\pi(n-27)]}{2\pi(n-27)}R_{55}(n)$$

例 6.13 设计一个线性相位 FIR 数字低通滤波器，要求符合以下指标。

采样频率 $\Omega_s=2\pi\times10^4$ rad/s；通带截止频率 $\Omega_p=2\pi\times10^3$ rad/s；阻带截止频率 $\Omega_{st}=2\pi\times1.5\times10^3$ rad/s；阻带衰减 $\alpha_s>50$ dB。

解：确定响应的数字频率。

通带截止频率：$\omega_p=\frac{\Omega_p}{f_s}=2\pi\frac{\Omega_p}{\Omega_s}=0.2\pi$ rad。

阻带截止频率：$\omega_{st}=\frac{\Omega_{st}}{f_s}=2\pi\frac{\Omega_{st}}{\Omega_s}=0.3\pi$ rad。

阻带衰减 $\alpha_s>50$ dB。

理想 FIR 低通滤波器的频率响应为

$$H_d(e^{j\omega})=\begin{cases}1\cdot e^{-j\omega\alpha}, & |\omega|\leqslant\omega_c\\ 0, & \omega_c<|\omega|\leqslant\pi\end{cases}$$

$$\omega_c=\frac{1}{2}(\omega_p+\omega_{st})=0.25\pi\ \text{rad}$$

理想 FIR 低通滤波器的脉冲响应为

$$h_d(n)=\frac{1}{2\pi}\int_{-\pi}^{\pi}H_d(e^{j\omega})e^{j\omega n}d\omega$$

$$=\frac{1}{2\pi}\int_{-\omega_c}^{\omega_c}e^{-j\omega\alpha}e^{j\omega n}d\omega=\frac{\sin[\omega_c(n-\alpha)]}{\pi(n-\alpha)}$$

或

$$=\begin{cases}\frac{1}{\pi(n-\tau)}\sin[\omega_c(n-\tau)], & n\neq\tau\\ \frac{\omega_c}{\pi}, & n=\tau\end{cases}$$

选择合适的窗函数及长度 N。

因为 $\alpha_s>50$ dB，$\Delta\omega=\omega_{st}-\omega_p=0.1\pi$，所以选择汉明窗 $N=\frac{8\pi}{\Delta\omega}=\frac{8\pi}{0.1\pi}=80$，令 $N=81$。

延迟 $\alpha=\frac{N-1}{2}=40$。

汉明窗为

$$w(n)=\left[0.54-0.46\cos\left(\frac{2\pi n}{N-1}\right)\right]R_N(n)$$

$$h(n)=h_{\mathrm{d}}(n)w(n)=\left[0.54-0.46\cos\left(\frac{2n\pi}{N-1}\right)\right]\frac{\sin[\omega_{\mathrm{c}}(n-\alpha)]}{\pi(n-\alpha)}R_N(n)$$
$$=\frac{[0.54-0.46\cos(0.025\pi n)]\sin[0.25\pi(n-40)]}{\pi(n-40)}R_{81}(n)$$

6.5 数字滤波器的基本结构

网络结构就是系统实现方法的构造形式，即系统函数的表达形式。网络结构表示一定的运算结构，而不同结构的运算复杂程度、运算速度、运算误差是不同的，因此研究实现信号处理的网络结构是很重要的。

时域离散系统一般可以用差分方程、单位脉冲响应以及系统函数等进行描述，几种描述方式可以相互转换。一般来说，我们可以将一个离散系统看作是一个以输入序列 $x(n)$ 确定系统输出序列 $y(n)$ 的计算过程（算法）。给定一个系统，实现该系统的算法有许多种，这与我们选择的算法结构有关。

一个系统函数 $H(z)$，可以有不同的系统结构，例如

$$H_1(z)=\frac{1}{1-0.8z^{-1}+0.15z^{-2}}$$

$$H_2(z)=\frac{-1.5}{1-0.3z^{-1}}+\frac{2.5}{1-0.5z^{-1}}$$

$$H_3(z)=\frac{1}{1-0.3z^{-1}}\cdot\frac{1}{1-0.5z^{-1}}$$

为了用计算机或数字设备对输入信号进行处理，必须将上面表示系统的公式变换成一种算法。

6.5.1 数字滤波器结构的表示方法

1. 基本结构

线性时不变离散时间系统的算法可以用延时单元、乘法器、加法器和网络节点等基本的结构块，以方框图或信号流图的形式方便地表示。数字滤波器中常用 3 种基本运算：单位延迟、乘常系数、加法。这 3 种基本运算的方框图和流图表示如图 6-19 所示。

例如，系统 $y(n)=b_0x(n)+b_1x(n-1)+a_1y(n-1)$ 的信号流图如图 6-20 所示。

2. 转置定理（等效结构）

若两个滤波器具有相同的系统函数，则称这两个滤波器是等效的。从理论上讲，一个系统函数有无限多的等效结构，每个等效结构的功能都相同，但在实现的过程中，不同结构之间的性能可能存在非常大的差别。

（1）所需的存储单元及乘法次数不同，前者影响复杂性，后者影响运算速度。

（2）有限精度（有限字长）实现情况下，不同运算结构的误差及稳定性不同。

（3）好的滤波器结构应该易于控制滤波器性能，适用于模块化实现，便于时分复用。

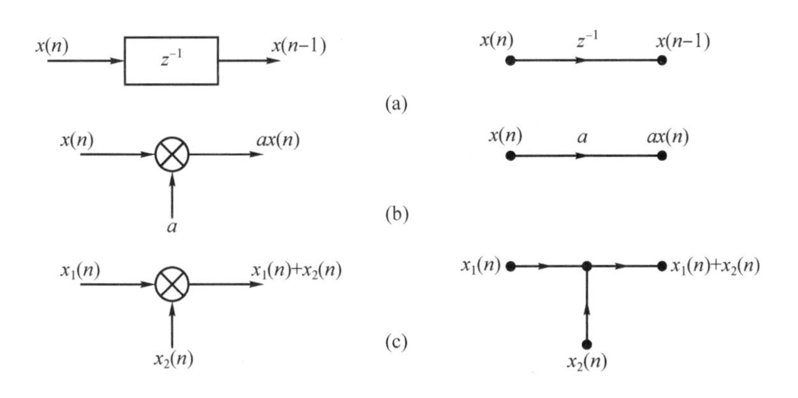

图 6-19　3 种基本运算的方框图和流图表示

（a）单位延迟；（b）乘常系数；（c）加法

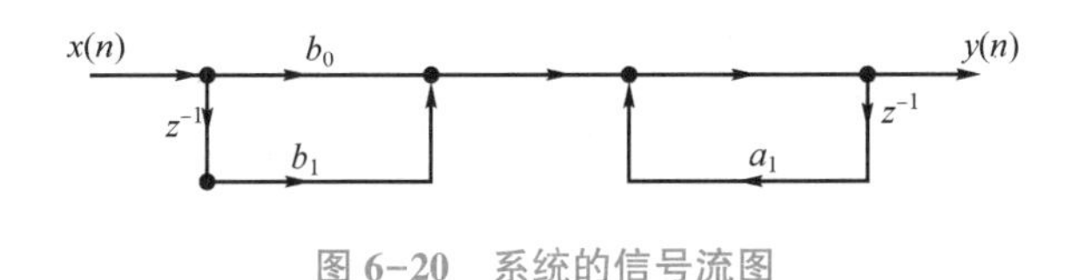

图 6-20　系统的信号流图

一种产生等效结构的方法就是转置。转置定理可以简单地陈述为，假如倒转所有支路透射率的方向，并且交换输入和输出，那么系统函数保持不变。经转置所得到的结构被称为转置结构被或转置型。

6.5.2　IIR 数字滤波器基本网络结构

本小节所涉及的 IIR 数字滤波器可以由形如式（6-104）的系统函数或由形如式（6-105）的常系数差分方程描述

$$H(z)=\frac{Y(z)}{X(z)}=\frac{b_0+b_1z^{-1}+\cdots+b_Mz^{-M}}{1-a_1z^{-1}-\cdots-a_Nz^{-N}} \tag{6-104}$$

$$y(n)=\sum_{i=0}^{M}b_ix(n-i)+\sum_{i=1}^{N}a_iy(n-i) \tag{6-105}$$

从差分方程描述可以看出，第 n 个输出样本与过去的输出样本有关，换句话说，就是因果的 IIR 系统结构中必然包含反馈。

1. 直接型结构

乘法器的系数为系统函数的系数的 IIR 滤波器结构被称为直接型结构，又称卷积型结构或横截型结构。

1）直接 I 型结构

由形如式（6-104）的有理系统函数所描述的 IIR 系统可以表示为

$$H(z)=H_1(z)H_2(z)$$

式中，$H_1(z)$由$H(z)$的零点组成，$H_2(z)$由$H(z)$的极点组成，即

$$H_1(z) = b_0 + b_1 z^{-1} + \cdots + b_M z^{-M} \tag{6-106}$$

$$H_2(z) = \frac{1}{1 - a_1 z^{-1} - \cdots - a_N z^{-N}} \tag{6-107}$$

令$M=2$，$N=2$，其直接Ⅰ型结构如图6-21所示。

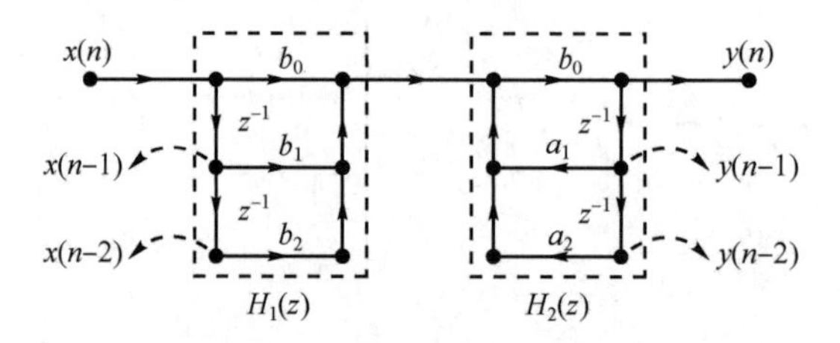

图6-21　IIR系统的直接Ⅰ型结构

2）直接Ⅱ型结构

直接Ⅰ型结构的两部分可以看成两个独立的网络（即两个子系统）。对于一个线性时不变系统，若交换其级联子系统的次序，其系统函数保持不变。把此原理应用于直接Ⅰ型结构，即交换两个级联网络的次序，再合并两个具有相同输入的延时支路，则得到的另一种结构，就是直接Ⅱ型结构，如图6-22所示。

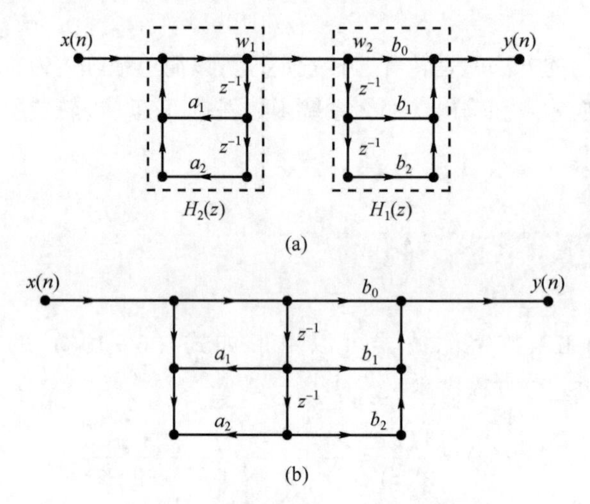

图6-22　IIR系统的直接Ⅱ型结构

（a）直接Ⅰ型前后对调；（b）直接Ⅱ型结构

若一个滤波器所用的延时单元数目与差分方程的阶数相等，即$\max(N,M)$，则称该结构为规范结构，否则为非规范结构。直接Ⅱ型结构就属于规范结构。

例6.14　设IIR数字滤波器的系统函数为

$$H(z) = \frac{1 + 2z^{-1} + z^{-2}}{1 - 0.75z^{-1} + 0.125z^{-2}}$$

画出该滤波器的直接型结构。

解：画出的直接型结构如图6-23所示。

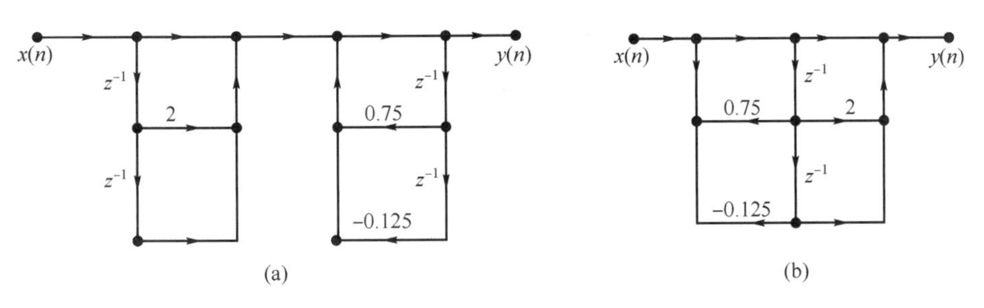

图 6-23　例 6.14 图

（a）直接 I 型结构；（b）直接 Ⅱ 型结构

直接 I 型结构和直接 Ⅱ 型结构存在着系数 a_k、b_k 不能直接决定单个零、极点的问题，因而不能很好地进行滤波器性能控制。

2. 级联型结构

在式（6-104）表示的系统函数 $H(z)$ 中，分子分母均为多项式，且多项式的系数一般为实数。现将分子分母多项式分别进行因式分解，高阶的传输函数就可以分解为多个低阶传输函数之积，例如

$$H(z)=\frac{Y(z)}{X(z)}=\frac{B_1(z)B_2(z)B_3(z)}{A_1(z)A_2(z)A_3(z)}=H_1(z)H_2(z)H_3(z)$$

通常可以将多项式分解为一阶或二阶多项式之积

$$H(z)=\prod_{k=1}^{K}H_k(z) \tag{6-108}$$

式中，$H_k(z)$ 有下面的一般形式

$$H_k(z)=\frac{\beta_{0k}+\beta_{1k}z^{-1}+\beta_{2k}z^{-2}}{1-\alpha_{1k}z^{-1}-\alpha_{2k}z^{-2}} \tag{6-109}$$

每个一阶或二阶子系统 $H_k(z)$ 都可以由直接 I 型结构或直接 Ⅱ 型结构实现，例如

$$H(z)=p_0\frac{1+\beta_{11}z^{-1}}{1-\alpha_{11}z^{-1}}\cdot\frac{1+\beta_{12}z^{-1}+\beta_{22}z^{-2}}{1-\alpha_{12}z^{-1}-\alpha_{22}z^{-2}}$$

IIR 网络的级联型结构如图 6-24 所示。

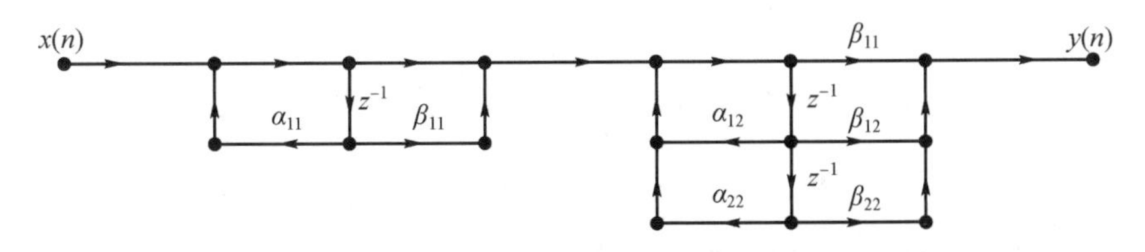

图 6-24　IIR 网络的级联型结构

级联型结构的每个二阶节只关系到滤波器的某一对极点和一对零点，调整 β_{1k}，β_{2k}，…只单独调整滤波器第 k 对零点，而不影响其他零点。同样，调整 α_{1k}，α_{2k}，…只单独调整滤波器第 k 对极点，而不影响其他极点。因此，每个二阶节系数单独控制一对零点或一对极点，有利于控制频率响应。

例 6.15 设 IIR 数字滤波器的系统函数为

$$H(z)=\frac{(1.7+6.2z)(z-4.5)(3z^2-0.5)}{(2z-0.3)(z+0.2)(z^2+0.5z+0.1)}$$

画出该滤波器的级联型结构。

解：由于

$$\begin{aligned}H(z)&=\frac{(1.7+6.2z)(z-4.5)(3z^2-0.5)}{(2z-0.3)(z+0.2)(z^2+0.5z+0.1)}\\&=\frac{(3.1+0.85z^{-1})}{(1-0.15z^{-1})}\cdot\frac{(1-4.5z^{-1})}{(1+0.2z^{-1})}\cdot\frac{(3-0.5z^{-2})}{(1+0.5z^{-1}+0.1z^{-2})}\end{aligned}$$

故可以得到一种级联型结构，如图 6-25 所示。

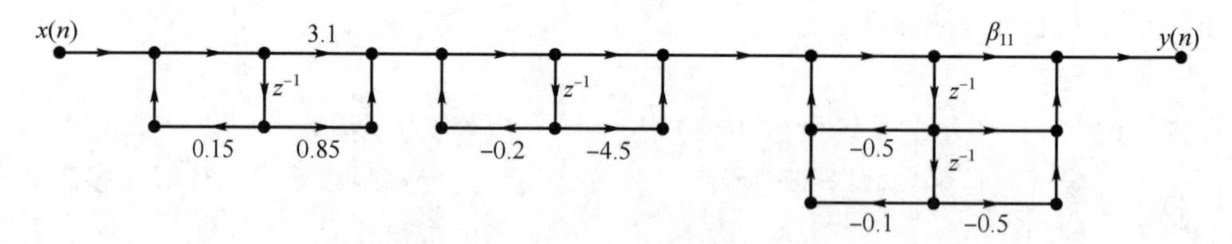

图 6-25　例 6.15 的一种级联型结构

分子分母不同的组合可以得到各种级联型结构，例如

$$H(z)=\frac{(3.1+0.85z^{-1})}{(1+0.2z^{-1})}\cdot\frac{(1-4.5z^{-1})}{(1-0.15z^{-1})}\cdot\frac{(3-0.5z^{-2})}{(1+0.5z^{-1}+0.1z^{-2})}$$

其级联型结构如图 6-26 所示。

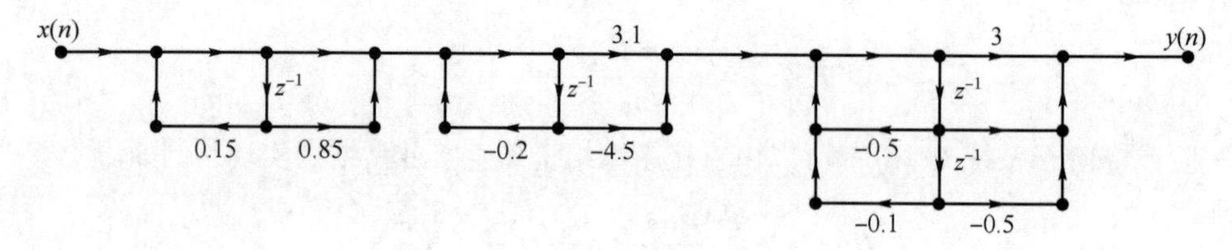

图 6-26　例 6.15 的第二种级联型结构

其他级联型结构略。

3. 并联型结构

如果将级联形式的 $H(z)$ 展开成部分分式形式，可得到 IIR 并联型结构。

$$H(z)=C+H_1(z)+H_2(z)+\cdots+H_k(z)=C+\sum_{i=1}^{k}H_i(z) \tag{6-110}$$

式中，$H_i(z)$ 通常为一阶网络和二阶网络，网络系统函数的多项式系数均为实数。二阶网络的系统函数一般为

$$H_i(z)=\frac{\beta_{0i}+\beta_{1i}z^{-1}}{1-\alpha_{1i}z^{-1}-\alpha_{2i}z^{-2}} \tag{6-111}$$

式中，β_{0i}、β_{1i}、α_{1i} 和 α_{2i} 都是实数。若 $\alpha_{2i}=0$，则构成一阶网络。每个一阶或二阶子系统 $H_i(z)$ 都可以由直接Ⅰ型结构或直接Ⅱ型结构实现。IIR 网络的并联型结构如图 6-27 所示。

并联型结构可以单独调整极点位置，但不能像级联那样直接控制零点，因为零点只为各

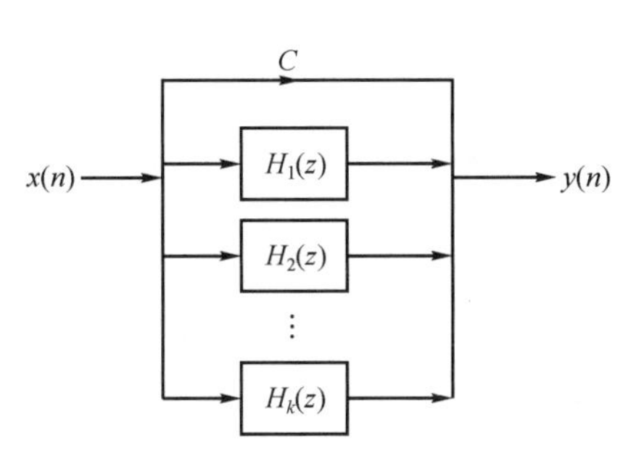

图 6-27　IIR 网络的并联型结构

阶传输函数的零点，并非整个系统函数的零点。另外，并联型结构误差最小，因为并联型各基本节的误差互不影响。

例 6.16　画出下面 $H(z)$ 的并联型结构。

$$H(z) = 16 + \frac{8}{1 - 0.5z^{-1}} + \frac{-16 + 20z^{-1}}{1 - z^{-1} + 0.5z^{-2}}$$

解：每个部分分式用直接Ⅱ型结构实现，如图 6-28 所示。

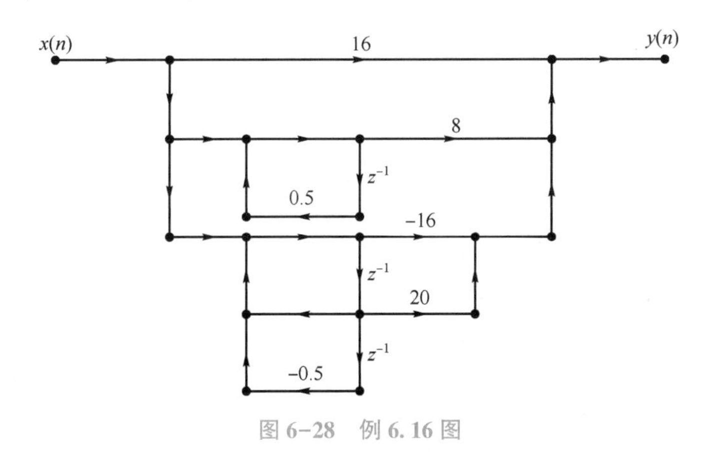

图 6-28　例 6.16 图

6.5.3　FIR 数字滤波器基本网络结构

因果的 N 阶 FIR 滤波器可以表示为

$$y(n) = \sum_{k=0}^{N-1} b_k x(n-k) \tag{6-112}$$

$$H(z) = \sum_{k=0}^{N-1} b_k z^{-k} \tag{6-113}$$

FIR 滤波器的冲激响应是有限长的，由式（6-113）可见，其系统函数是一个多项式，它所包含的极点都位于原点，因而该滤波器一定是稳定的。从式（6-113）的差分方程描述可以看出，第 n 个输出样本只与第 n 个及第 n 个以前的输入样本有关，与之前的输出样本无关，所以 FIR 网络结构的特点是没有反馈支路，即没有环路，可表示为

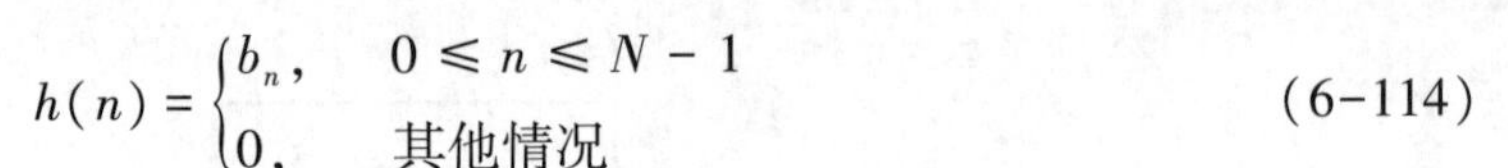

$$h(n)=\begin{cases}b_n, & 0\leqslant n\leqslant N-1\\0, & \text{其他情况}\end{cases}\tag{6-114}$$

FIR 滤波器系统的基本网络结构包括直接型、级联型、线性相位型等结构。

1. 直接型

按照 $H(z)$ 或差分方程画出 FIR 系统直接型结构流图，如图 6-29 所示。这种结构被称为直接型结构或卷积型结构，也称为抽头延迟线或横向滤波器，可以表示为

$$\begin{aligned}y(n)&=x(n)*h(n)=\sum_{m=0}^{N-1}h(m)x(n-m)\\&=h(0)x(n)+h(1)x(n-1)+\cdots+h(N-1)x(n-N+1)\end{aligned}\tag{6-115}$$

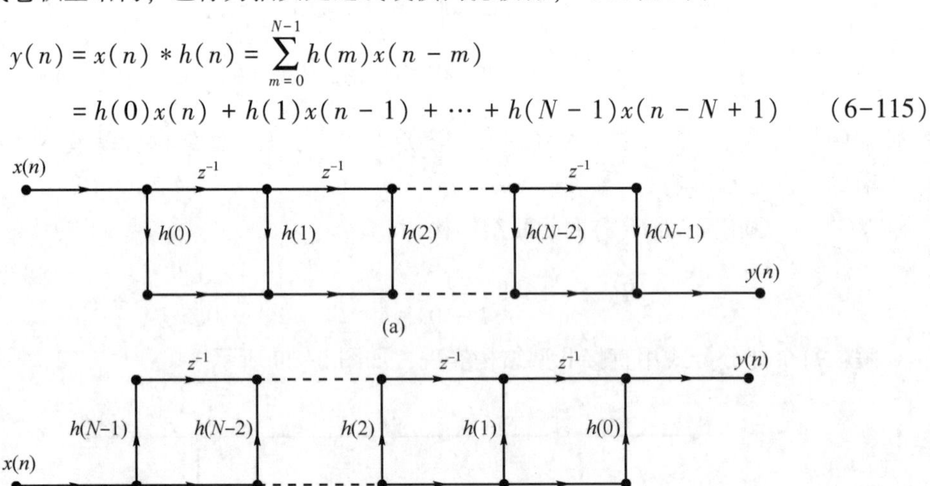

图 6-29　FIR 系统直接型结构流图

直接型结构中乘法器的系数为系统函数的系数，M 阶 FIR 滤波器由 $M+1$ 个系数决定，通常需要 $M+1$ 次乘法和 M 次两输入的加法来实现，其缺点是零点控制不方便。

2. 级联型

高阶 FIR 传输函数可以由每部分都是一阶或二阶传输函数来级联实现。将 $H(z)$ 进行因式分解，并将共轭成对的零点放在一起，形成一个系数为实数的二阶形式，这样级联型结构就是由一阶或二阶因子构成的级联结构，其中每一个因式都用直接型实现，可以表示为

$$H(z)=\prod_{k=1}^{N/2}(\beta_{0k}+\beta_{1k}z^{-1}+\beta_{2k}z^{-2})\tag{6-116}$$

当 FIR 系统的传输函数是两个二阶传输函数级联时，其级联型结构流图如图 6-30 所示。

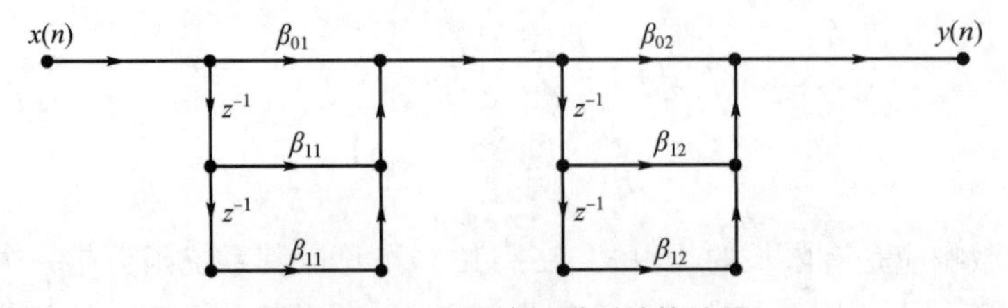

图 6-30　FIR 系统级联型结构流图

级联型结构所需的系数比直接型结构多，所需乘法运算也比直接型结构多。但是级联型结构的每一节控制一对零点，因而多用于需要控制传输零点的场合。

例 6.17　设 FIR 网络系统函数 $H(z)$ 如下

$$H(z)=0.96+2.0z^{-1}+2.8z^{-2}+1.5z^{-3}$$

画出 $H(z)$ 的级联型结构和直接型结构。

解：将 $H(z)$ 进行因式分解，得到

$$H(z)=(0.6+0.5z^{-1})(1.6+2z^{-1}+3z^{-2})$$

其级联型结构和直接型结构如图 6-31 所示。

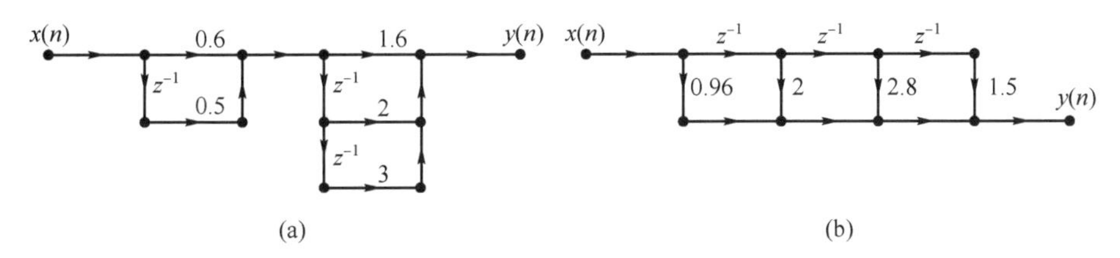

图 6-31　例 6.17 图

（a）级联型结构；（b）直接型结构

3. 线性相位型

线性相位 FIR 滤波器的单位抽样响应是偶对称或奇对称的，即

$$h(n)=\pm h(N-1-n) \tag{6-117}$$

下面从上式出发，推导线性相位 FIR 滤波器的结构。

设 N 取偶数

$$H(z)=\sum_{n=0}^{N-1}h(n)z^{-n}=\sum_{n=0}^{\frac{N}{2}-1}h(n)z^{-n}+\sum_{n=\frac{N}{2}}^{N-1}h(n)z^{-n}$$

令 $m=N-1-n$ ，得

$$H(z)=\sum_{n=0}^{\frac{N}{2}-1}h(n)z^{-n}+\sum_{m=0}^{\frac{N}{2}-1}h(N-1-m)z^{-(N-1-m)}$$

将 m 换成 n，再将式（6-117）代入上式，得

$$H(z)=\sum_{n=0}^{\frac{N}{2}-1}h(n)[z^{-n}\pm z^{-(N-1-n)}] \tag{6-118}$$

设 N 取奇数

$$H(z)=\sum_{n=0}^{N-1}h(n)z^{-n}=\sum_{n=0}^{\frac{N-1}{2}-1}h(n)z^{-n}+h\left(\frac{N-1}{2}\right)z^{-\frac{N-1}{2}}+\sum_{n=\frac{N-1}{2}+1}^{N-1}h(n)z^{-n}$$

令 $m=N-1-n$，得

$$H(z)=\sum_{n=0}^{\frac{N-1}{2}-1}h(n)z^{-n}+h\left(\frac{N-1}{2}\right)z^{-\frac{N-1}{2}}+\sum_{m=0}^{\frac{N-1}{2}-1}h(m)z^{-(N-1-m)}$$

将 m 换成 n，再将式（6-117）代入上式，得

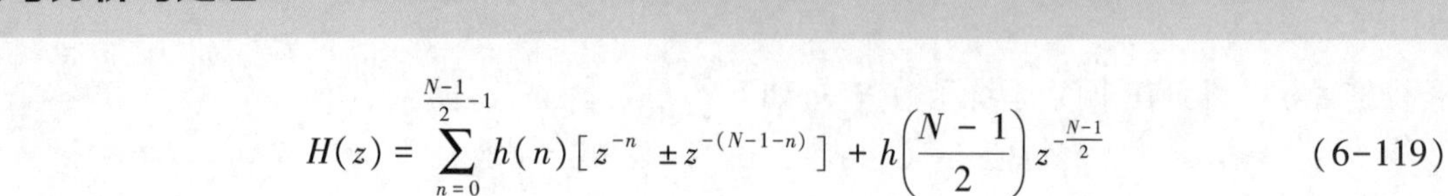

$$H(z)=\sum_{n=0}^{\frac{N-1}{2}-1}h(n)\left[z^{-n}\pm z^{-(N-1-n)}\right]+h\left(\frac{N-1}{2}\right)z^{-\frac{N-1}{2}} \tag{6-119}$$

式（6-118）、式（6-119）中的+号代表偶对称，-号代表奇对称。当 $h(n)$ 为奇对称时，由于 $h(n)=-h(N-1-n)$，故 $h\left(\frac{N-1}{2}\right)=0$。由式（6-118）、式（6-119）可分别画出 N 为偶数和奇数时，线性相位 FIR 滤波器的直接型结构流图，如图 6-32 和图 6-33 所示。

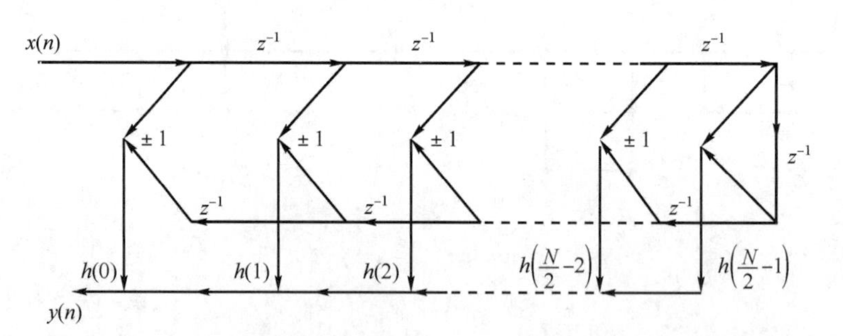

图 6-32　N 为偶数时线性相位 FIR 滤波器的直接型结构流图

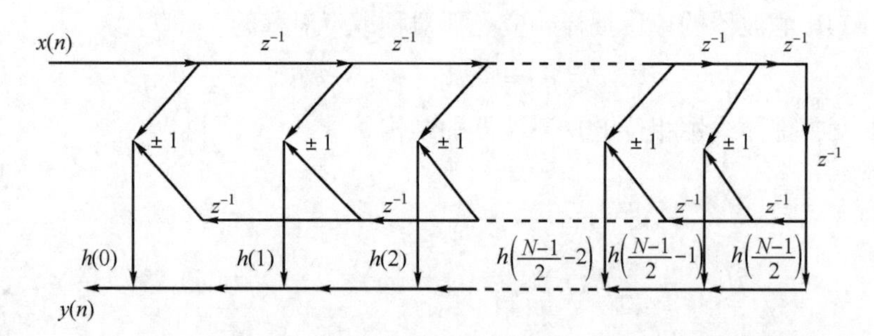

图 6-33　N 为奇数时线性相位 FIR 滤波器的直接型结构流图

从上述两图中可以看出，线性相位 FIR 滤波器结构比一般直接型结构可节省一半数量的乘法次数。

例 6.18　设某 FIR 数字滤波器的系统函数为

$$H(z)=1-2z^{-1}+6z^{-2}+3z^{-3}-6z^{-4}+2z^{-5}-z^{-6}$$

试画出此滤波器的线性相位型结构。

解：由题中所给的条件可知

$$h(n)=\delta(n)-2\delta(n-1)+6\delta(n-2)+3\delta(n-3)-6\delta(n-4)+2\delta(n-5)-\delta(n-6)$$

则

$$h(0)=-h(6)=1$$

$$h(1)=-h(5)=-2$$

$$h(2)=-h(4)=6$$

$$h(3)=3$$

即 $h(n)$ 是奇对称，对称中心在 $n=\frac{N-1}{2}=3$ 处，N 为奇数（$N=7$）。

线性相位型结构流图如图 6-34 所示。

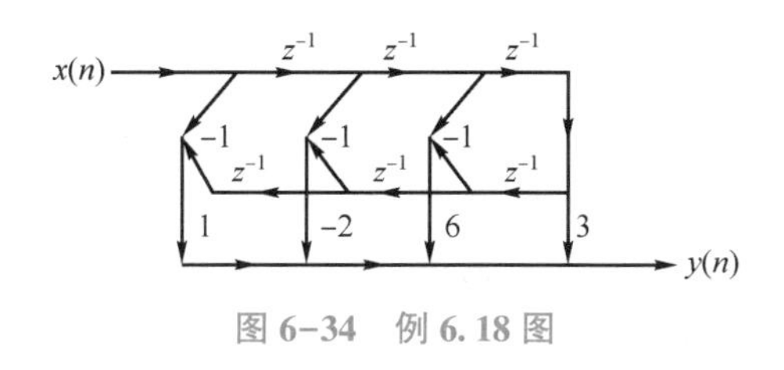

图 6-34　例 6.18 图

本章要点

（1）数字滤波器设计的预备知识，包括滤波的概念、滤波器的分类、数字滤波器的设计指标。

（2）利用模拟滤波器设计 IIR 数字滤波器，包括模拟低通滤波器的设计方法，用冲激响应不变法和双线性变换法设计 IIR 数字低通滤波器，高通、带通 IIR 数字滤波器设计。

（3）FIR 数字滤波器设计，包括线性相位 FIR 数字滤波器及其特点，用窗函数设计 FIR 数字滤波器的方法。

（4）滤波器的基本网络结构，包括数字滤波器的系统函数与其结构流图之间的相互转换方法，IIR 和 FIR 系统的基本网络结构及其各自的特点。

习题 6

6.1　设计一个巴特沃斯低通滤波器，要求通带截止频率 $f_p=6$ kHz，通带最大衰减 $\alpha_p=3$ dB，阻带截止频率 $f_s=12$ kHz，阻带最小衰减 $\alpha_s=15$ dB。求出滤波器归一化传输函数 $H_a(p)$ 以及实际的 $H_a(s)$。

6.2　已知模拟滤波器的传输函数如下。

（1）$H_a(p)=\dfrac{1}{s^2+s+1}$。（2）$H_a(p)=\dfrac{1}{2s^2+3s+1}$。

试用冲激响应不变法和双线性变换法分别将其转换为数字滤波器，设 $T=2$ s。

6.3　试分析冲激响应不变法设计数字滤波器的基本思想、方法及其局限性。

6.4　下图表示一个数字滤波器的频率响应。

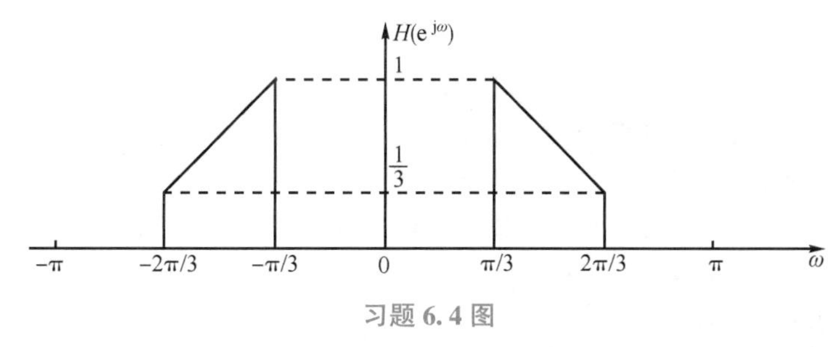

习题 6.4 图

（1）用冲激响应不变法，试求原型模拟滤波器的频率响应。

（2）当采用双线性变换法时，试求原型模拟滤波器的频率响应。

6.5　用双线性变换法设计一个3阶巴特沃斯数字带通滤波器，抽样频率$f_s=720$ Hz，上下边带截止频率分别为$f_1=60$ Hz、$f_2=300$ Hz。

6.6　设计低通数字滤波器，要求通带内频率低于0.2π rad时，容许幅度误差在1 dB之内；频率在0.3π到π rad之间的阻带衰减大于10 dB；试采用巴特沃斯模拟滤波器进行设计，用冲激响应不变法进行转换，采样间隔$T=1$ ms。

6.7　利用窗函数法设计FIR滤波器时，如何选择窗函数？

6.8　什么是吉布斯现象？窗函数的旁瓣峰值衰耗和滤波器设计时的阻带最小衰耗各指什么？它们有什么区别和联系？

6.9　何为线性相位滤波器？FIR滤波器成为线性相位滤波器的充分条件是什么？

6.10　对下面的每一种滤波器指标，选择满足FIR数字滤波器设计要求的窗函数类型和长度。

（1）阻带衰减为20 dB，过渡带宽度为1 kHz，采样频率为12 kHz。

（2）阻带衰减为50 dB，过渡带宽度为2 kHz，采样频率为20 kHz。

（3）阻带衰减为50 dB，过渡带宽度为500 Hz，采样频率为5 kHz。

6.11　用窗函数法设计一个线性相位低通FIR滤波器，要求通带截止频率为π/4 rad，过渡带宽度为8π/51 rad，阻带最小衰减为45 dB。

（1）选择合适的窗函数及其长度，求出$h(n)$的表达式。

*（2）用MATLAB画出损耗函数曲线和相频特性曲线。

6.12　要求用数字低通滤波器对模拟信号进行滤波，要求：通带截止频率为10 kHz，阻带截止频率为22 kHz，阻带最小衰减为75 dB，采样频率$f_s=50$ kHz。用窗函数法设计数字低通滤波器。

（1）选择合适的窗函数及其长度，求出$h(n)$的表达式。

*（2）用MATLAB画出损耗函数曲线和相频特性曲线。

6.13　设系统用下面的差分方程描述

$$y(n)-\frac{3}{4}y(n-1)+\frac{1}{8}y(n-2)=x(n)+\frac{1}{3}x(n-1)$$

试画出系统的直接型、级联型和并联型结构。

6.14　设某FIR数字滤波器的冲激响应$h(0)=h(7)=1$，$h(1)=h(6)=3$，$h(2)=h(5)=5$，$h(3)=h(4)=6$，其他n值时$h(n)=0$。试求$H(\mathrm{e}^{\mathrm{j}\omega})$的幅频响应和相频响应的表达式，并画出该滤波器流图的线性相位结构形式。

6.15　有人设计了一只数字滤波器，得到其系统函数为

$$H(z)=\frac{0.287\,1-0.446\,6z^{-1}}{1-1.297\,1z^{-1}+0.694\,9z^{-2}}+\frac{-2.142\,8+1.145\,5z^{-1}}{1-1.069\,1z^{-1}+0.369\,9z^{-2}}+\frac{1.855\,7-0.630\,3z^{-1}}{1-0.997\,2z^{-1}+0.257\,0z^{-2}}$$

请采用并联型结构实现该系统。

6.16　用级联型结构和并联型结构实现以下传递函数。

（1）$H(z)=\dfrac{3z^3-3.5z^2+2.5z}{(z^2-z-1)(z-0.5)}$。

（2）$H(z)=\dfrac{4z^3-2.8284z^2+z}{(z^2-1.4142z+1)(z+0.7071)}$。

6.17　用直接型结构实现以下系统函数。

$$H(z)=\left(1-\frac{1}{2}z^{-1}\right)(1+6z^{-1})(1-2z^{-1})\left(1+\frac{1}{6}z^{-1}\right)(1-z^{-1})$$

6.18　设某 FIR 数字滤波器的系统函数为

$$H(z)=\frac{1}{5}(1+3z^{-1}+5z^{-2}+3z^{-3}+z^{-4})$$

试画出此滤波器的线性相位型结构。

6.19　画出由下列差分方程定义的因果线性离散系统的直接Ⅰ型、直接Ⅱ型、级联型和并联型结构的信号流图，级联型和并联型只用一阶节。

$$y(n)-\frac{3}{4}y(n-1)+\frac{1}{8}y(n-2)=x(n)+\frac{1}{3}x(n-1)$$

6.20　用级联型及并联型结构实现以下系统函数。

$$H(z)=\frac{2z^3+3z^2-2z}{(z^2-z+1)(z-1)}$$

6.21　已知滤波器单位抽样响应为

$$h(n)=\begin{cases}2^n, & 0\leqslant n\leqslant 5\\ 0, & \text{其他情况}\end{cases}$$

画出直接型结构。

6.22　用卷积型和级联型结构实现系统函数 $H(z)=(1-1.4z^{-1}+3z^{-2})(1+2z^{-1})$。

6.23　仔细观察下图。

（1）这是什么类型，是具有什么特性的数字滤波器？

（2）写出其差分方程和系统函数。

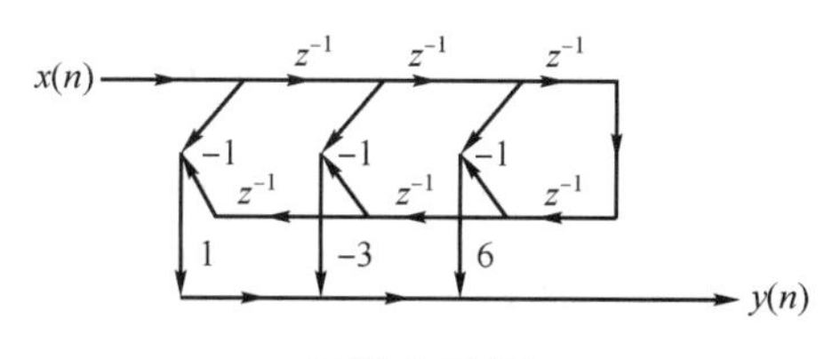

习题 6.23 图

参考文献

[1] 吴大正. 信号与线性系统分析 [M]. 4版. 北京：高等教育出版社，2005.

[2] 赵光宙. 信号分析与处理 [M]. 3版. 北京：机械工业出版社，2016.

[3] 李会容，缪志农. 信号分析与处理 [M]. 北京：北京大学出版社，2013.

[4] 韩萍，何炜琨，冯青，等. 信号分析与处理 [M]. 北京：清华大学出版社，2020.

[5] 陈生潭，郭宝龙. 信号与系统 [M]. 5版. 西安：西安电子科技大学出版社，2022.

[6] ALAN V. OPPENHEIM，ALAN S. WILLSKY，S. HAMID NAWAB. 信号与系统 [M]. 刘树棠，译. 2版. 北京：电子工业出版社，2020.

[7] 郑君里，应启珩，杨为理. 信号与系统 [M]. 3版. 北京：高等教育出版社，2011.

[8] 何子述. 信号与系统 [M]. 北京：高等教育出版社，2007.

[9] 宋琪，陆三兰. 信号与系统辅导与题解 [M]. 武汉：华中科技大学出版社，2021.

[10] 张永瑞. 信号与系统 [M]. 北京：科学出版社，2010.

[11] 张小虹. 信号与系统 [M]. 5版. 西安：西安电子科技大学出版社，2022.

[12] 廖晓辉，李志辉. 信号分析与处理 [M]. 3版. 北京：中国电力出版社，2022.

[13] 徐科军，黄云志，林逸榕，等. 信号分析与处理 [M]. 3版. 北京：清华大学出版社，2022.

[14] 齐冬莲，张建良，吴越. 信号分析与处理 [M]. 北京：机械工业出版社，2021.

[15] JOHN G. PROAKIS，DIMITRIS G. MANOLAKIS. 数字信号处理 [M]. 方艳梅，刘永清，译. 4版. 北京：电子工业出版社，2014.

[16] 程佩青. 数字信号处理 [M]. 5版. 北京：清华大学出版社，2017.

[17] 高西全，丁玉美. 数字信号处理 [M]. 5版. 西安：西安电子科技大学出版社，2022.

[18] ALAN V. OPPENHEIM，RONALD W. SCHAFER. 离散时间信号处理 [M]. 黄建国，刘树棠，张国梅，译. 3版. 北京：电子工业出版社，2015.